SolidWorks 2018
基础教程 机械实例版

赵罘 杨晓晋 赵楠 编著

U0363398

化学工业出版社

·北京·

本书针对SolidWorks2018中文版，通过具体的实例详尽地介绍了特征设计、装配体设计和工程图设计的功能和使用方法，还对钣金建模、焊件建模、图片渲染和有限元分析等常用辅助功能进行了讲解。每个实例操作步骤翔实、图文并茂，使读者能既快、又深入地理解SolidWorks软件中的抽象概念和功能。

　　本书可作为广大工程技术人员的SolidWorks自学教程和参考书籍，也可作为高等院校理工科相关专业学生的自学用书。本书附光盘一张，包含本书的实例源文件和操作视频文件。

图书在版编目（CIP）数据

SolidWorks2018基础教程：机械实例版/赵罘，杨晓晋，赵楠编著. —北京：化学工业出版社，2018.6
ISBN 978-7-122-31938-8

Ⅰ．①S… Ⅱ．①赵… ②杨… ③赵… Ⅲ．①机械设计-计算机辅助设计-应用软件 Ⅳ．①TH122

中国版本图书馆 CIP 数据核字（2018）第 073884 号

责任编辑：王　烨　　　　　　　　文字编辑：陈　喆
责任校对：吴　静　　　　　　　　装帧设计：刘丽华

出版发行：化学工业出版社（北京市东城区青年湖南街13号　邮政编码100011）
印　　刷：三河市延风印装有限公司
装　　订：三河市宇新装订厂
787mm×1092mm　1/16　印张31½　字数716千字　2018年9月北京第1版第1次印刷

购书咨询：010-64518888（传真：010-64519686）　　售后服务：010-64518899
网　　址：http://www.cip.com.cn
凡购买本书，如有缺损质量问题，本社销售中心负责调换。

定　　价：79.80元　　　　　　　　　　　　　　版权所有　违者必究

SolidWorks 软件以参数化特征造型为基础，具有功能强大、易学、易用等特点，极大地提高了机械设计工程师的设计效率和设计质量，并成为主流三维 CAD 软件市场的标准，是目前最优秀的三维 CAD 软件之一。其最新版本中文版 SolidWorks 2018 针对设计中的多项功能进行了大量补充和更新，使设计过程更加便捷。

本书主要内容包括：

① 介绍 SolidWorks 软件基础知识，包括基本功能和软件的基本操作方法。

② 机械零件建模，讲解典型机械零件的建模思路和方法。

③ 工业产品建模，讲解工业产品的建模思路和方法。

④ 装配体设计，讲解通过零件建立装配体的方法和过程。

⑤ 工程图设计，讲解制作符合国标的工程图的方法和过程。

⑥ 钣金建模、焊件建模、图片渲染和有限元分析，讲解 SolidWorks 常用辅助功能，对各功能建模设计过程有整体了解。

本书笔者长期从事 SolidWorks 专业设计和教学，对 SolidWorks 有深入的了解，并积累了大量的实际工作经验。笔者精选出多个具有典型特征的实例进行讲解，书中的实例讲解提供了独立、完整的设计制作过程，每个操作步骤都有文字说明和图例展示，并在附加光盘中提供了多媒体影音视频讲解，讲解形式活泼、方便、实用，可使读者从本书的范例制作过程中尽快熟悉中文版 SolidWorks 的各项功能，培养实际设计能力。

本书配备了多媒体教学光盘，除精讲视频外，还提供了所有实例的源文件、机械制图工具书和一些软件应用技巧等，以期为读者营造全面的自学环境和条件。

本书由赵罘、杨晓晋、赵楠编写。张剑峰、于鹏程、龚堰珏、陶春生、刘玥、张艳婷、刘玢、刘良宝、于勇、肖科峰、孙士超、王荃、张世龙、薛美容、李娜、邓琨、刘宝辉、冯彬、赵雄为本书的编写提供了很多帮助，一并表示感谢。

本书适用于 SolidWorks 的初、中级用户，可以作为高等院校理工科相关专业学生的自学用书，也适合企业的产品开发和技术部门人员使用。

由于水平有限，书中难免会有不足之处，恳请广大读者提出宝贵意见，笔者电子邮箱 zhaoffu@163.com。

编著者

告别看书累，看书学不会

以看视频精讲为主，在实例中学习——对照书中每个实例的文字说明和图例展示，精研每个实例的视频讲解，掌握该实例独立、完整的设计过程。

SolidWorks 的学习建议

在学习 SolidWorks 的过程中，要不断地学习其他相关联的知识，并且多实践，才能较好地掌握 SolidWorks 软件，下面总结几种学习方法，供读者借鉴。

1．多用。最好是天天坚持学习和使用 SolidWorks 软件，通过不断地实践，能掌握 SolidWorks 的绝大多数功能。

2．多学。在学习 SolidWorks 的过程中，要不断地学习其他相关联的知识，如制图、CAD/CAE/CAM 原理等方面，对掌握 SolidWorks 非常有益。

3．勤上网，多交流。比如加入 QQ 群、聊天室，浏览 SolidWorks 技术论坛，很多困难都可以迎刃而解。

目录
CONTENTS

01
第1章 SolidWorks基础知识

02
第2章 机械零件建模设计

03

第3章 工业产品建模设计

04

第4章 装配体设计

05

第5章 工程图设计

06

第6章 其他功能实例

01

第1章

SolidWorks
基础知识

本章主要介绍了中文版SolidWorks的特点及其界面、菜单栏的功能、简单的文件操作等，并讲解了获取帮助信息的方法，使读者对中文版SolidWorks有一个大体的了解。

1.1 概述

本章首先对SolidWorks的背景及其主要设计特点进行简单介绍，让读者对该软件有个大致的认识。

1.1.1 背景

20世纪90年代初，国际微型计算机（微机）市场发生了根本性的变化，微机性能大幅提高，而价格一路下滑，微机卓越的性能足以运行三维CAD软件。为了开发世界空白的基于微机平台的三维CAD系统，1993年PTC公司的技术副总裁与CV公司的副总裁成立SolidWorks公司，并于1995年成功推出了SolidWorks软件。在SolidWorks软件的促动下，1998年开始，国内外也陆续推出了相关软件；原来运行在UNIX操作系统的工作站CAD软件，也从1999年开始，将其程序移植到Windows操作系统中。

SolidWorks采用的是智能化的参变量式设计理念以及Microsoft Windows图形化用户界面，具有表现卓越的几何造型和分析功能，操作灵活，运行速度快，设计过程简单、便捷，被业界称为"三维机械设计方案的领先者"，受到广大用户的青睐，在机械制图和结构设计领域已经成为三维CAD设计的主流软件。利用SolidWorks，设计师和工程师们可以更有效地为产品建模以及模拟整个工程系统，加速产品的设计和生产周期，从而完成更加富有创意的产品制造。

1.1.2 主要设计特点

SolidWorks是一款参变量式CAD设计软件。所谓参变量式设计，是将零件尺寸的设计用参数描述，并在设计修改的过程中通过修改参数的数值改变零件的外形。SolidWorks中的参数不仅代表了设计对象的相关外观尺寸，并且具有实质上的物理意义。例如，可以将系统参数（如体积、表面积、重心、三维坐标等）或者用户自己按照设计流程需求所定义的用户定义参数（如密度、厚度等具有设计意义的物理量或者字符）加入到设计构思中以表达设计思想。这不仅从根本上改变了设计的理念，而且将设计的便捷性向前推进了一大步。

SolidWorks在3D设计中的特点有：
- SolidWorks提供了一整套完整的动态界面和鼠标拖动控制。"全动感的"的用户界面减少设计步骤，减少了多余的属性管理器，从而避免了界面的零乱。
- 崭新的属性管理器用来高效地管理整个设计过程和步骤。属性管理器包含所有的设计数据和参数，而且操作方便、界面直观。
- SolidWorks 提供的AutoCAD模拟器，使得AutoCAD用户可以保持原有的作图习惯，顺利地从二维设计转向三维实体设计。

● 配置管理是SolidWorks软件体系结构中非常独特的一部分，它涉及零件设计、装配设计和工程图。

● 通过eDrawings方便地共享CAD文件。eDrawings是一种极度压缩的、可通过电子邮件发送的、自行解压和浏览的特殊文件。

● SolidWorks支持Web目录，将设计数据存放在互联网的文件夹中，就像存本地硬盘一样方便。

● SolidWorks可以动态地查看装配体的所有运动，并且可以对运动的零部件进行动态的干涉检查和间隙检测。

● 用智能零件技术自动完成重复设计。智能零件技术是一种崭新的技术，用来完成诸如将一个标准的螺栓装入螺孔中，而同时按照正确的顺序完成垫片和螺母的装配。

● 从三维模型中自动产生工程图，包括视图、尺寸和标注。

● 增强了的详图操作和剖视图，包括生成剖中剖视图、部件的图层支持、熟悉的二维草图功能，以及详图中的属性管理器。

● RealView图形显示模式：以高清晰度直观显示设计和进行交流。无需进行渲染，即可对零件、装配体和成品快速进行完全动态的逼真展示。

● 钣金设计工具：可以使用折叠、折弯、法兰、切口、标签、斜接、放样的折弯、绘制的折弯、褶边等工具从头创建钣金零件。

● 焊件设计：绘制框架的布局草图，并选择焊件轮廓，SolidWorks 将自动生成 3D 焊件设计。

● 大型装配体管理工具：使用"轻化"模式可减少打开和处理大型装配体所需的时间。通过 SpeedPak 技术，可以创建装配体的简化版本，从而加快装配体操作和工程图创建的速度。

● 数据转换：方便地导入和使用现有数据以及来自外部源的数据。SolidWorks 提供了支持 DWG、DXF™、Pro/ENGINEER®、IPT（Autodesk Inventor®）、Mechanical Desktop®、Unigraphics®、PAR （Solid Edge®）、CADKEY®、IGES、STEP、Parasolid、SAT（ACIS）、VDA-FS、VRML、STL、TIFF、JPG、Adobe® Illustrator®、Rhinocerous®、IDF和HSF（Hoops）格式的转换程序。

● 材料明细表：可以基于设计自动生成完整的材料明细表（BOM），从而节约大量的时间。

● 标准零件库：通过 SolidWorks Toolbox、SolidWorks Design ClipArt 和 3D ContentCentral，可以即时访问标准零件库。

● 照片级渲染：使用PhotoView 360来利用SolidWorks 3D模型进行演示或虚拟及材质研究。

● 步路系统：可使用SolidWorks Routing自动处理和加速管筒、管道、电力电缆、缆束和电力导管的设计过程。

1.1.3 SolidWorks 的学习方法

在学习 SolidWorks 的过程中，要不断地学习其他相关联的知识，并且多实践，才能较好地掌握 SolidWorks 软件，下面总结几种学习方法，供读者借鉴。

① 多用，最好是每天坚持学习和使用 SolidWorks 软件，通过不断地实践，才能掌握 SolidWorks 的绝大多数功能。

② 多学，在学习 SolidWorks 的过程中，要不断地学习其他相关联的知识，如制图、CAD/CAE/CAM 原理等，对掌握 SolidWorks 非常有益。

③ 勤上网，多交流。比如加入 SolidWorks QQ 群、聊天室，浏览 SolidWorks 技术论坛，很多困难都可以迎刃而解。

1.2 用户界面

启动中文版 SolidWorks，首先出现启动界面，如图1-1所示，然后进入中文版 SolidWorks 的用户界面。

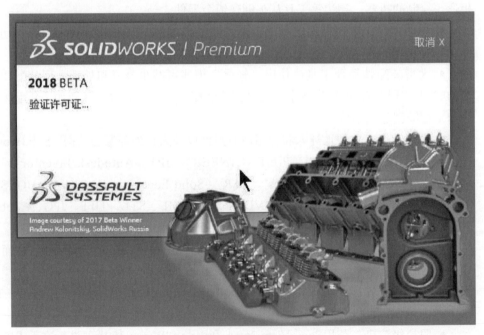

图1-1 启动界面

中文版 SolidWorks 的用户界面如图1-2所示，主要由菜单栏、工具栏（包括标准工具栏、应用工具栏等）、管理器窗口、图形区域、状态栏、任务窗口和版本提示7部分组成。

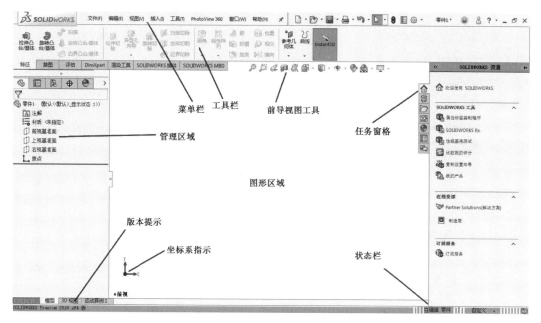

图1-2 用户界面

1.2.1 菜单栏

中文版 SolidWorks 的菜单栏如图 1-3 所示,包括【文件】、【编辑】、【视图】、【插入】、【工具】、【窗口】和【帮助】7 个菜单。下面分别进行介绍。

图1-3 菜单栏

（1）【文件】菜单

【文件】菜单包括【新建】、【打开】、【保存】和【打印】等命令,如图 1-4 所示。

（2）【编辑】菜单

【编辑】菜单包括【剪切】、【复制】、【粘贴】、【删除】以及【压缩】、【解除压缩】等命令,如图 1-5 所示。

（3）【视图】菜单

【视图】菜单包括显示控制的相关命令,如图 1-6 所示。

（4）【插入】菜单

【插入】菜单包括【凸台/基体】、【切除】、【特征】、【阵

图1-4 【文件】菜单

图1-5 【编辑】菜单

图1-6 【视图】菜单

列/镜像】、【扣合特征】、【曲面】、【钣金】、【模具】等命令，如图1-7所示。

（5）【工具】菜单

【工具】菜单包括多种工具命令，如【草图绘制实体】、【草图工具】、【草图设置】、【块】等，如图1-8所示。

（6）【窗口】菜单

【窗口】菜单包括【视口】、【新建窗口】、【层叠】等命令，如图1-9所示。

（7）【帮助】菜单

【帮助】菜单命令（如图1-10所示）可以提供各种信息查询，例如，【SolidWorks 帮助】命令可以展开SolidWorks软件提供的在线帮助文件，【API帮助主题】命令可以展开SolidWorks软件提供的API在线帮助文件，这些均可作为用户学习中文版SolidWorks的参考。

此外，用户还可以通过快捷键访问菜单命令或者自定义菜单命令。在SolidWorks中单击鼠标右键，可以激活与上下文相

图1-7 【插入】菜单

图1-8 【工具】菜单

图1-9 【窗口】菜单

图1-10 【帮助】菜单

图1-11 快捷菜单

关的快捷菜单，如图1-11所示。快捷菜单可以在图形区域、FeatureManager（特征管理器）设计树中使用。

1.2.2 工具栏

工具栏位于菜单栏的下方，一般分为两排：上排一般为【标准】工具栏，如图1-12所示；下排一般为【CommandManager】（命令管理器）工具栏，如图1-13所示。用户可以

图1-12　【标准】工具栏

图1-13　【CommandManager】工具栏

根据需要通过【工具】菜单中的【自定义】命令，在【自定义】属性管理器中自行定义工具栏的显示。

1.2.3　状态栏

状态栏显示了正在操作中的对象所处的状态，如图1-14所示。

图1-14　状态栏

状态栏中提供的信息如下：

① 当用户将鼠标指针拖动到工具按钮上或者单击菜单命令时进行简要说明。

② 用户正在对草图或者零件进行更改时，显示 ⚙（重建模型）图标。

③ 当用户进行草图相关操作时，显示草图状态及鼠标指针的坐标。

④ 为所选实体进行常规测量，如边线长度等。

⑤ 显示用户正在装配体中编辑的零件的信息。

⑥ 在用户使用【系统选项】属性管理器中的【协作】选项时，显示可以用来访问【重装】属性管理器的 ⦿ 图标。

⑦ 当用户选择了【暂停自动重建模型】命令时，显示"重建模型暂停"。

⑧ 显示或者关闭快速提示，可以单击 ❓、❔、❌、▢ 等图标。

⑨ 如果保存通知以分钟进行，显示最近一次保存后至下次保存前之间的时间间隔。

1.2.4　管理器窗口

管理器窗口包括 🔲（特征管理器设计树）、🔲（属性管理器）、🔲【Configuration Manager（配置管理器）】和 🔲【DisplayManager（显示管理器）】4个选项卡，其中【特征管理器设计树】和【属性管理器】使用比较普遍，下面进行详细介绍。

（1）【特征管理器设计树】

【特征管理器设计树】可以提供激活零件、装配体或者工程图的大纲视图，使观察零件或者装配体的生成以及检查工程图图纸和视图变得更加容易，如图1-15所示。

【特征管理器设计树】和图形区域为动态链接，可以在任意窗口中选择特征、草图、工程视图和构造几何体。

（2）【属性管理器】

当用户选择在【属性管理器】中所定义的实体或者命令时，弹出相应的属性设置。【属性管理器】可以显示草图、零件或者特征的属性，如图1-16所示。

图1-15　特征管理器设计树

图1-16　属性管理器

1.3　基本操作

本节着重介绍中文版SolidWorks的一些基本操作。

1.3.1　文件的基本操作

文件的基本操作由【文件】菜单下的命令控制。

（1）【新建】命令

选择【文件】—【新建】菜单命令，弹出【新建SolidWorks文件】属性管理器，如图1-17所示。

（2）【打包】命令

此命令用来在将文件打包后进行保存。选择【文件】—【打包】菜单命令，弹出

图1-17　【新建SolidWorks文件】属性管理器

【打包】属性管理器，如图1-18所示。文件打包可以减少其所占空间，如果是装配体文件，更可以将相关零件打包为一个压缩文件，方便以后使用。

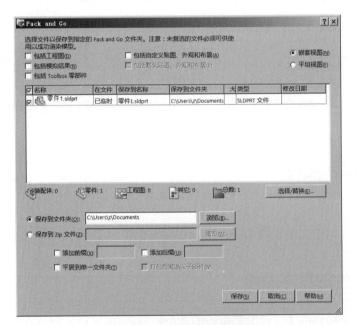

图1-18　【打包】属性管理器

1.3.2　选择的基本操作

在中文版SolidWorks中，为了帮助选择，在鼠标指针指向实体时，实体会高亮显示。鼠标指针形状根据实体类型的不同而改变，由鼠标指针形状可以知道其几何关系和实体类型，如顶点、边线、面、端点、中点、重合、交叉线等几何关系，或者直线、矩形、圆等实体类型。

单击【标准】工具栏中的🔲（选择）按钮，进入选择状态。

（1）选择单个实体

单击图形区域中的实体可将其选中。

（2）选择多个实体

如果需要选择多个实体，在选择第1个实体后，按住键盘上的Ctrl键再次进行选择。

（3）利用鼠标右键进行选择

① 【选择环】：使用鼠标右键连续选择相连边线组成的环。
② 【选择其他】：要选择被其他项目遮住或者隐藏的项目。
③ 【选择中点】：可以选择实体的中点以生成其他实体，如基准面或者基准轴。

（4）在【特征管理器设计树】中选择

① 在【特征管理器设计树】中单击相应的名称，可以选择模型中的特征、草图、基准面、基准轴等。
② 在选择的同时按住键盘上的Shift键，可以在【特征管理器设计树】中选择多个连续项目。
③ 在选择的同时按住键盘上的Ctrl键，可以在【特征管理器设计树】中选择多个非连续项目。

（5）在草图或者工程图文件中选择

在草图或者工程图文件中，可以使用🔲（选择）按钮进行以下操作：
① 选择草图实体。
② 拖动草图实体或者端点以改变草图形状。
③ 选择草图实体的边线或者面。
④ 拖动选框以选择多个草图实体。
⑤ 选择尺寸并拖动到新的位置。

（6）使用【选择过滤器】工具栏选择

【选择过滤器】工具栏（如图1-19所示）有助于在图形区域或者工程图图纸区域中选择特定项。例如，🔲（过滤面）只允许面的选择。单击【标准】工具栏中的🔲（切换选择过滤器工具栏）按钮，可使【选择过滤器】工具栏显现。

1.3.3 视图的基本操作

在SolidWorks中视图的基本操作包括两个方面，一是以不同的视角观察模型而得到

图1-19　【选择过滤器】工具栏

的视角视图，二是模型的显示方式视图。【视图】工具栏如图1-20所示。

图1-20　【视图】工具栏

（1）视图显示操作

SolidWorks提供了9种视角的视图方向，包括⬚（前视）、⬚（后视）、⬚（左视）、⬚（右视）、⬚（上视）、⬚（下视）、⬚（等轴测）、⬚（上下二等角轴测）和⬚（左右二等角轴测），如图1-21所示。当在设计过程中选定了模型的任意平面后，为了方便观察和设计，可以选择⬚（正视于）（即与屏幕平行）方向。

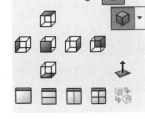

图1-21　视图方向

（2）模型显示操作

可以通过单击【视图】工具栏中的按钮，实现不同方式下的模型显示。SolidWorks提供了以下几种显示方式。

① ⬚（线架图）：模型采用线框方式显示，无论隐藏线还是可见线都以相同的实线显示，可见性差，但是显示速度快。

② ⬚（隐藏线可见）：实体模型以线框模式显示，隐藏线以灰色线段或者虚线显示。

③ ⬚（消除隐藏线）：实体模型以线框模式显示，隐藏线不显示。

④ ⬚（带边线上色）：实体模型以渲染模式显示，效果逼真，但速度较慢。

⑤ ⬚（上色）：着色显示模型。

⑥ ⬚（透视图）：采用透视方式显示模型，即真实感视图。

⑦ ⬚（上色模式中的阴影）：在模型中加入阴影。

⑧ ⬚（剖面视图）：显示模型的剖面。

1.3.4　鼠标使用方法

鼠标在SolidWorks软件中的应用频率非常高，可以用其实现平移、缩放、旋转、绘制几何图素和创建特征等操作。基于SolidWorks系统的特点，建议读者使用三键滚轮鼠标，在设计时可以有效地提高设计效率。表1-1列出了三键滚轮鼠标的使用方法。

表 1-1　三键滚轮鼠标的使用方法

鼠标按键	作　用		操 作 说 明
左键	用于选择菜单命令和实体对象工具按钮，绘制几何图元等		直接单击鼠标左键
滚轮（中键）	放大或缩小		按 Shift+ 中键并上下移动光标，可以放大或缩小视图；直接滚动滚轮中键，同样可以放大或缩小视图
	平移		按 Ctrl+ 中键并移动光标，可将模型按鼠标移动的方向平移
	旋转		按住鼠标中键不放并移动光标，即可旋转模型
右键	弹出快捷菜单		直接单击鼠标右键

02

第2章

机械零件建模设计

本章通过几个典型的机械零件实例来熟悉三维建模的使用方法。三维建模中经常使用的功能有拉伸、切除、扫描、放样等特征。

2.1 拉伸凸台特征

选择【插入】—【凸台/基体】—【拉伸】菜单命令或者单击【特征】工具栏中的
（拉伸凸台/基体）按钮，可以进行拉伸特征操作。

实例 2.1

① 新建一个零件文件，在前视基准面上绘制一个草图，如图2-1所示。

② 单击特征工具栏中的 【凸台-拉伸】按钮，弹出【凸台-拉伸】属性管理器，在"开始条件"（即【从】选项组）的下拉列表框中选择"草图基准面"，在"终止条件"（即【方向1】选项组）列表框中选择"给定深度"，方向为默认设置，深度图标 后面的数值框中输入20mm，如图2-2所示。

③ 完成各种设置以后，单击属性管理器或者绘图区域中的 （确定）按钮，完成拉伸。

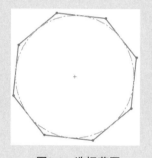

图2-1　选择草图

图2-2　拉伸属性

2.2 拉伸切除特征

选择【插入】—【切除】—【拉伸】菜单命令或者单击【特征】工具栏中的 【切除-拉伸】按钮，弹出【切除-拉伸】属性管理器，可以进行拉伸切除特征操作。

实例 2.2

① 在实体表面绘制一个草图，如图2-3所示。

② 单击特征工具栏中的 【切除-拉伸】按钮，弹出拉伸属性管理器，在"开始条件"的下拉列表框中选择"草图基准面"，在"终止条件"下拉列表框中选择"给定深度"，方向向下，深度图标 后面的数值框中输入50mm，如图2-4所示。

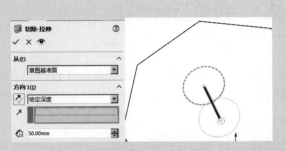

图2-3　选择草图　　　　　　　　　图2-4　拉伸切除属性设置

③ 完成各种设置以后，单击属性管理器或者绘图区域中的 ✅ 按钮（确定），完成拉伸切除，如图2-5所示。

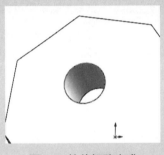

图2-5　拉伸切除完成

2.3　旋转凸台特征

选择【插入】—【凸台/基体】—【旋转】菜单命令或者单击【特征】工具栏中的 🐛【旋转】按钮，弹出【旋转】属性管理器，可以进行旋转特征操作。

① 新建一个零件文件，在前视基准面上绘制一个草图，如图2-6所示。

② 单击特征工具栏中的 🐛【旋转】按钮，弹出【旋转】属性管理器，在【旋转轴】选项组中，选择草图中的中心线为旋转轴 ⤢，在【方向1】选项组中，旋转类型选择为"给定深度"，旋转角度图标 🔄 后面的数值框中输入360.00度，如图2-7所示。

③ 单击属性管理器或者绘图区域中的 ✅【确定】按钮，完

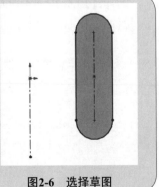

图2-6　选择草图

成旋转，如图2-8所示。

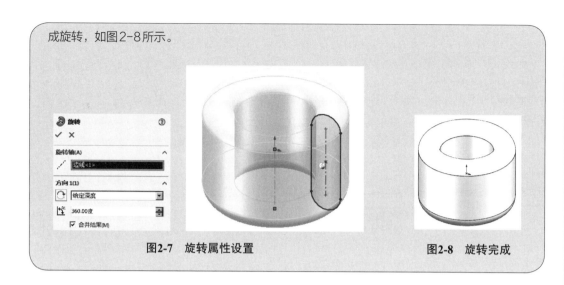

图2-7　旋转属性设置　　　　　　图2-8　旋转完成

2.4　扫描特征

选择【插入】—【凸台/基体】—【扫描】菜单命令或者单击【特征】工具栏中的 【扫描】按钮，弹出【扫描】属性管理器，可以进行扫描特征操作。

 实例 2.4

① 新建一个零件文件，建立2个草图，如图2-9所示。

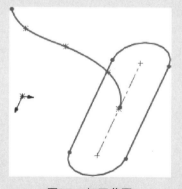

图2-9　打开草图

② 单击特征工具栏中的 【扫描】按钮，弹出扫描属性管理器。在【轮廓和路径】选项组下，【轮廓】选择槽口草图，【路径】选择样条曲线，如图2-10所示。

③ 完成各种设置以后，单击属性管理器或者绘图区域中的 ✅（确定）按钮，完成扫描，如图2-11所示。

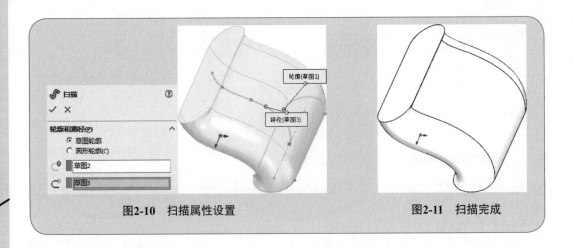

图2-10 扫描属性设置　　　　　　图2-11 扫描完成

2.5 放样特征

选择【插入】—【凸台/基体】—【放样】菜单命令或者单击【特征】工具栏中的 🔩【放样】按钮，弹出【放样】属性管理器，可以进行放样特征操作。

实例 2.5

① 新建一个零件文件，建立2个草图，如图2-12 所示。

② 单击特征工具栏中的🔩【放样】按钮，弹出放样属性管理器，在【轮廓】选项组下，🔷【轮廓】选择 2个草图，如图2-13所示。

③ 完成各种设置以后，单击属性管理器或者绘图区域中的✔【确定】按钮，完成放样特征，如图2-14 所示。

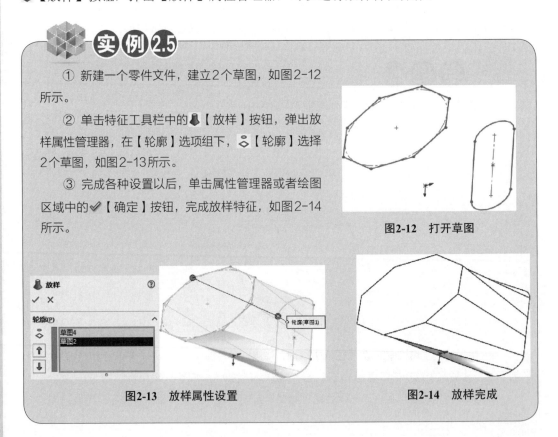

图2-12 打开草图

图2-13 放样属性设置　　　　　图2-14 放样完成

2.6 锥齿轮建模范例

本实例将生成1个锥齿轮模型，如图2-15所示。

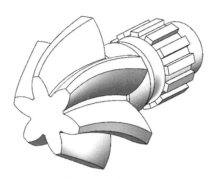

图2-15 锥齿轮模型

【建模思路分析】

① 轮齿部分是轴对称结构，要用圆周阵列特征来实现。

② 单独一个轮齿前后截面不在同一位置，可以用放样特征来实现。

③ 花键部分是轴对称结构，用圆周阵列来实现。

④ 最后的圆柱部分用旋转特征来完成。如图2-16所示。

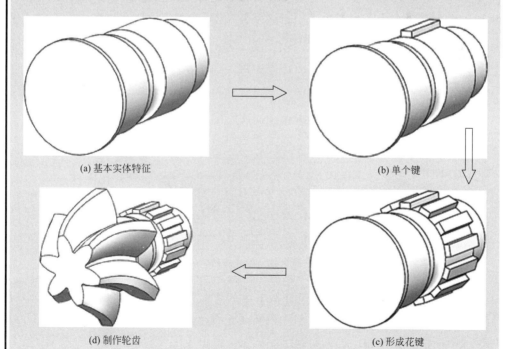

(a) 基本实体特征   (b) 单个键

(d) 制作轮齿   (c) 形成花键

图2-16 建模过程

【 **具体步骤** 】

2.6.1 轮毂部分

Step01 单击【特征管理器设计树】中的【前视基准面】图标，使其成为草图绘制平面。单击【标准视图】工具栏中的 ⊥ 【正视于】按钮，并单击【草图】工具栏中的 ⎚ 【草图绘制】按钮，进入草图绘制状态。使用【草图】工具栏中的 ∕ 【直线】、 ◝ 【圆弧】、 ◁ 【智能尺寸】工具，绘制如图2-17所示的草图。单击 ⎚ 【退出草图】按钮，退出草图绘制状态。

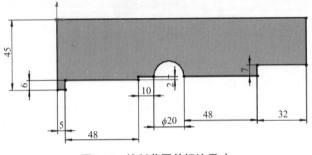

图2-17　绘制草图并标注尺寸

Step02 单击【特征】工具栏中的 ⧳ 【旋转】按钮，弹出【旋转1】属性管理器。在【旋转参数】选项组中，单击 ⟋ 【旋转轴】选择框，在图形区域中选择草图中的直线12，设置 ⟳ 【终止条件】为【给定深度】， ⌇ 【角度】为360.00度，单击 ✔ 【确定】按钮，生成旋转特征，如图2-18所示。

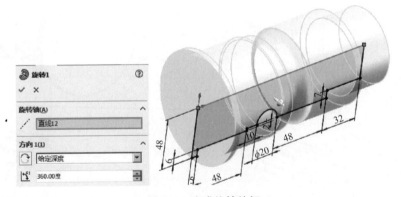

图2-18　生成旋转特征

Step03 单击【特征管理器设计树】中的【前视基准面】图标，使其成为草图绘制平面。单击【标准视图】工具栏中的 ⊥ 【正视于】按钮，并单击【草图】工具栏中的 ⎚ 【草图绘制】按钮，进入草图绘制状态。使用【草图】工具栏中的 ∕ 【直线】、 ⟋ 【中心线】、 ◁ 【智能尺寸】工具，绘制如图2-19所示的草图。单击 ⎚ 【退出草图】按

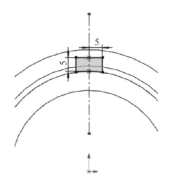

技术要点

完全定义的草图将会以黑色显示所有的实体，若有欠定义的实体则以蓝色显示。

图2-19 绘制草图并标注尺寸

钮，退出草图绘制状态。

Step04 单击【特征】工具栏中的 🐷【凸台-拉伸】按钮，弹出【凸台-拉伸1】属性设置。在【方向1】选项组中，设置 🡕【终止条件】为【给定深度】，🔩【深度】为48.00mm，单击 ✔【确定】按钮，生成拉伸特征，如图2-20所示。

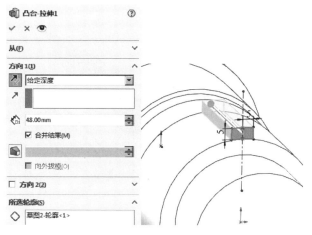

图2-20 生成拉伸特征

Step05 单击【特征】工具栏中的 🐝【阵列（圆周）】按钮，弹出【阵列（圆周）1】属性管理器。在【方向1】选项组中，单击 🔄【阵列轴】选择框，选择边线<1>，设置 ❋【实例数】为13，选择【等间距】选项；在【特征和面】选项组中，单击 🗐【要阵列的特征】选择框，在图形区域中选择凸台-拉伸1，单击 ✅【确定】按钮，生成特征圆周阵列，如图2-21所示。

技术要点

使用方向键可以旋转模型。按CTRL键加上方向键可以移动模型。按 ALT 键加上方向键可以将模型沿顺时针或逆时针方向旋转。

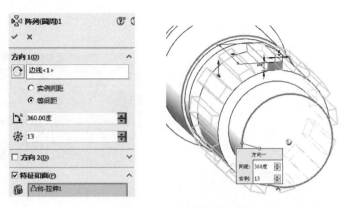

图2-21　生成特征圆周阵列

Step06 单击【参考几何体】工具栏中的 **【基准面】** 按钮，弹出【基准面1】属性管理器。在【第一参考】中，在图形区域中选择面<1>，单击 **【距离】** 按钮，在文本栏中输入45.00mm，如图2-22所示，在图形区域中显示出新建基准面的预览，单击 **【确定】** 按钮，生成基准面。

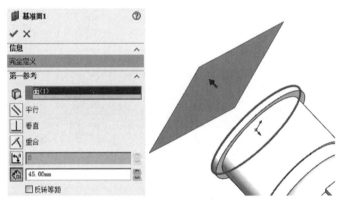

图2-22　生成基准面

2.6.2　轮齿部分

Step01 单击【参考几何体】工具栏中的 **【基准面】** 按钮，弹出 【基准面2】属性管理器。在【第一参考】中，在图形区域中选择基准面1，单击 **【距离】** 按钮，在文本栏中输入40.00mm，如图2-23所示，在图形区域中显示出新建基准面的预览，单击 **【确定】** 按钮，生成基准面。

2.6.2　视频精讲

Step02 单击【特征管理器设计树】中的【前视基准面】图标，使其成为草图绘制平面。单击【标准视图】工具栏中的 **【正视于】** 按钮，并单击【草图】工具栏中的 **【草图绘制】** 按钮，进入草图绘制状态。使用【草图】工具栏中的 **【直线】**、**【圆弧】**、**【智能尺寸】** 工具，绘制如图2-24所示的草图。单击 **【退出草图】** 按钮，

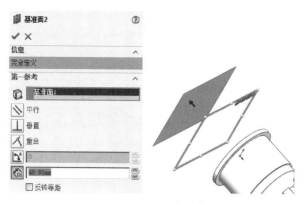

图2-23 生成基准面

退出草图绘制状态。

Step03 单击【特征管理器设计树】中的【前视基准面】图标，使其成为草图绘制平面。单击【标准视图】工具栏中的↓【正视于】按钮，并单击【草图】工具栏中的⊙【草图绘制】按钮，进入草图绘制状态。使用【草图】工具栏中的⁄【直线】、⊙【圆弧】、❀【智能尺寸】工具，绘制如图2-25所示的草图。单击⊙【退出草图】按钮，退出草图绘制状态。

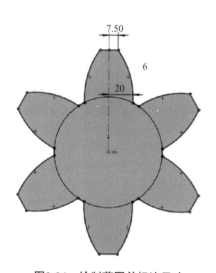

图2-24 绘制草图并标注尺寸

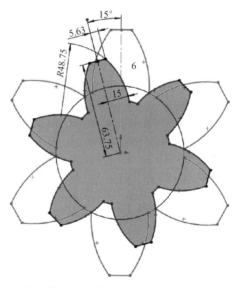

图2-25 绘制草图并标注尺寸

Step04 单击【特征管理器设计树】中的【前视基准面】图标，使其成为草图绘制平面。单击【标准视图】工具栏中的↓【正视于】按钮，并单击【草图】工具栏中的⊙【草图绘制】按钮，进入草图绘制状态。使用【草图】工具栏中的⁄【直线】、⊙【圆弧】、❀【智能尺寸】工具，绘制如图2-26所示的草图。单击⊙【退出草图】按钮，退出草图绘制状态。

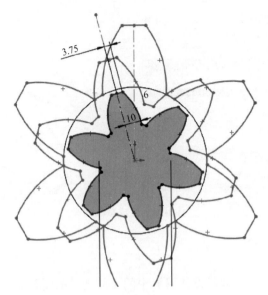

图2-26 绘制草图并标注尺寸

Step05 选择【插入】—【凸台/基体】—【放样】菜单命令，弹出【放样1】属性管理器。在 ⬧ 【轮廓】选项组中，在图形区域中选择草图3、草图4和草图5，单击 ✅ 【确定】按钮，如图2-27所示，生成放样特征。

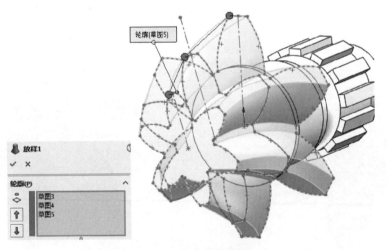

图2-27 生成放样特征

2.7 蜗轮建模范例

本实例将生成1个蜗轮模型，如图2-28所示。

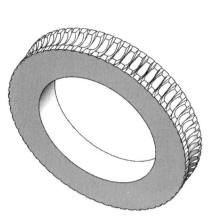

图2-28　蜗轮模型

【建模思路分析】

① 轮齿部分是轴对称结构，要用圆周阵列特征来实现。

② 单独一个轮齿形状复杂，可以用曲面切除特征来实现。

③ 中间的轮毂部分可以用旋转特征来完成。如图2-29所示。

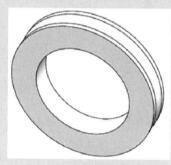

(a) 基本实体特征

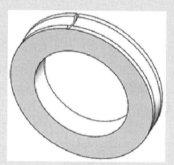

(b) 单独一个齿

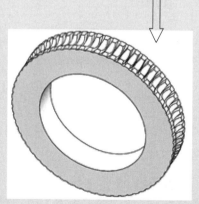

(c) 形成齿圈

图2-29　建模过程

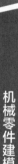

【具体步骤】

2.7.1　轮毂部分

Step01　单击【特征管理器设计树】中的【前视基准面】图标，使其成为草图绘制平面。单击【标准视图】工具栏中的 ↓【正视于】按钮，并单击【草图】工具栏中的 ⬚【草图绘制】按钮，进入草图绘制状态。使用【草图】工具栏中的 ✏【直线】、 ✎【中心线】、 ⌒【圆弧】、 📏【智能尺寸】工具，绘制如图2-30所示的草图。单击 ⬚【退出草图】按钮，退出草图绘制状态。

2.7.1　视频精讲

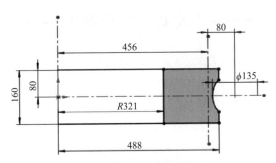

图2-30　绘制草图并标注尺寸

Step02　单击【特征】工具栏中的 🍥【旋转】按钮，弹出【旋转1】属性管理器。在【旋转参数】选项组中，单击 ✏【旋转轴】选择框，在图形区域中选择草图中的直线2，设置 🔄【终止条件】为【给定深度】， ⬆【角度】为360.00度，单击 ✔【确定】按钮，生成旋转特征，如图2-31所示。

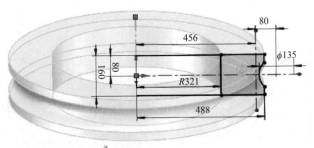

图2-31　生成旋转特征

Step03　单击【参考几何体】工具栏中的 🔷【基准面】按钮，弹出【基准面1】属性管理器。在【第一参考】中，在图形区域中选择面<1>，单击 🔘【距离】按钮，在文本栏中输入2.50mm，如图2-32所示，在图形区域中显示出新建基准面的预览，单击 ✔【确定】按钮，生成基准面。

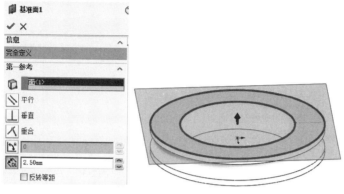

图2-32 生成基准面

2.7.2 轮齿部分

2.7.2 视频精讲

Step01 单击【参考几何体】工具栏中的 ▦【基准面】按钮，弹出【基准面2】属性管理器。在【第一参考】中，在图形区域中选择面<1>，单击 🖳【距离】按钮，在文本栏中输入2.50mm，如图2-33所示，在图形区域中显示出新建基准面的预览，单击 ✅【确定】按钮，生成基准面。

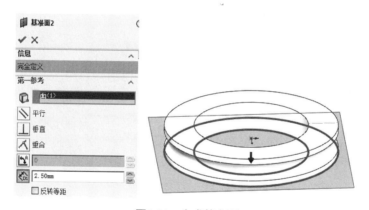

图2-33 生成基准面

Step02 单击【特征管理器设计树】中的【前视基准面】图标，使其成为草图绘制平面。单击【标准视图】工具栏中的 ⚓【正视于】按钮，并单击【草图】工具栏中的 ▱【草图绘制】按钮，进入草图绘制状态。使用【草图】工具栏中的 ╱【直线】、✎【中心线】、✎【智能尺寸】工具，绘制如图2-34所示的草图。单击 ▱【退出草图】按钮，退出草图绘制状态。

Step03 单击【特征管理器设计树】中的【前视基准面】图标，使其成为草图绘制平面。单击【标准视图】工具栏中的 ⚓【正视于】按钮，并单击【草图】工具栏中的 ▱【草图绘制】按钮，进入草图绘制状态。使用【草图】工具栏中的 ╱【直线】、✎【中心线】、✎【智能尺寸】工具，绘制如图2-35所示的草图。单击 ▱【退出草图】按钮，退出草图绘制状态。

图2-34　绘制草图并标注尺寸

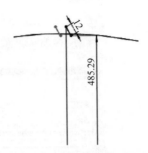

图2-35　绘制草图并标注尺寸

Step04　单击【参考几何体】工具栏中的 🔲【基准面】按钮，弹出【基准面3】属性管理器。在【第一参考】中，在图形区域中选择上视基准面；在【第二参考】中，在图形区域中选择点2@草图2，如图2-36所示，在图形区域中显示出新建基准面的预览，单击✅【确定】按钮，生成基准面。

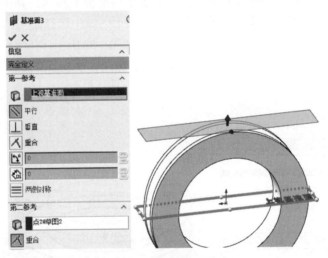

图2-36　生成基准面

Step05　单击【特征管理器设计树】中的【前视基准面】图标，使其成为草图绘制平面。单击【标准视图】工具栏中的 ⊥【正视于】按钮，并单击【草图】工具栏中的 ⎗【草图绘制】按钮，进入草图绘制状态。使用【草图】工具栏中的 ⌒【圆弧】、✦【智能尺寸】工具，绘制如图2-37所示的草图。单击 ⎗【退出草图】按钮，退出草图绘制状态。

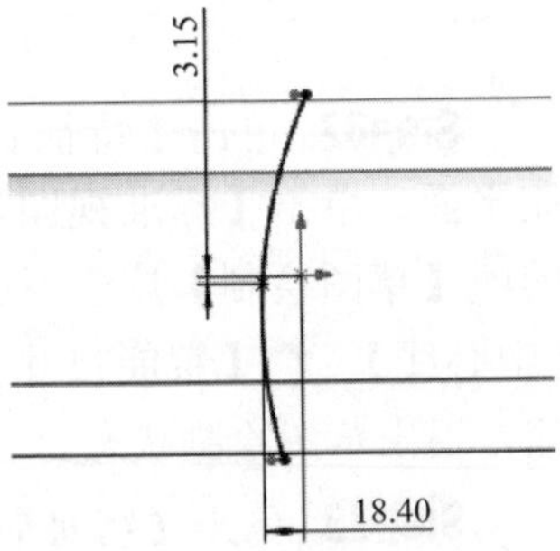

Step06　单击【参考几何体】工具栏中的 🔲【基准面】按钮，弹出【基准面4】属性管理器。在【第一参考】中，

图2-37　绘制草图并标注尺寸

在图形区域中选择上视基准面，单击 🔷【距离】按钮，在文本栏中输入460mm，如图2-38所示，在图形区域中显示出新建基准面的预览，单击✅【确定】按钮，生成基准面。

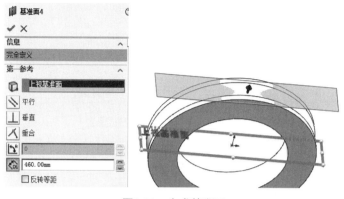

图2-38　生成基准面

Step07　单击【参考几何体】工具栏中的 ■【点】按钮，弹出【点1】属性管理器。在 ◎【参考实体】中选择点1@原点和基准面4，单击 █【投影】按钮，如图2-39所示，在图形区域中显示出新建基准点的预览，单击 ✅【确定】按钮，生成基准点。

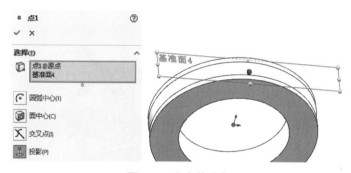

图2-39　生成基准点

Step08　单击【草图】工具栏中的 ㏓【3D草图】按钮，进入草图绘制状态。使用【草图】工具栏中的 ╱【直线】、╱【中心线】、✎【智能尺寸】工具，绘制如图2-40所示的草图。单击 █【退出草图】按钮，退出草图绘制状态。

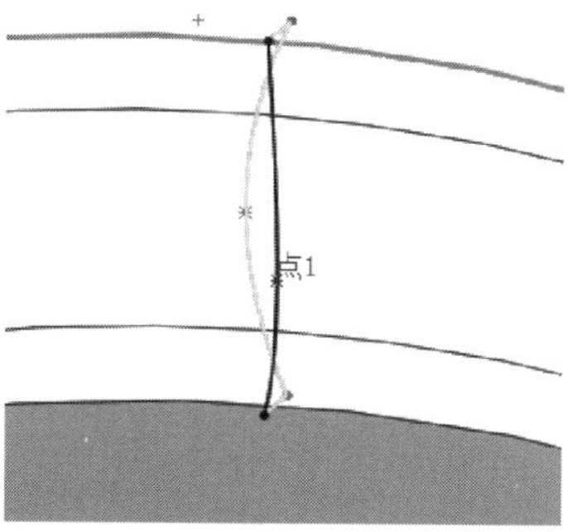

Step09　单击【曲面】工具栏中的 ⬇【曲面-放样】按钮，在【轮廓】中选择草图2和草图3，单击 ✅【确定】按钮。如图2-41所示。

Step10　选择【插入】—【特征】—【实体-移动/复制】菜单命令，弹出【实体-移动/复制2】属性管理器。单击 ☞【要移动实体】选择框，在图形区域中选择曲面-放样1，如图2-42所示，单击 ✅【确定】按钮，生成移动实体特征。

Step11　选择【插入】—【特征】—【实体-移动/复制】菜单命令，弹出【实体-移动/复制3】属性管理器。单击 ☞【要移动实体】选择框，在图形区域中选择实体-移动/复制2，如图2-43所示，单击 ✅【确定】按钮，生成移动实体特征。

图2-40　绘制草图并标注尺寸

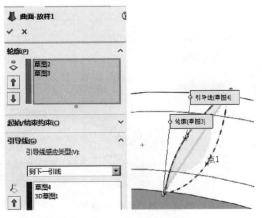

图2-41 生成放样特征

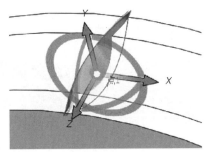

图2-42 生成移动实体特征

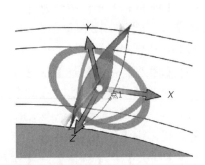

图2-43 生成移动实体特征

Step12 选择【插入】—【特征】—【实体-移动/复制】菜单命令，弹出【实体-

移动/复制4】属性管理器。单击 【要移动实体】选择框，在图形区域中选择实体-移动/复制3，如图2-44所示，单击 ✅【确定】按钮，生成移动实体特征。

图2-44　生成移动实体特征

Step13　单击【曲面】工具栏中的 ▲【曲面-放样】按钮，在【轮廓】中选择边线<1>和边线<2>，单击 ✅【确定】按钮。如图2-45所示。

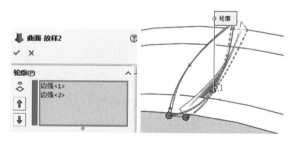

图2-45　放样曲面

Step14　单击【曲面】工具栏中的 ▥【曲面-缝合】按钮，弹出【曲面-缝合2】属性管理器。单击 ◆【选择】选择框，在图形区域中选择3个曲面，如图2-46所示，单击 ✅【确定】按钮，生成缝合曲面特征。

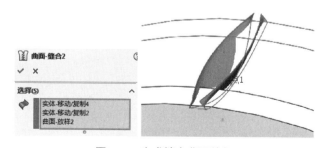

图2-46　生成缝合曲面特征

Step15　单击【插入】—【切除】—【使用曲面切除】菜单命令，弹出【使用曲面切除2】属性管理器。在【曲面切除参数】选项组中，选择曲面-缝合2，如图2-47所示，单击 ✅【确定】按钮，生成使用曲面切除特征。

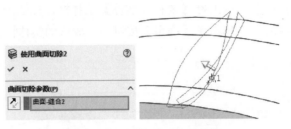

图2-47　生成使用曲面切除特征

Step16 单击【参考几何体】工具栏中的 ✏️【基准轴】按钮，弹出【基准轴1】属性管理器。在 🔲【参考实体】选择框中选择面<1>，单击🔲【圆柱/圆锥面】按钮，单击✅【确定】按钮，生成基准轴1，如图2-48所示。

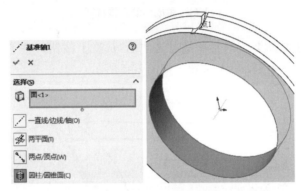

图2-48　基准轴特征

Step17 单击【特征】工具栏中的 🟦【阵列（圆周）】按钮，弹出【阵列（圆周）1】属性管理器。在【方向1】选项组中，单击🔄【阵列轴】选择框，选择基准轴1，设置❄️【实例数】为65，选择【等间距】选项；在【特征和面】选项组中，单击🔘【要阵列的特征】选择框，在图形区域中选择使用曲面切除2，单击✅【确定】按钮，生成特征圆周阵列，如图2-49所示。

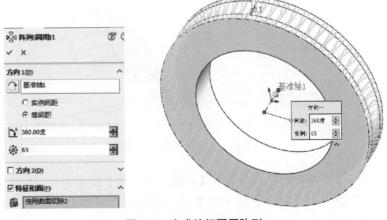

图2-49　生成特征圆周阵列

2.8 弹簧建模范例

本实例将生成1个弹簧模型，如图2-50所示。

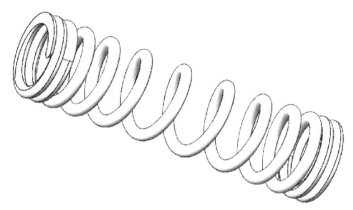

图2-50 弹簧模型

【建模思路分析】

① 弹簧属于标准的螺旋结构，要用螺旋线特征来实现。

② 此弹簧的螺距不等，可以用几个螺旋线叠加的方式来实现。

③ 弹簧的端部可以用圆顶特征和切除特征来完成。如图2-51所示。

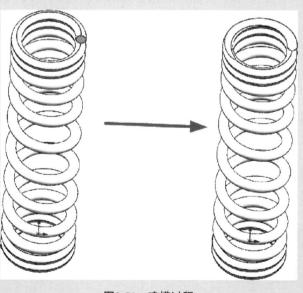

图2-51 建模过程

【 具体步骤 】

2.8.1 螺旋部分

Step01 单击【特征管理器设计树】中的【前视基准面】图标,使其成为草图绘制平面。单击【标准视图】工具栏中的 ↳【正视于】按钮,并单击【草图】工具栏中的 ╚【草图绘制】按钮,进入草图绘制状态。使用【草图】工具栏中的 ◎【圆】、 ◆【智能尺寸】工具,绘制如图2-52所示的草图。单击 ╚【退出草图】按钮,退出草图绘制状态。

2.8.1 视频精讲

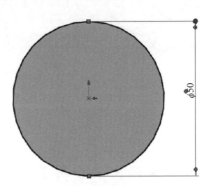

图2-52 绘制草图并标注尺寸

Step02 单击【插入】—【曲线】—【螺旋线/涡状线】按钮,弹出【螺旋线/涡状线1】属性设置。在【定义方式】选项组中,选择【高度和螺距】;在【参数】选项组中,勾选【可变螺距】选项,并输入数据;勾选【反向】;设置【起始角度】为270.00度;勾选【顺时针】选项,如图2-53所示。

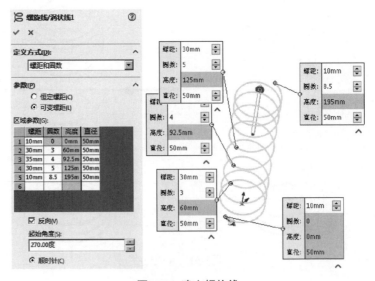

图2-53 建立螺旋线

Step03 单击【参考几何体】工具栏中的 ▦【基准面】按钮，弹出【基准面1】属性管理器。在【第一参考】中，在图形区域中选择点<1>；在【第二参考】中，在图形区域中选择前视基准面，如图2-54所示，在图形区域中显示出新建基准面的预览，单击 ✅【确定】按钮，生成基准面。

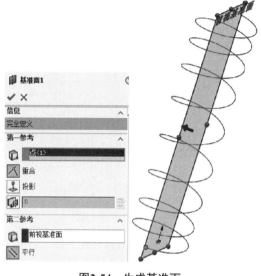

图2-54　生成基准面

Step04 单击【参考几何体】工具栏中的 ▦【基准面】按钮，弹出【基准面2】属性管理器。在【第一参考】中，在图形区域中选择点<1>；在【第二参考】中，在图形区域中选择前视基准面，如图2-55所示，在图形区域中显示出新建基准面的预览，单击 ✅【确定】按钮，生成基准面。

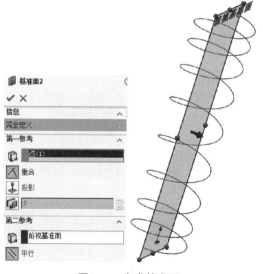

图2-55　生成基准面

Step05 单击【参考几何体】工具栏中的 ▥【基准面】按钮，弹出【基准面3】属性管理器。在【第一参考】中，在图形区域中选择上视基准面；在【第二参考】中，在图形区域中选择点<1>，如图2-56所示，在图形区域中显示出新建基准面的预览，单击 ✔【确定】按钮，生成基准面。

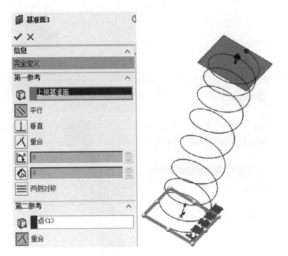

图2-56　生成基准面

Step06 单击【参考几何体】工具栏中的 ▥【基准面】按钮，弹出【基准面4】属性管理器。在【第一参考】中，在图形区域中选择点1@原点；在【第二参考】中，在图形区域中选择上视基准面，如图2-57所示，在图形区域中显示出新建基准面的预览，单击✔【确定】按钮，生成基准面。

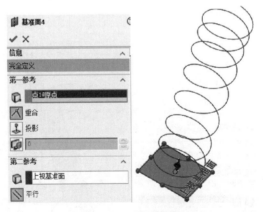

图2-57　生成基准面

Step07 单击【特征管理器设计树】中的【前视基准面】图标，使其成为草图绘制平面。单击【标准视图】工具栏中的 ↓【正视于】按钮，并单击【草图】工具栏中的 ℃【草图绘制】按钮，进入草图绘制状态。使用【草图】工具栏中的 ◎【圆】、✎【智能尺寸】工具，绘制如图2-58所示的草图。单击℃【退出草图】按钮，退出草图绘制状态。

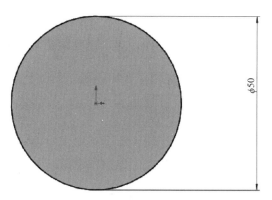

图2-58 绘制草图并标注尺寸

Step08 单击【插入】—【曲线】—【螺旋线/涡状线】按钮，弹出【螺旋线/涡状线3】属性设置。在【定义方式】选项组中，选择【螺距和圈数】；在【参数】选项组中，勾选【恒定螺距】选项，并输入数据；设置【起始角度】为90.00度；勾选【顺时针】选项，如图2-59所示。

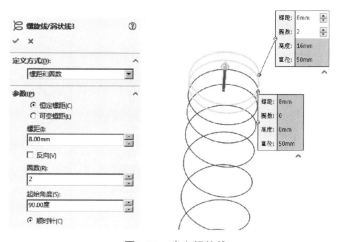

图2-59 建立螺旋线

Step09 单击【特征管理器设计树】中的【前视基准面】图标，使其成为草图绘制平面。单击【标准视图】工具栏中的⊥【正视于】按钮，并单击【草图】工具栏中的⬚【草图绘制】按钮，进入草图绘制状态。使用【草图】工具栏中的☉【圆】、✎【智能尺寸】工具，绘制如图2-60所示的草图。单击⬚【退出草图】按钮，退出草图绘制状态。

Step10 单击【插入】—【曲线】—【螺旋线/涡状线】按钮，弹出【螺旋线/涡状线4】属性设置。在【定义方式】选项组中，选择【螺距和圈数】；在【参数】选项组中，勾选【恒定螺距】选项，在【螺距】中输入8.00mm，在【圈数】中输入2，设置【起始角度】为270.00度，如图2-61所示。

Step11 单击【特征管理器设计树】中的【前视基准面】图标，使其成为草图绘制平面。单击【标准视图】工具栏中的⊥【正视于】按钮，并单击【草图】工具栏中的

【草图绘制】按钮，进入草图绘制状态。使用【草图】工具栏中的【圆】、【智能尺寸】工具，绘制如图2-62所示的草图。单击【退出草图】按钮，退出草图绘制状态。

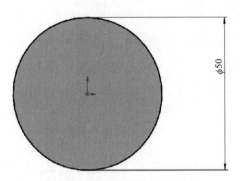

图2-60　绘制草图并标注尺寸

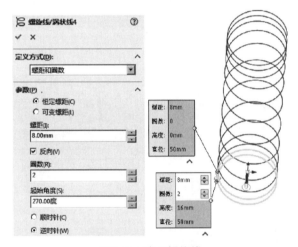

图2-61　建立螺旋线

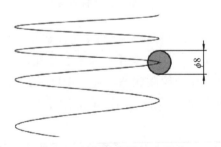

图2-62　绘制草图并标注尺寸

Step12　选择【插入】—【凸台/基体】—【扫描】菜单命令，弹出【扫描1】属性管理器。在【轮廓和路径】选项组中，单击【轮廓】按钮，在图形区域中选择草图中的草图10，单击【路径】按钮，在图形区域中选择草图中的螺旋线；在【选项】选项组中，设置【轮廓方位】为【随路径变化】，单击【确定】按钮，如图2-63所示。

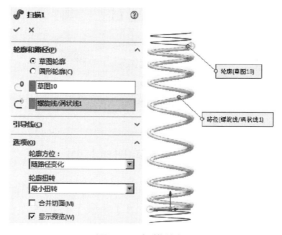

图2-63　扫描特征

Step13　单击【特征管理器设计树】中的【前视基准面】图标，使其成为草图绘制平面。单击【标准视图】工具栏中的 ⬆ 【正视于】按钮，并单击【草图】工具栏中的 ⬉ 【草图绘制】按钮，进入草图绘制状态。使用【草图】工具栏中的 ⊙ 【圆】、 ⬈ 【智能尺寸】工具，绘制如图2-64所示的草图。单击 ⬉ 【退出草图】按钮，退出草图绘制状态。

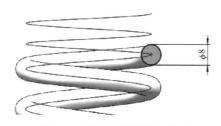

图2-64　绘制草图并标注尺寸

Step14　选择【插入】—【凸台/基体】—【扫描】菜单命令，弹出【扫描2】属性管理器。在【轮廓和路径】选项组中，单击 ⌀ 【轮廓】按钮，在图形区域中选择草图中的草图11，单击 ⬉ 【路径】按钮，在图形区域中选择草图中的螺旋线，单击 ✅ 【确定】按钮，如图2-65所示。

图2-65　扫描特征

Step15　单击【特征管理器设计树】中的【前视基准面】图标，使其成为草图绘制平面。单击【标准视图】工具栏中的 ⬆ 【正视于】按钮，并单击【草图】工具栏中的 ⬉ 【草图绘制】按钮，进入草图绘制状态。使用【草图】工具栏中的 ⊙ 【圆】、 ⬈ 【智能尺寸】工具，绘制如图2-66所示的草图。单击 【退出草图】按钮，退出草图绘制状态。

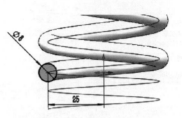

图2-66 绘制草图并标注尺寸

Step16 选择【插入】—【凸台/基体】—【扫描】菜单命令，弹出【扫描3】属性管理器。在【轮廓和路径】选项组中，单击 【轮廓】按钮，在图形区域中选择草图中的草图12，单击 【路径】按钮，在图形区域中选择草图中的螺旋线；在【选项】选项组中，设置【轮廓方位】为【随路径变化】，单击 【确定】按钮，如图2-67所示。

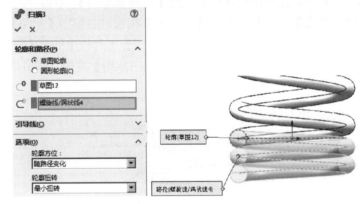

图2-67 扫描特征

Step17 单击【参考几何体】工具栏中的 【基准面】按钮，弹出【基准面5】属性管理器。在【第一参考】中，在图形区域中选择基准面3，单击 【距离】按钮，在文本栏中输入15.00mm，如图2-68所示，在图形区域中显示出新建基准面的预览，单击 【确定】按钮，生成基准面。

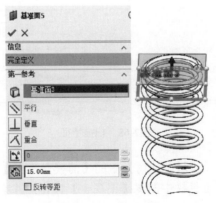

图2-68 生成基准面

Step18 单击【参考几何体】工具栏中的 ▣【基准面】按钮，弹出【基准面6】属性管理器。在【第一参考】中，在图形区域中选择基准面4，单击 ⬢【距离】按钮，在文本栏中输入15.00mm，如图2-69所示，在图形区域中显示出新建基准面的预览，单击 ✅【确定】按钮，生成基准面。

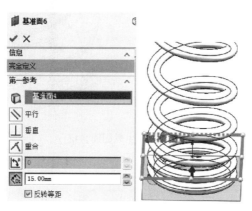

图2-69 生成基准面

2.8.2 辅助部分

Step01 单击端面的表面，使其处于被选择状态。选择【插入】—【特征】—【圆顶】菜单命令，弹出【圆顶2】属性管理器。在【参数】选项组中的 ▣【到圆顶的面】选择框中选择面<1>，设置 ↗【距离】为3.50mm，单击 ✅【确定】按钮，生成圆顶特征，如图2-70所示。

2.8.2 视频精讲

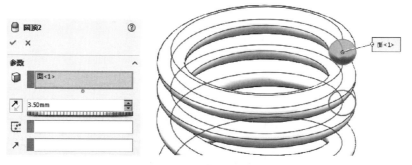

图2-70 生成圆顶特征

Step02 单击端面的表面，使其处于被选择状态。选择【插入】—【特征】—【圆顶】菜单命令，弹出【圆顶3】属性管理器。在【参数】选项组中的 ▣【到圆顶的面】选择框中选择面<1>，设置 ↗【距离】为3.50mm，单击 ✅【确定】按钮，生成圆顶特征，如图2-71所示。

Step03 单击【特征管理器设计树】中的【前视基准面】图标，使其成为草图绘制平面。单击【标准视图】工具栏中的 ↧【正视于】按钮，并单击【草图】工具栏中的 ▤

【草图绘制】按钮,进入草图绘制状态。使用【草图】工具栏中的⊙【圆】、 【智能尺寸】工具,绘制如图2-72所示的草图。单击 【退出草图】按钮,退出草图绘制状态。

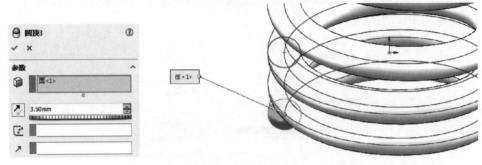

图2-71 生成圆顶特征

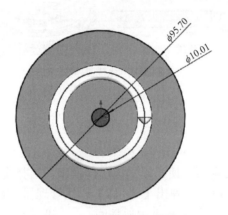

图2-72 绘制草图并标注尺寸

Step04 单击【特征】工具栏中的 【切除-拉伸】按钮,弹出【切除-拉伸1】属性管理器。在【方向1】选项组中,设置【终止条件】为【完全贯穿】,单击 【确定】按钮,生成拉伸切除特征,如图2-73所示。

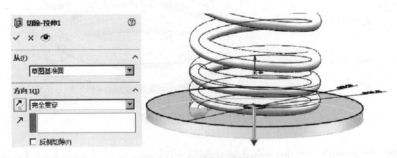

图2-73 拉伸切除特征

Step05 单击【特征管理器设计树】中的【前视基准面】图标,使其成为草图绘制平面。单击【标准视图】工具栏中的 【正视于】按钮,并单击【草图】工具栏中的 【草图绘制】按钮,进入草图绘制状态。使用【草图】工具栏中的⊙【圆】、 【智能尺寸】工具,绘制如图2-74所示的草图。单击 【退出草图】按钮,退出草图绘制状态。

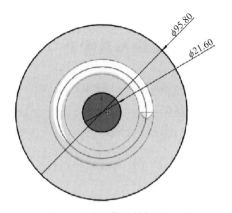

图2-74 绘制草图并标注尺寸

Step06 单击【特征】工具栏中的 📦【切除-拉伸】按钮，弹出【切除-拉伸2】属性管理器。在【方向1】选项组中，设置【终止条件】为【完全贯穿】，单击 ✅【确定】按钮，生成拉伸切除特征，如图2-75所示。

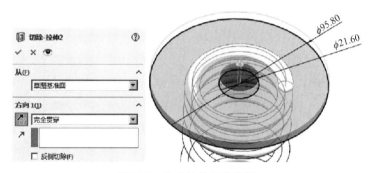

图2-75 生成拉伸切除特征

2.9 轮毂建模范例

本实例将生成1个轮毂模型，如图2-76所示。

图2-76 轮毂模型

【建模思路分析】

① 轮毂模型是轴对称结构，要用圆周阵列特征来实现。

② 轮辐的部分可以用切除特征来实现。

③ 中间部分用旋转特征来完成。如图2-77所示。

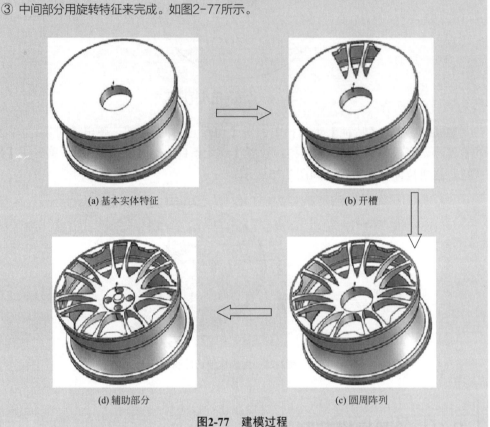

(a) 基本实体特征　　　　　　　　(b) 开槽

(d) 辅助部分　　　　　　　　(c) 圆周阵列

图2-77　建模过程

【具体步骤】

2.9.1　主体部分

Step01　单击【特征管理器设计树】中的【前视基准面】图标，使其成为草图绘制平面。单击【标准视图】工具栏中的↓【正视于】按钮，并单击【草图】工具栏中的↺【草图绘制】按钮，进入草图绘制状态。使用【草图】工具栏中的✐【直线】、✐【中心线】、◔【圆弧】、✎【智能尺寸】工具，绘制如图2-78所示的草图。单击↺【退出草图】按钮，退出草图绘制状态。

2.9.1　视频精讲

Step02　单击【特征】工具栏中的◍【旋转凸台/基体】按钮，弹出【旋转1】属性管理器。在【旋转参数】选项组中，单击✐【旋转轴】选择框，在图形区域中选择草

图中的直线1，设置 ⟳【终止条件】为【给定深度】， ⬆【角度】为360.00度，单击 ✔
【确定】按钮，生成旋转特征，如图2-79所示。

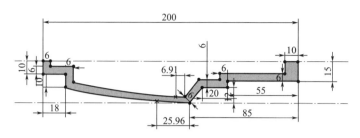

图2-78　绘制草图并标注尺寸

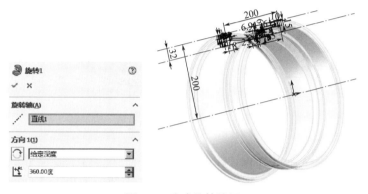

图2-79　生成旋转特征

Step03　单击【特征管理器设计树】中的【前视基准面】图标，使其成为草图绘制
平面。单击【标准视图】工具栏中的 ⬇【正视于】按钮，并单击【草图】工具栏中的
⬚【草图绘制】按钮，进入草图绘制状态。使用【草图】工具栏中的 ╱【直线】、◜
【圆弧】、↗【中心线】、❮【智能尺寸】工具，绘制如图2-80所示的草图。单击 ⬚【退
出草图】按钮，退出草图绘制状态。

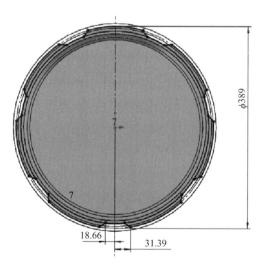

图2-80　绘制草图并标注尺寸

Step04 单击【特征】工具栏中的 🔲【切除-拉伸-薄壁】按钮，弹出【切除-拉伸-薄壁1】属性管理器。在【方向1】选项组中，设置 ↗【终止条件】为【给定深度】，🔗【深度】为10.00mm，单击 ✅【确定】按钮，生成拉伸切除特征，如图2-81所示。

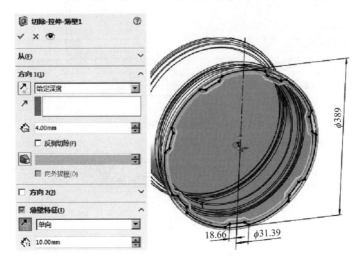

图2-81　拉伸切除特征

Step05 单击【特征管理器设计树】中的【前视基准面】图标，使其成为草图绘制平面。单击【标准视图】工具栏中的 ⚓【正视于】按钮，并单击【草图】工具栏中的 📍【草图绘制】按钮，进入草图绘制状态。使用【草图】工具栏中的 ✏【直线】、🍥【圆弧】、➗【中心线】、🖋【智能尺寸】工具，绘制如图2-82所示的草图。单击 📍【退出草图】按钮，退出草图绘制状态。

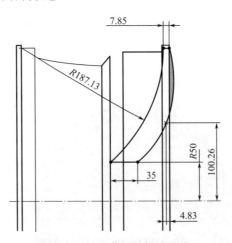

图2-82　绘制草图并标注尺寸

Step06 单击【特征】工具栏中的 🍥【旋转凸台/基体】按钮，弹出【旋转2】属性管理器。在【旋转参数】选项组中，单击 ✏【旋转轴】选择框，在图形区域中选择草图中的直线1，设置 🔄【终止条件】为【给定深度】，📐【角度】为360.00度，单击 ✅【确定】按钮，生成旋转特征，如图2-83所示。

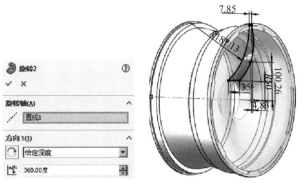

图2-83　生成旋转特征

Step07　单击【特征管理器设计树】中的【前视基准面】图标，使其成为草图绘制平面。单击【标准视图】工具栏中的 ↓【正视于】按钮，并单击【草图】工具栏中的 ⬜【草图绘制】按钮，进入草图绘制状态。使用【草图】工具栏中的 ╱【直线】、Ｎ【样条曲线】、╱【中心线】、⬝【智能尺寸】工具，绘制如图2-84所示的草图。单击 ⬜【退出草图】按钮，退出草图绘制状态。

Step08　单击【特征】工具栏中的 ⬜【切除-拉伸】按钮，弹出【切除-拉伸1】属性管理器。在【方向1】选项组中，设置【终止条件】为【完全贯穿】，在【方向2】选项组中也进行相同的设置，单击 ✅【确定】按钮，生成拉伸切除特征，如图2-85所示。

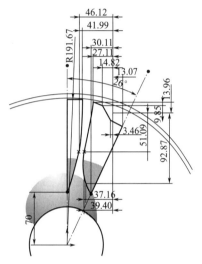

图2-84　绘制草图并标注尺寸

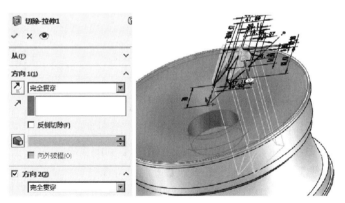

图2-85　拉伸切除特征

Step09　单击【特征】工具栏中的 ⬚【镜向】按钮，弹出【镜向1】属性管理器。在【镜向面/基准面】选项组中，单击 ⬜【镜向面/基准面】选择框，在绘图区中选择面<1>；在【要镜向的特征】选项组中，单击 ⬚【要镜向的特征】选择框，在绘图区中选择切除-拉伸1，单击 ✅【确定】按钮，生成镜向特征，如图2-86所示。

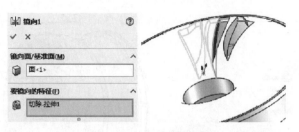

图2-86　生成镜向特征

Step10　单击【特征】工具栏中的 【阵列（圆周）】按钮，弹出【阵列（圆周）8】属性管理器。在【方向1】选项组中，单击 【阵列轴】选择框，选择面<1>，设置 【实例数】为7，选择【等间距】选项；在【特征和面】选项组中，单击 （要阵列的特征）选择框，在图形区域中选择切除-拉伸1和镜向1，单击 【确定】按钮，生成特征圆周阵列，如图2-87所示。

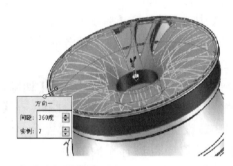

图2-87　生成特征圆周阵列

2.9.2　辅助部分

Step01　单击【特征管理器设计树】中的【前视基准面】图标，使其成为草图绘制平面。单击【标准视图】工具栏中的 【正视于】按钮，并单击【草图】工具栏中的 【草图绘制】按钮，进入草图绘制状态。使用【草图】工具栏中的 【直线】、 【中心线】、 【智能尺寸】工具，绘制如图2-88所示的草图。单击 【退出草图】按钮，退出草图绘制状态。

Step02　单击【特征】工具栏中的 【旋转凸台/基体】按钮，弹出【旋转3】属性管理器。在【旋转参数】选项组中，单击 【旋转轴】选择框，在图形区域中选择草图中的直线1，设置 【终止条件】为【给定深度】，

2.9.2　视频精讲

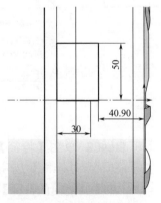

图2-88　绘制草图并标注尺寸

【角度】为360.00度，单击  【确定】按钮，生成旋转特征，如图2-89所示。

图2-89　生成旋转特征

Step03　单击【特征管理器设计树】中的【前视基准面】图标，使其成为草图绘制平面。单击【标准视图】工具栏中的 ⚓ 【正视于】按钮，并单击【草图】工具栏中的 ⏁ 【草图绘制】按钮，进入草图绘制状态。使用【草图】工具栏中的 ⊙ 【圆】、 ⁄ 【中心线】、 ◈ 【智能尺寸】工具，绘制如图2-90所示的草图。单击 ⏁ 【退出草图】按钮，退出草图绘制状态。

图2-90　绘制草图并标注尺寸

Step04　单击【特征】工具栏中的 ▣ 【切除-拉伸】按钮，弹出【切除-拉伸2】属性管理器。在【方向1】选项组中，设置【终止条件】为【完全贯穿】，单击 ✅ 【确定】按钮，生成拉伸切除特征，如图2-91所示。

Step05　单击【特征管理器设计树】中的【前视基准面】图标，使其成为草图绘制平面。单击【标准视图】工具栏中的 ⚓ 【正视于】按钮，并单击【草图】工具栏中的 ⏁

【草图绘制】按钮，进入草图绘制状态。使用【草图】工具栏中的◎【圆】、◣【智能尺寸】工具，绘制如图2-92所示的草图。单击◪【退出草图】按钮，退出草图绘制状态。

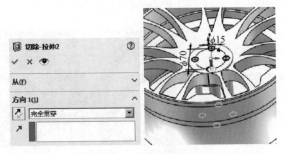

图2-91　拉伸切除特征

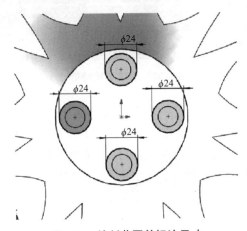

图2-92　绘制草图并标注尺寸

Step06 单击【特征】工具栏中的◪【切除-拉伸】按钮，弹出【切除-拉伸3】属性管理器。在【方向1】选项组中，设置↗【终止条件】为【给定深度】，◙【深度】为20.00mm，单击✅【确定】按钮，生成拉伸切除特征，如图2-93所示。

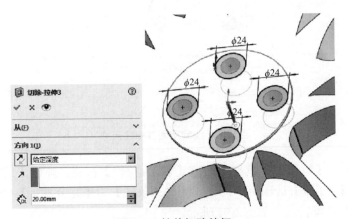

图2-93　拉伸切除特征

Step07 单击【特征管理器设计树】中的【前视基准面】图标，使其成为草图绘制平面。单击【标准视图】工具栏中的 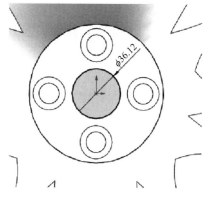 【正视于】按钮，并单击【草图】工具栏中的 【草图绘制】按钮，进入草图绘制状态。使用【草图】工具栏中的 【圆】、 【智能尺寸】工具，绘制如图2-94所示的草图。单击 【退出草图】按钮，退出草图绘制状态。

Step08 单击【特征】工具栏中的 【凸台-拉伸】按钮，弹出【凸台-拉伸1】属性设置。在【方向1】选项组中，设置 【终止条件】为【给定深度】， 【深度】为10.00mm，单击 【确定】按钮，生成拉伸特征，如图2-95所示。

图2-94　绘制草图并标注尺寸

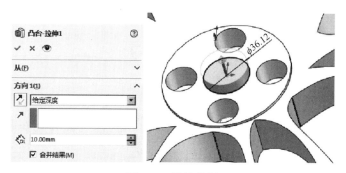

图2-95　拉伸特征

Step09 单击【特征】工具栏中的 【圆角】按钮，弹出【圆角1】属性管理器。在【圆角项目】选项组中，单击 【边线、面、特征和环】选择框，在图形区域中选择模型的1条边线，设置 【半径】为5.00mm，单击 【确定】按钮，生成圆角特征，如图2-96所示。

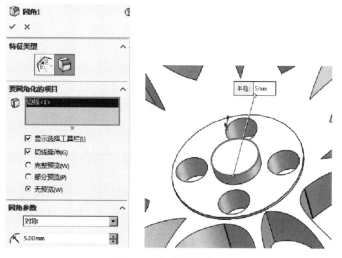

图2-96　生成圆角特征

2.10　扳手建模范例

本实例将生成1个扳手模型，如图2-97所示。

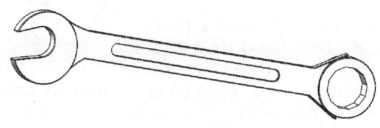

图2-97　扳手模型

────【 建模思路分析 】────

① 各部分不在一个平面上，要用基准面特征来实现。

② 孔和凹坑部分可以用切除特征来实现。如图2-98所示。

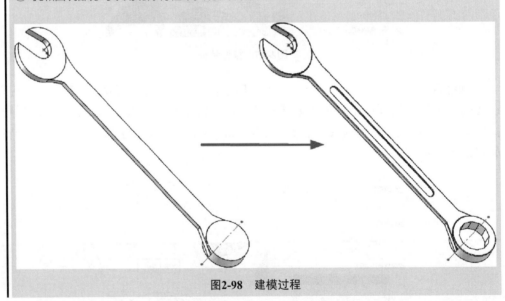

图2-98　建模过程

────【 具体步骤 】────

2.10.1　主体部分

Step01 单击【特征管理器设计树】中的【上视基准面】图标，使其成为草图绘制平面。单击【标准视图】工具栏中的 ↓ 【正视于】按

2.10.1　视频精讲

钮，并单击【草图】工具栏中的▐【草图绘制】按钮，进入草图绘制状态。使用【草图】工具栏中的✐【直线】、⌒【圆弧】、✦【智能尺寸】工具，绘制如图2-99所示的草图。单击▐【退出草图】按钮，退出草图绘制状态。

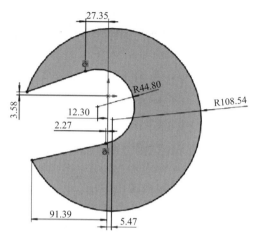

图2-99　绘制草图并标注尺寸

Step02　单击【特征】工具栏中的▩【凸台-拉伸】按钮，弹出【凸台-拉伸1】属性设置。在【方向1】选项组中，设置◯【终止条件】为【两侧对称】，◈【深度】为30.00mm，单击✔【确定】按钮，生成拉伸特征，如图2-100所示。

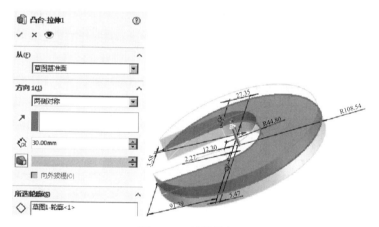

图2-100　拉伸特征

Step03　单击【特征管理器设计树】中的【上视基准面】图标，使其成为草图绘制平面。单击【标准视图】工具栏中的👤【正视于】按钮，并单击【草图】工具栏中的▐【草图绘制】按钮，进入草图绘制状态。使用【草图】工具栏中的✐【直线】、⌒【圆弧】、✦【智能尺寸】工具，绘制如图2-101所示的草图。单击▐【退出草图】按钮，退出草图绘制状态。

技术要点

可以使用绘制圆角工具来绘出未相交草图实体的圆角，当加入此圆角时，这些实体会自动地被修剪或延伸。

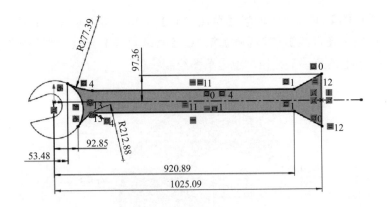

图2-101　绘制草图并标注尺寸

Step04　单击【特征】工具栏中的 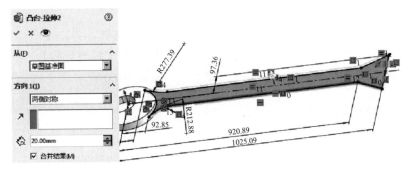【凸台-拉伸】按钮，弹出【凸台-拉伸2】属性设置。在【方向1】选项组中，设置 ↗【终止条件】为【两侧对称】，ⓖ【深度】为20.00mm，单击 ✅【确定】按钮，生成拉伸特征，如图2-102所示。

图2-102　拉伸特征

Step05　单击模型的底面使其成为草图绘制平面。单击【标准视图】工具栏中的 ↧【正视于】按钮，并单击【草图】工具栏中的 ⌁【草图绘制】按钮，进入草图绘制状态。使用【草图】工具栏中的 ⁄【中心线】工具，绘制如图2-103所示的草图。单击 ⌁【退出草图】按钮，退出草图绘制状态。

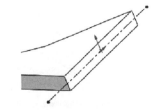

图2-103　绘制草图并标注尺寸

Step06　单击【参考几何体】工具栏中的 ▥【基准面】按钮，弹出【基准面1】属性管理器。在【第一参考】中，在图形区域中选择面<1>，单击 ⬠【角度】按钮，在文本栏中输入10.00度；在【第二参考】中，在图形区域中选择直线1@草图3，如图2-104所示，在图形区域中显示出新建基准面的预览，单击 ✅【确定】按钮，生成基准面。

Step07　单击新建的基准面，使其成为草图绘制平面。单击【标准视图】工具栏中的 ↧【正视于】按钮，并单击【草图】工具栏中的 ⌁【草图绘制】按钮，进入草图绘制状态。使用【草图】工具栏中的 ⊙【圆】、ⓢ【智能尺寸】工具，绘制如图2-105所示的草图。单击 ⌁【退出草图】按钮，退出草图绘制状态。

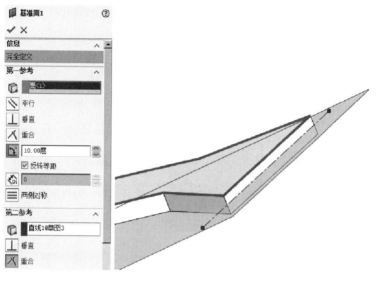

图2-104　生成基准面

Step08　单击【特征】工具栏中的 ◙【凸台-拉伸】按钮，弹出【凸台-拉伸3】属性设置。在【方向1】选项组中，设置 ◘【终止条件】为【两侧对称】，◙【深度】为50.00mm，单击 ✅【确定】按钮，生成拉伸特征，如图2-106所示。

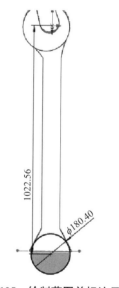

图2-105　绘制草图并标注尺寸

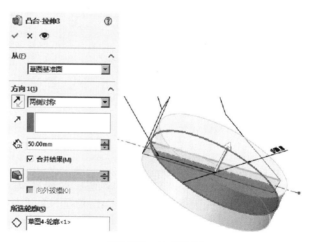

图2-106　拉伸特征

2.10.2　辅助部分

Step01　单击模型圆柱的上表面，使其成为草图绘制平面。单击【标准视图】工具栏中的 ↧【正视于】按钮，并单击【草图】工具栏中的 ▱【草图绘制】按钮，进入草图绘制状态。使用【草图】工具栏中的

2.10.2　视频精讲

◎【多边形】、　【智能尺寸】工具，绘制如图2-107所示的草图。单击　【退出草图】
按钮，退出草图绘制状态。

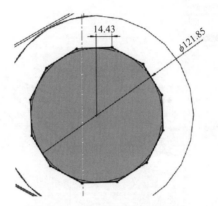

图2-107　绘制草图并标注尺寸

Step02　单击【特征】工具栏中的　【切除-拉伸】按钮，弹出【切除-拉伸1】属
性管理器。在【方向1】和【方向2】选项组中，设置【终止条件】为【完全贯穿】，单
击　【确定】按钮，生成拉伸切除特征，如图2-108所示。

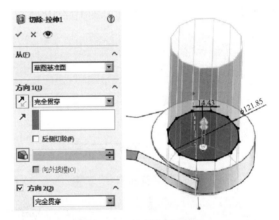

图2-108　拉伸切除特征

Step03　单击扳手长柄的上表面，使其成为草图绘制平面。单击【标准视图】工具
栏中的　【正视于】按钮，并单击【草图】工具栏中的　【草图绘制】按钮，进入草
图绘制状态。使用【草图】工具栏中的　【槽口】、　【中心线】、　【智能尺寸】工
具，绘制如图2-109所示的草图。单击　【退出草图】按钮，退出草图绘制状态。

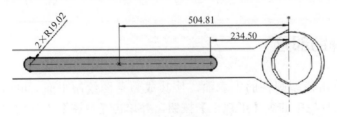

图2-109　绘制草图并标注尺寸

Step04 单击【特征】工具栏中的 🔲【切除-拉伸】按钮，弹出【切除-拉伸2】属性管理器。在【方向1】选项组中，设置 ↗【终止条件】为【给定深度】, 🔗【深度】为5.00mm，单击 ✅【确定】按钮，生成拉伸切除特征，如图2-110所示。

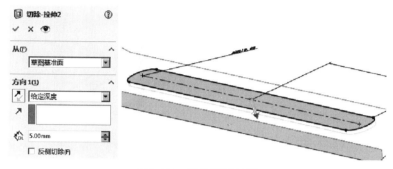

图2-110 拉伸切除特征

Step05 单击【特征】工具栏中的 🔠【镜向】按钮，弹出【镜向1】属性管理器。在【镜向面/基准面】选项组中，单击 🔲【镜向面/基准面】选择框，在绘图区中选择上视基准面；在【要镜向的特征】选项组中，单击 🔲【要镜向的特征】选择框，在绘图区中选择切除-拉伸2特征，单击 ✅【确定】按钮，生成镜向特征，如图2-111所示。

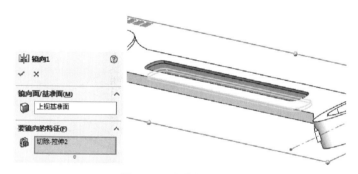

图2-111 生成镜向特征

Step06 单击【特征】工具栏中的 🔲【圆角】按钮，弹出【圆角1】属性管理器。在【圆角项目】选项组中，单击 🔲【边线、面、特征和环】选择框，在图形区域中选择模型的外边线，设置 📐【半径】为2.00mm，单击 ✅【确定】按钮，生成圆角特征，如图2-112所示。

Step07 单击【特征】工具栏中的 🔲【圆角】按钮，弹出【圆角2】属性管理器。在【圆角项目】选项组中，单击 🔲【边线、面、特征和环】选择框，在图形区域中选择模型的4条边线，设置 📐【半径】为1.00mm，单击 ✅【确定】按钮，生成圆角特征，如图2-113所示。

Step08 单击【特征】工具栏中的 🔲【圆角】按钮，弹出【圆角5】属性管理器。在【圆角项目】选项组中，单击 🔲【边线、面、特征和环】选择框，在图形区域中选择扳手口的边线，设置 📐【半径】为2.00mm，单击 ✅【确定】按钮，生成圆角特征，如图2-114所示。

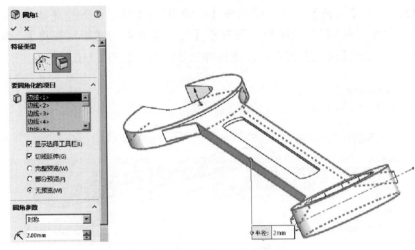

图2-112　生成圆角特征

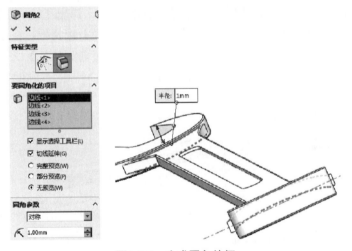

图2-113　生成圆角特征

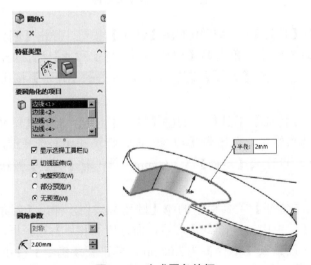

图2-114　生成圆角特征

2.11 自行车车架建模范例

本实例将生成1个自行车车架模型，如图2-115所示。

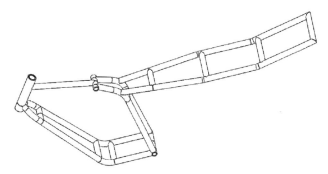

图2-115 自行车车架模型

【建模思路分析】

① 车架是空间结构，要3D草图来实现。

② 车架是钢管结构，可以用焊件模块来实现。

③ 钢管连接部分用剪裁特征来完成。如图2-116所示。

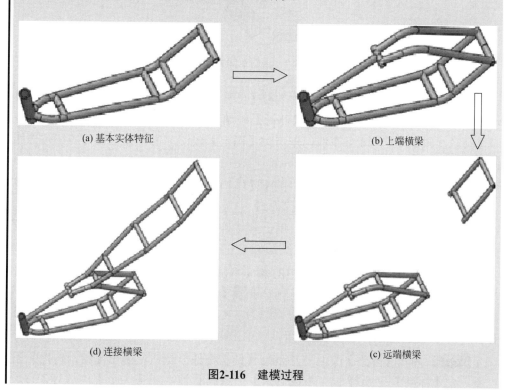

(a) 基本实体特征

(b) 上端横梁

(c) 远端横梁

(d) 连接横梁

图2-116 建模过程

2.11.1 主体部分

Step01 单击【草图】工具栏中的 ⒊ 【3D草图】按钮，进入草图绘制状态。使用【草图】工具栏中的 ╱ 【直线】、╱ 【中心线】、✎ 【智能尺寸】工具，绘制如图2-117所示的草图。单击 ▣ 【退出草图】按钮，退出草图绘制状态。

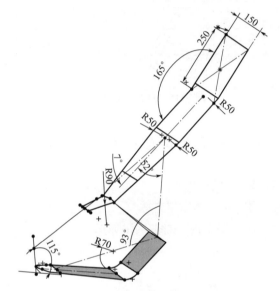

图2-117 绘制草图并标注尺寸

Step02 单击【焊件】工具栏中的 ⊜ 【结构构件】按钮，弹出【结构构件】属性管理器。在【标准】中选择iso，在【Type】中选择管道，在【大小】中选择33.7×4.0；在【路径线段】中选择1条直线，单击 ✅ 【确定】按钮，生成独立实体的结构构件，如图2-118所示。

Step03 单击【焊件】工具栏中的 ⊜ 【结构构件】按钮，弹出【结构构件】属性管理器。在【标准】中选择iso，在【Type】中选择管道，在【大小】中选择21.3×2.3；在【路径线段】中选择18条直线，单击 ✅ 【确定】按钮，生成独立实体的结构构件，如图2-119所示。

Step04 单击【焊件】工具栏中的 ⊜ 【剪裁/延伸】按钮，弹出【剪裁/延伸1】属性管理器。在【边角类型】选项组中单击 ▣ 【终端剪裁】按钮；在【要剪裁的实体】选项组中选择管道21.3×2.3(1)[3]和管道21.3×2.3(1)[14]；在【剪裁边界】选项组中选择管道33.7×4.0(1)[1]，如图2-120所示，单击 ✅ 【确定】按钮，生成剪裁特征。

Step05 单击【焊件】工具栏中的 ⊜ 【结构构件】按钮，弹出【结构构件】属性管理器。在【标准】中选择iso，在【Type】中选择管道，在【大小】中选择21.3×2.3；

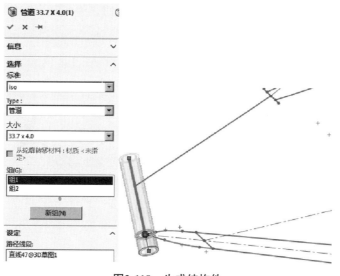

图2-118　生成结构件

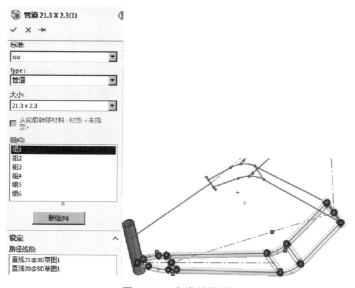

图2-119　生成结构件

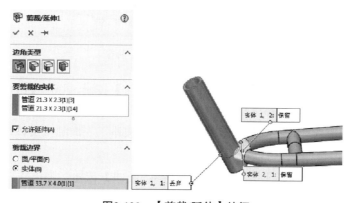

图2-120　【剪裁/延伸】特征

在【路径线段】中选择4条直线，单击✔【确定】按钮，生成独立实体的结构构件，如图2-121所示。

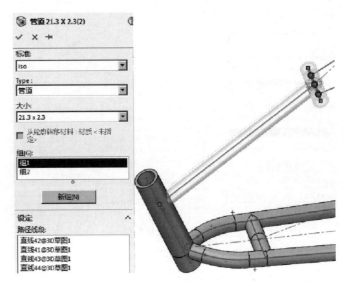

图2-121　生成结构件

Step06 单击【焊件】工具栏中的🔳【剪裁/延伸】按钮，弹出【剪裁/延伸2】属性管理器。在【边角类型】选项组中单击🔳【终端剪裁】按钮；在【要剪裁的实体】选项组中选择管道21.3×2.3(2)[5]；在【剪裁边界】选项组中选择管道33.7×4.0(1)[1]，如图2-122所示，单击✔【确定】按钮，生成剪裁特征。

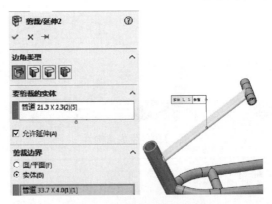

图2-122　【剪裁/延伸】特征

Step07 单击【焊件】工具栏中的🔳【结构构件】按钮，弹出【结构构件】属性管理器。在【标准】中选择iso，在【Type】中选择管道，在【大小】中选择21.3×2.3；在【路径线段】中选择6条直线，单击✔【确定】按钮，生成独立实体的结构构件，如图2-123所示。

Step08 单击【焊件】工具栏中的🔳【剪裁/延伸】按钮，弹出【剪裁/延伸3】属性管理器。在【边角类型】选项组中单击🔳【终端剪裁】按钮；在【要剪裁的实体】

选项组中选择管道21.3×2.3(3)[3]和管道21.3×2.3(3)[4]；在【剪裁边界】选项组中选择管道21.3×2.3(2)[4]、管道21.3×2.3(2)[3]、管道21.3×2.3(2)[2]和管道21.3×2.3(2)[1]，如图2-124所示，单击✅【确定】按钮，生成剪裁特征。

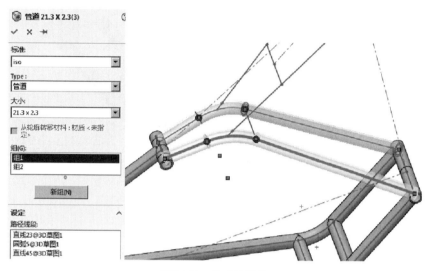

图2-123　生成结构件

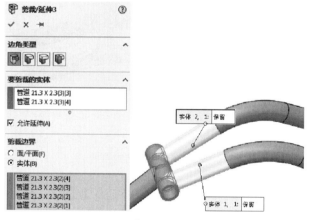

图2-124　【剪裁/延伸】特征

Step09　单击【焊件】工具栏中的 🔧【剪裁/延伸】按钮，弹出【剪裁/延伸4】属性管理器。在【边角类型】选项组中单击 🔳【终端剪裁】按钮；在【要剪裁的实体】选项组中选择管道21.3×2.3(3)[1]和管道21.3×2.3(3)[6]；在【剪裁边界】选项组中选择管道21.3×2.3(1)[2]、管道21.3×2.3(1)[1]、管道21.3×2.3(1)[8]和管道21.3×2.3(1)[9]，如图2-125所示，单击✅【确定】按钮，生成剪裁特征。

Step10　单击【焊件】工具栏中的 🔩【结构构件】按钮，弹出【结构构件】属性管理器。在【标准】中选择iso，在【Type】中选择管道，在【大小】中选择21.3×2.3；在【路径线段】中选择1条直线，单击✅【确定】按钮，生成独立实体的结构构件，如图2-126所示。

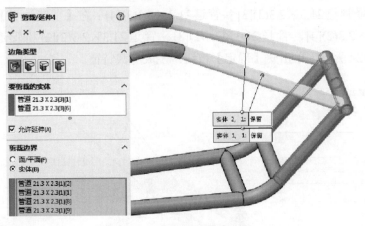

图2-125　【剪裁/延伸】特征

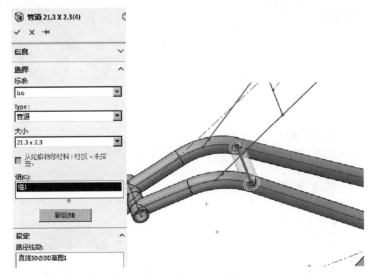

图2-126　生成结构件

Step11　单击【焊件】工具栏中的【剪裁/延伸】按钮，弹出【剪裁/延伸6】属性管理器。在【边角类型】选项组中单击【终端剪裁】按钮；在【要剪裁的实体】选项组中选择管道21.3×2.3(4)；在【剪裁边界】选项组中选择4个面，如图2-127所示，单击【确定】按钮，生成剪裁特征。

Step12　单击【焊件】工具栏中的【结构构件】按钮，弹出【结构构件】属性管理器。在【标准】中选择iso，在【Type】中选择管道，在【大小】中选择21.3×2.3；在【路径线段】中选择2条直线，单击【确定】按钮，生成独立实体的结构构件，如图2-128所示。

Step13　单击【焊件】工具栏中的【结构构件】按钮，弹出【结构构件】属性管理器。在【标准】中选择iso，在【Type】中选择管道，在【大小】中选择21.3×2.3；在【路径线段】中选择1条直线，单击【确定】按钮，生成独立实体的结构构件，如图2-129所示。

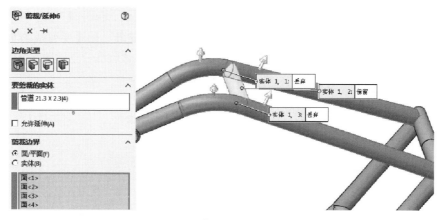

图2-127 【剪裁/延伸】特征

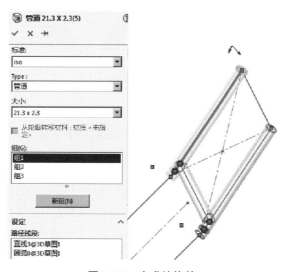

图2-128 生成结构件

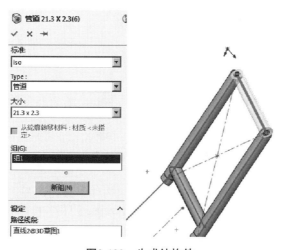

图2-129 生成结构件

Step14 单击【焊件】工具栏中的 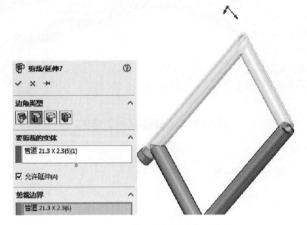 【剪裁/延伸】按钮，弹出【剪裁/延伸7】属性管理器。在【边角类型】选项组中单击 【终端斜接】按钮；在【要剪裁的实体】选项组中选择管道21.3×2.3(5)[1]；在【剪裁边界】选项组中选择管道21.3×2.3(6)，如图2-130所示，单击 【确定】按钮，生成剪裁特征。

图2-130　【剪裁/延伸】特征

Step15 单击【焊件】工具栏中的 【剪裁/延伸】按钮，弹出【剪裁/延伸8】属性管理器。在【边角类型】选项组中单击 【终端斜接】按钮；在【要剪裁的实体】选项组中选择剪裁/延伸7[1]；在【剪裁边界】选项组中选择21.3×2.3(5)[3]，如图2-131所示，单击 【确定】按钮，生成剪裁特征。

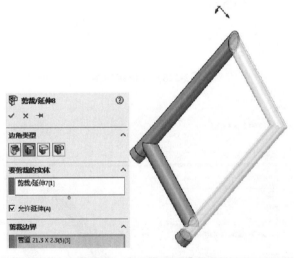

图2-131　【剪裁/延伸】特征

Step16 单击【焊件】工具栏中的 【结构构件】按钮，弹出【结构构件】属性管理器。在【标准】中选择iso，在【Type】中选择管道，在【大小】中选择21.3×2.3；在【路径线段】中选择10条直线，单击 【确定】按钮，生成独立实体的结构构件，如图2-132所示。

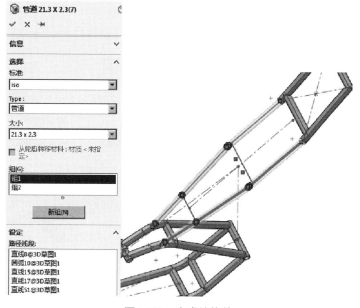

图2-132 生成结构件

2.11.2 辅助部分

 2.11.2 视频精讲

Step01 单击【插入】—【特征】—【组合】菜单命令，弹出【组合2】属性管理器。在【操作类型】选项组中，勾选【添加】，在【要组合的实体】中选择管道21.3×2.3(7)[5]和管道21.3×2.3(7)[4]，如图2-133所示，单击✅【确定】按钮，生成组合特征。

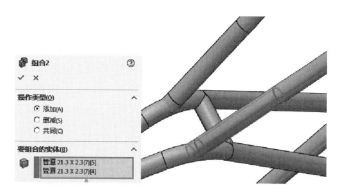

图2-133 组合特征

Step02 单击【焊件】工具栏中的 ⚙ 【剪裁/延伸】按钮，弹出【剪裁/延伸16】属性管理器。在【边角类型】选项组中单击 ▣ 【终端剪裁】按钮；在【要剪裁的实体】选项组中选择组合2；在【剪裁边界】选项组中选择面<1>，如图2-134所示，单击✅【确定】按钮，生成剪裁特征。

Step03 单击【插入】—【特征】—【组合】菜单命令，弹出【组合3】属性管理器。在【操作类型】选项组中，勾选【添加】选项，在【要组合的实体】中选择管道

21.3×2.3(7)[10]和管道21.3×2.3(7)[9]，如图2-135所示，单击 ✅【确定】按钮，生成组合特征。

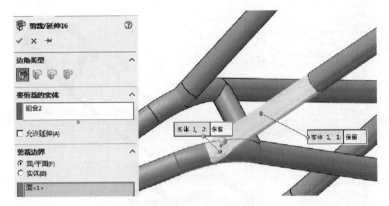

图2-134 【剪裁/延伸】特征

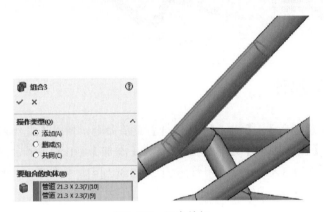

图2-135 组合特征

Step04 单击【焊件】工具栏中的 ❸【剪裁/延伸】按钮，弹出【剪裁/延伸17】属性管理器。在【边角类型】选项组中单击 ❸【终端剪裁】按钮；在【要剪裁的实体】选项组中选择组合3；在【剪裁边界】选项组中选择面<1>，如图2-136所示，单击 ✅【确定】按钮，生成剪裁特征。

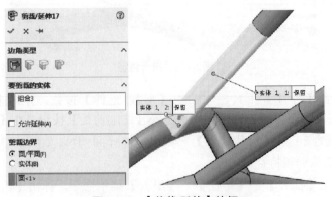

图2-136 【剪裁/延伸】特征

Step05 单击【焊件】工具栏中的 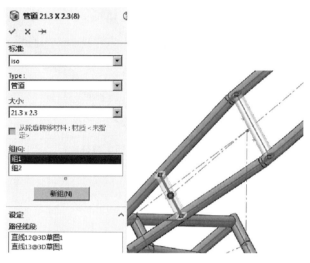【结构构件】按钮，弹出【结构构件】属性管理器。在【标准】中选择 iso，在【Type】中选择管道，在【大小】中选择 21.3×2.3；在【路径线段】中选择 2 条直线，单击 ✅【确定】按钮，生成独立实体的结构构件，如图 2-137 所示。

图 2-137　生成结构件

Step06 单击【焊件】工具栏中的 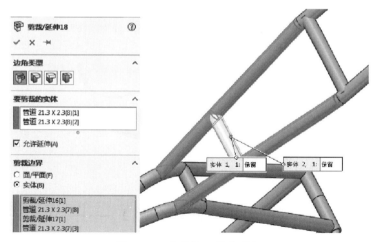【剪裁/延伸】按钮，弹出【剪裁/延伸 18】属性管理器。在【边角类型】选项组中单击 【终端剪裁】按钮；在【要剪裁的实体】选项组中选择管道 21.3×2.3(8)[1] 和管道 21.3×2.3(8)[2]；在【剪裁边界】选项组中选择两侧的实体，如图 2-138 所示，单击 ✅【确定】按钮，生成剪裁特征。

图 2-138　【剪裁/延伸】特征

Step07 单击【焊件】工具栏中的 【剪裁/延伸】按钮，弹出【剪裁/延伸 19】属性管理器。在【边角类型】选项组中单击 【终端剪裁】按钮；在【要剪裁的实体】选项组中选择管道 21.3×2.3(8)[3]；在【剪裁边界】选项组中选择管道 21.3×2.3(7)[6]

和管道21.3×2.3(7)[1]，如图2-139所示，单击 ✅【确定】按钮，生成剪裁特征。

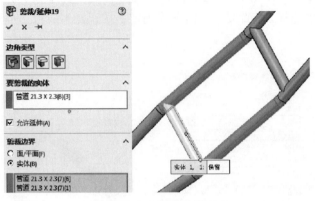

图2-139　【剪裁/延伸】特征

2.12　叶片

本实例将生成1个叶片模型，如图2-140所示。

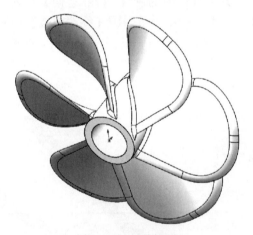

图2-140　叶片模型

━━━━━━【建模思路分析】━━━━━━

① 叶片是轴对称结构，要用圆周阵列特征来实现。

② 单独的一个叶片是个曲面形状，可以用放样特征来实现。

③ 中间的圆柱部分用旋转特征和切除特征来完成。

④ 最后的边缘部分用圆角特征来完成。如图2-141所示。

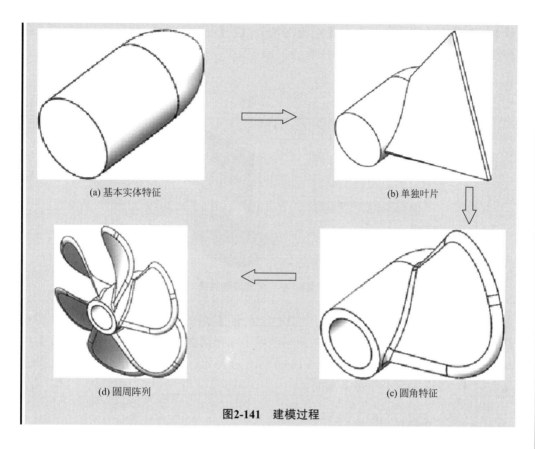

(a) 基本实体特征

(b) 单独叶片

(d) 圆周阵列

(c) 圆角特征

图2-141　建模过程

───【具体步骤】───

2.12.1 主体部分

Step01 单击【特征管理器设计树】中的【前视基准面】图标，使其成为草图绘制平面。单击【标准视图】工具栏中的 ⬇【正视于】按钮，并单击【草图】工具栏中的 ⬛【草图绘制】按钮，进入草图绘制状态。使用【草图】工具栏中的 ✏【直线】、∿【样条曲线】、❮【智能尺寸】工具，绘制如图2-142所示的草图。单击 ⬛【退出草图】按钮，退出草图绘制状态。

2.12.1　视频精讲

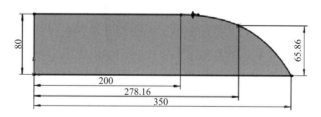

图2-142　绘制草图并标注尺寸

Step02 单击【特征】工具栏中的 🌀【旋转】按钮，弹出【旋转1】属性管理器。在【旋转参数】选项组中，单击 ✏【旋转轴】选择框，在图形区域中选择草图中的直线3，设置⬜【终止条件】为【给定深度】，🔄【角度】为360.00度，单击✅【确定】按钮，生成旋转特征，如图2-143所示。

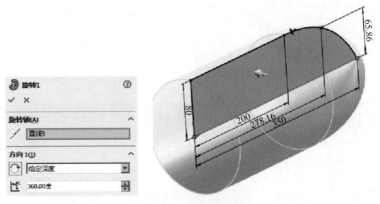

图2-143 生成旋转特征

Step03 单击【参考几何体】工具栏中的📗【基准面】按钮，弹出【基准面1】属性管理器。在【第一参考】中，在图形区域中选择前视基准面，单击🔧【距离】按钮，在文本栏中输入360.00mm，如图2-144所示，在图形区域中显示出新建基准面的预览，单击✅【确定】按钮，生成基准面。

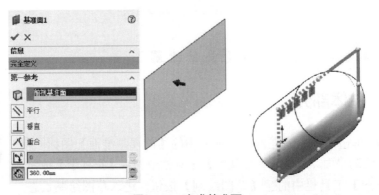

图2-144 生成基准面

Step04 单击【特征管理器设计树】中的【前视基准面】图标，使其成为草图绘制平面。单击【标准视图】工具栏中的⬆【正视于】按钮，并单击【草图】工具栏中的🖊【草图绘制】按钮，进入草图绘制状态。使用【草图】工具栏中的✏【直线】、✏【中心线】、🔍【智能尺寸】工具，绘制如图2-145所示的草图。单击🖊【退出草图】按钮，退出草图绘制状态。

Step05 单击【特征管理器设计树】中的【前视基准面】图标，使其成为草图绘制平面。单击【标准视图】工具栏中的⬆【正视于】按钮，并单击【草图】工具栏中的🖊【草图绘制】按钮，进入草图绘制状态。使用【草图】工具栏中的✏【直线】、✏【中心线】、🔍【智能尺寸】工具，绘制如图2-146所示的草图。单击🖊【退出草图】按钮，退出草图绘制状态。

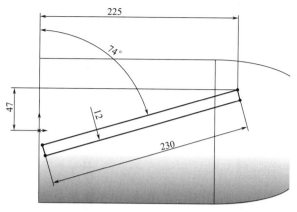

图2-145　绘制草图并标注尺寸

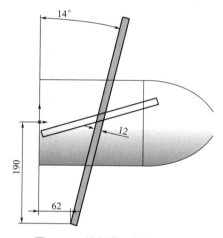

图2-146　绘制草图并标注尺寸

Step06 选择【插入】—【凸台/基体】—【放样】菜单命令，弹出【放样1】属性管理器。在◇【轮廓】选项组中，在图形区域中选择草图2和草图3，单击✅【确定】按钮，如图2-147所示，生成放样特征。

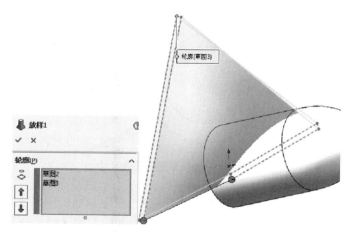

图2-147　生成放样特征

Step07 单击【特征】工具栏中的 【圆角】按钮，弹出【圆角1】属性管理器。在【圆角项目】选项组中，单击 🔲 【边线、面、特征和环】选择框，在图形区域中选择模型的2条边线，设置 📐 【半径】为135.00mm，单击 ✅ 【确定】按钮，生成圆角特征，如图2-148所示。

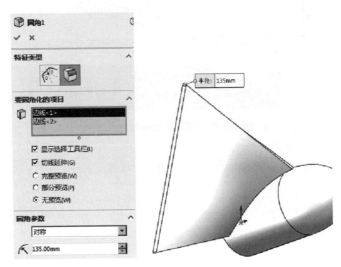

图2-148　生成圆角特征

2.12.2　辅助部分

Step01 单击【特征管理器设计树】中的【前视基准面】图标，使其成为草图绘制平面。单击【标准视图】工具栏中的 ⊥ 【正视于】按钮，并单击【草图】工具栏中的 ✏ 【草图绘制】按钮，进入草图绘制状态。使用【草图】工具栏中的 ⊙ 【圆】、✒ 【智能尺寸】工具，绘制如图2-149所示的草图。单击 ✏ 【退出草图】按钮，退出草图绘制状态。

2.12.2　视频精讲

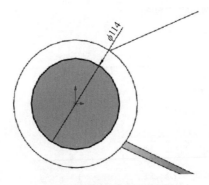

图2-149　绘制草图并标注尺寸

Step02 单击【特征】工具栏中的 🔲 【切除-拉伸】按钮，弹出【切除-拉伸1】属性管理器。在【方向1】选项组中，设置 📈 【终止条件】为【给定深度】，📏 【深度】为210mm，单击 ✅ 【确定】按钮，生成拉伸切除特征，如图2-150所示。

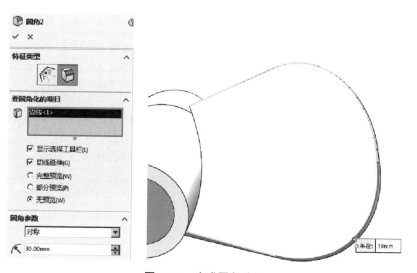

图2-150　拉伸切除特征

Step03　单击【特征】工具栏中的 【圆角】按钮,弹出【圆角2】属性管理器。在【圆角项目】选项组中,单击 【边线、面、特征和环】选择框,在图形区域中选择模型的1条边线,设置 【半径】为30.00mm,单击 【确定】按钮,生成圆角特征,如图2-151所示。

图2-151　生成圆角特征

Step04　单击【特征】工具栏中的 【圆角】按钮,弹出【圆角3】属性管理器。在【圆角项目】选项组中,单击 【边线、面、特征和环】选择框,在图形区域中选择模型的2条边线,设置 【半径】为10.00mm,单击 【确定】按钮,生成圆角特征,如图2-152所示。

Step05　单击【特征】工具栏中的 【阵列(圆周)】按钮,弹出【阵列(圆周)1】属性管理器。在【方向1】选项组中,单击 【阵列轴】选择框,选择边线<1>,设置 【实例数】为6,选择【等间距】选项;在【实体】选项组中,单击 (要阵列的实体)选择框,在图形区域中选择圆角3,单击 【确定】按钮,生成特征圆周阵列,如图2-153所示。

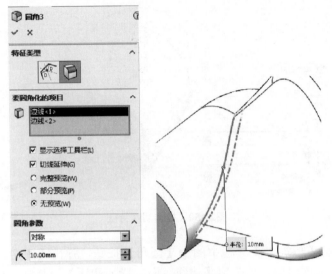

图2-152　生成圆角特征

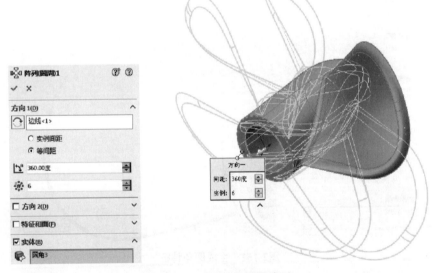

图2-153　生成特征圆周阵列

2.13　管套

本实例将生成1个管套模型，如图2-154所示。

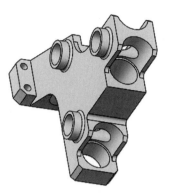

图2-154　管套模型

① 管套是等截面结构，要用拉伸特征来实现。

② 大孔的部分可以用拉伸切除特征来实现。

③ 小孔的部分用异型孔特征来完成。如图2-155所示。

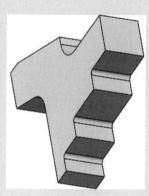

(a) 基本实体特征

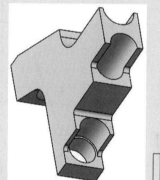

(b) 纵向孔

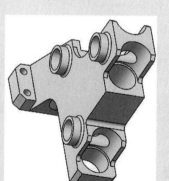

(d) 辅助部分

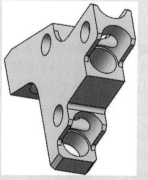

(c) 横向孔

图2-155　建模过程

第 02 章

机械零件建模设计

77

─── 【具体步骤】 ───

2.13.1 主体部分

Step01 单击【特征管理器设计树】中的【上视基准面】图标，使其成为草图绘制平面。单击【标准视图】工具栏中的 ↓【正视于】按钮，并单击【草图】工具栏中的 ▣【草图绘制】按钮，进入草图绘制状态。使用【草图】工具栏中的 ／【直线】、／【中心线】、♡【圆弧】、♦【智能尺寸】工具，绘制如图2-156所示的草图。单击 ▣【退出草图】按钮，退出草图绘制状态。

2.13.1　视频精讲

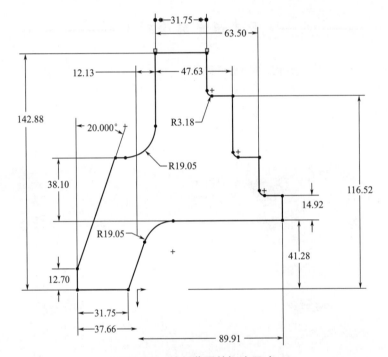

图2-156　绘制草图并标注尺寸

Step02 单击【特征】工具栏中的 ▣【拉伸凸台/基体】按钮，弹出【凸台-拉伸】属性管理器。在【方向1】选项组中，设置 ↗【终止条件】为【给定深度】，⚙【深度】为15.875000mm；在【方向2】选项组中设置相同的数值，单击 ✔【确定】按钮，生成拉伸特征，如图2-157所示。

Step03 单击【特征管理器设计树】中的【前视基准面】图标，使其成为草图绘制平面。单击【标准视图】工具栏中的 ↓【正视于】按钮，并单击【草图】工具栏中的 ▣【草图绘制】按钮，进入草图绘制状态。使用【草图】工具栏中的 ◎【圆】、♦【智能尺寸】工具，绘制如图2-158所示的草图。单击 ▣【退出草图】按钮，退出草图绘制状态。

Step04 单击【特征】工具栏中的 ▣【切除-拉伸】按钮，弹出【切除-拉伸】属性管理器。在【方向1】选项组中，设置【终止条件】为【完全贯穿】，单击 ✔【确定】

按钮，生成拉伸切除特征，如图2-159所示。

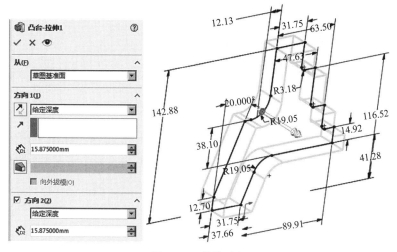

图2-157　拉伸特征

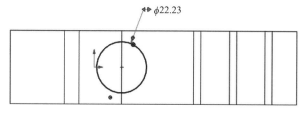

图2-158　绘制草图并标注尺寸

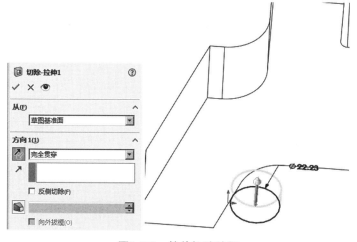

图2-159　拉伸切除特征

Step05　单击模型的表面使其成为草图绘制平面。单击【标准视图】工具栏中的 ⬦ 【正视于】按钮，并单击【草图】工具栏中的 ⬚ 【草图绘制】按钮，进入草图绘制状态。使用【草图】工具栏中的 ⊙ 【圆】、 ◄ 【智能尺寸】工具，绘制如图2-160所示的草图。单击 ⬚ 【退出草图】按钮，退出草图绘制状态。

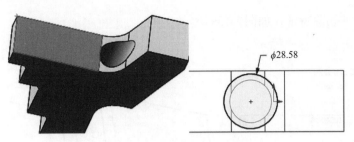

图2-160　绘制草图并标注尺寸

Step06　单击【特征】工具栏中的 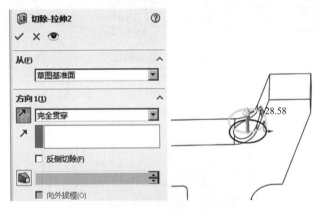 【切除-拉伸】按钮，弹出【切除-拉伸】属性管理器。在【方向1】选项组中，设置【终止条件】为【完全贯穿】，单击 ✔ 【确定】按钮，生成拉伸切除特征，如图2-161所示。

图2-161　拉伸切除特征

Step07　单击【特征】工具栏中的 【线性阵列】按钮，【属性管理器】中弹出【线性阵列】属性管理器。在【方向1】选项组中，【阵列方向】选择边线<1>，设置 【间距】为31.750000mm，设置 【实例数】为3。在 【要阵列的特征】选项组中，选择切除-拉伸1。单击 ✔ 【确定】按钮，生成线性阵列特征。如图2-162所示。

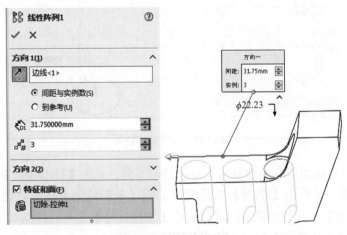

图2-162　线性阵列特征

2.13.2 辅助部分

Step01 单击模型的表面使其成为草图绘制平面。单击【标准视图】工具栏中的⊥【正视于】按钮，并单击【草图】工具栏中的╒【草图绘制】按钮，进入草图绘制状态。使用【草图】工具栏中的⊙【圆】、ᐸ【智能尺寸】工具，绘制如图2-163所示的草图。单击╒【退出草图】按钮，退出草图绘制状态。

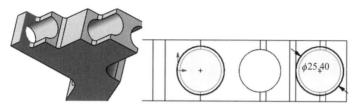

图2-163 绘制草图并标注尺寸

Step02 单击【特征】工具栏中的⑩【切除-拉伸】按钮，弹出【切除-拉伸】属性管理器。在【方向1】选项组中，设置【终止条件】为【完全贯穿】，单击✓【确定】按钮，生成拉伸切除特征，如图2-164所示。

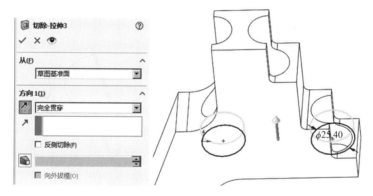

图2-164 拉伸切除特征

Step03 单击模型的表面使其成为草图绘制平面。单击【标准视图】工具栏中的⊥【正视于】按钮，并单击【草图】工具栏中的╒【草图绘制】按钮，进入草图绘制状态。使用【草图】工具栏中的⊙【圆】工具，绘制如图2-165所示的草图。单击╒【退出草图】按钮，退出草图绘制状态。

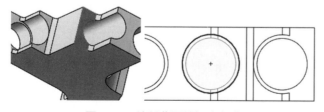

图2-165 绘制草图并标注尺寸

Step04 单击【特征】工具栏中的 ⧉【切除-拉伸】按钮，弹出【切除-拉伸】属性管理器。在【方向1】选项组中，设置【终止条件】为【完全贯穿】，单击 ✔【确定】按钮，生成拉伸切除特征，如图2-166所示。

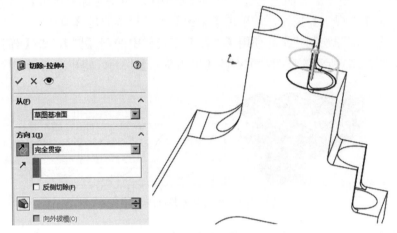

图2-166 拉伸切除特征

Step05 单击【参考几何体】工具栏中的 ⟋【基准轴】按钮，弹出【基准轴】属性管理器。在 ⧈【参考实体】选择框中选择面<1>，单击 ⧈【圆柱/圆锥面】按钮，如图2-167所示，单击 ✔【确定】按钮，生成基准轴1，如图2-168所示。

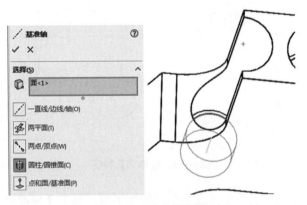

图2-167 基准轴特征

Step06 单击【参考几何体】工具栏中的 ▥【基准面】按钮，弹出【基准面】属性管理器。在【第一参考】中，在图形区域中选择Right；在【第二参考】中，在图形区域中选择基准轴点，如图2-168所示，在图形区域中显示出新建基准面的预览，单击 ✔【确定】按钮，生成基准面。

Step07 单击【参考几何体】工具栏中的 ▥【基准面】按钮，弹出【基准面】属性管理器。在【第一参考】中，在图形区域中选择基准面1，单击 ⧉【距离】按钮，在文本栏中输入16.929100mm，如图2-169所示，在图形区域中显示出新建基准面的预览，单击 ✔【确定】按钮，生成基准面。

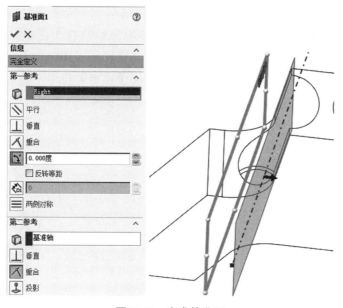

图2-168   生成基准面

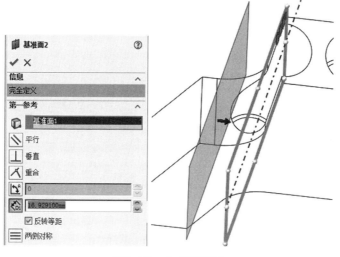

图2-169   生成基准面

Step08   单击【特征管理器设计树】中的【基准面2】图标，使其成为草图绘制平面。单击【标准视图】工具栏中的 ⊥ 【正视于】按钮，并单击【草图】工具栏中的 ⊑ 【草图绘制】按钮，进入草图绘制状态。使用【草图】工具栏中的 ╱ 【直线】、╱ 【中心线】、 ⌖ 【智能尺寸】工具，绘制如图2-170所示的草图。单击 ⊑ 【退出草图】按钮，退出草图绘制状态。

Step09   单击【特征】工具栏中的 ⋒ 【切除-旋转】按钮，弹出【切除-旋转】属性管理器。在【旋转参数】选项组中，选择直线12为旋转轴，单击 ✓ 【确定】按钮，生成切除旋转特征，如图2-171所示。

Step10   单击【特征】工具栏中的 ⮘ 【线性阵列】按钮，【属性管理器】中弹出

【线性阵列】属性管理器。在【方向1】选项组中，【阵列方向】选择边线<1>，设置 🔄 【间距】为31.750000mm，设置 🔢 【实例数】为3。在【方向2】选项组中，【阵列方向】选择边线<2>，设置 🔄 【间距】为60.325000mm，设置 🔢 【实例数】为2。在 🔘 【要阵列的特征】选项组中，选择切除-旋转1。单击 ✔ 【确定】按钮，生成线性阵列特征。如图2-172所示。

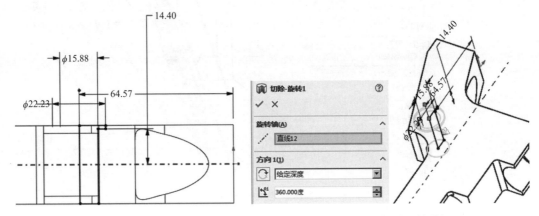

图2-170　绘制草图并标注尺寸　　　　　　图2-171　切除旋转特征

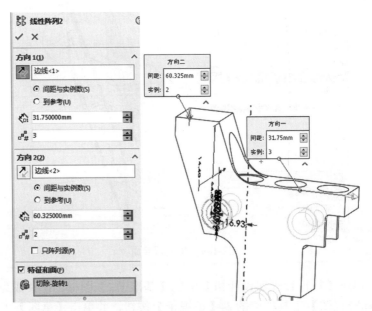

图2-172　线性阵列特征

Step11 单击模型的表面使其成为草图绘制平面。单击【标准视图】工具栏中的 ⚓ 【正视于】按钮，并单击【草图】工具栏中的 🗐 【草图绘制】按钮，进入草图绘制状态。使用【草图】工具栏中的 ✏ 【直线】、🕖 【圆弧】、❮ 【智能尺寸】工具，绘制如图2-173所示的草图。单击 🗐 【退出草图】按钮，退出草图绘制状态。

Step12 单击【特征】工具栏中的 🗐 【切除-拉伸】按钮，弹出【切除-拉伸】属性管理器。在【方向1】选项组中，设置【终止条件】为【完全贯穿】，单击 ✔ 【确定】

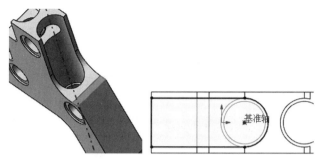

图2-173 绘制草图并标注尺寸

按钮，生成拉伸切除特征，如图2-174所示。

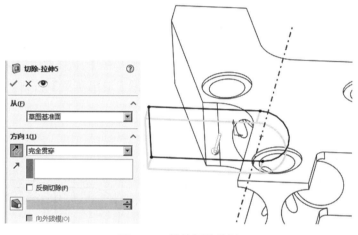

图2-174 拉伸切除特征

Step13 单击【特征管理器设计树】中的【前视基准面】图标，使其成为草图绘制平面。单击【标准视图】工具栏中的 ⊥【正视于】按钮，并单击【草图】工具栏中的 ⊑【草图绘制】按钮，进入草图绘制状态。使用【草图】工具栏中的 ╱【直线】、⌐【圆弧】、╱【智能尺寸】工具，绘制如图2-175所示的草图。单击 ⊑【退出草图】按钮，退出草图绘制状态。

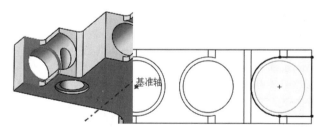

图2-175 绘制草图并标注尺寸

Step14 单击【特征】工具栏中的 ⊡【切除-拉伸】按钮，弹出【切除-拉伸】属性管理器。在【方向1】选项组中，设置【终止条件】为【完全贯穿】，单击 ✔【确定】按钮，生成拉伸切除特征，如图2-176所示。

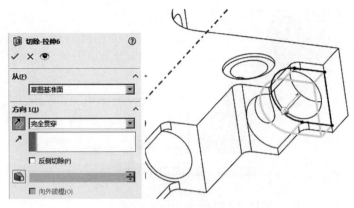

图2-176 拉伸切除特征

Step15 单击【特征管理器设计树】中的【前视基准面】图标，使其成为草图绘制平面。单击【标准视图】工具栏中的 【正视于】按钮，并单击【草图】工具栏中的 【草图绘制】按钮，进入草图绘制状态。使用【草图】工具栏中的 【直线】、 【圆弧】工具，绘制如图2-177所示的草图。单击 【退出草图】按钮，退出草图绘制状态。

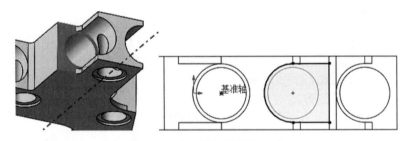

图2-177 绘制草图并标注尺寸

Step16 单击【特征】工具栏中的 【切除-拉伸】按钮，弹出【切除-拉伸】属性管理器。在【方向1】选项组中，设置【终止条件】为【完全贯穿】，单击 【确定】按钮，生成拉伸切除特征，如图2-178所示。

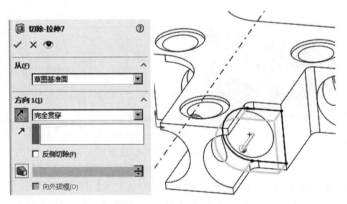

图2-178 拉伸切除特征

Step17 选择【插入】|【特征】|【倒角】菜单命令，弹出【倒角】属性管理器。在【倒角参数】选项组中，单击▣【边线和面或顶点】选择框，在绘图区域中选择模型的边线，设置🔷【距离】为3.175000mm，🔶【角度】为45.000度，单击✔【确定】按钮，生成倒角特征，如图2-179所示。

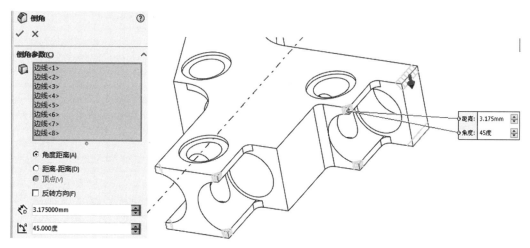

图2-179　生成圆角特征

Step18 单击模型的侧面使其成为草图绘制平面。单击【标准视图】工具栏中的⊥【正视于】按钮，并单击【草图】工具栏中的🔲【草图绘制】按钮，进入草图绘制状态。使用【草图】工具栏中的⊙【圆】、❮【智能尺寸】工具，绘制如图2-180所示的草图。单击🔲【退出草图】按钮，退出草图绘制状态。

Step19 单击【特征】工具栏中的🔳【拉伸凸台/基体】按钮，弹出【凸台-拉伸】属性管理器。在【方向1】选项组中，设置📐【终止条件】为【给定深度】，🔷【深度】为7.937500mm，单击✔【确定】按钮，生成拉伸特征，如图2-181所示。

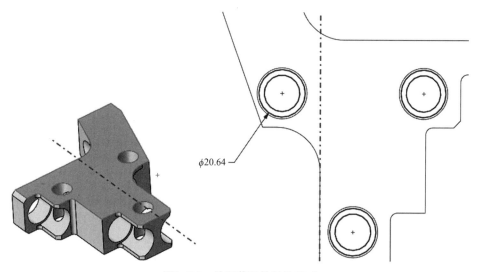

图2-180　绘制草图并标注尺寸

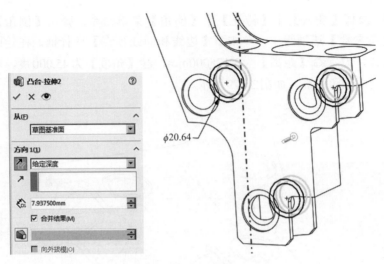

图2-181　拉伸特征

Step20　单击【特征】工具栏中的 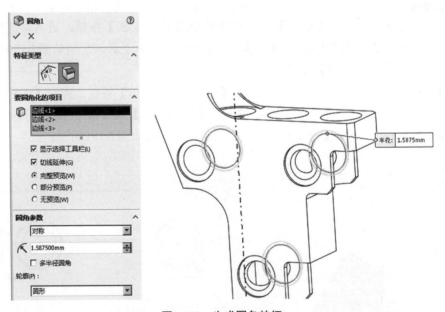 【圆角】按钮，弹出【圆角】属性管理器。在【圆角项目】选项组中，单击 【边线、面、特征和环】选择框，在图形区域中选择模型的3条边线，设置 【半径】为1.587500mm，单击 【确定】按钮，生成圆角特征，如图2-182所示。

图2-182　生成圆角特征

Step21　单击【特征管理器设计树】中的【前视基准面】图标，使其成为草图绘制平面。单击【标准视图】工具栏中的 【正视于】按钮，并单击【草图】工具栏中的 【草图绘制】按钮，进入草图绘制状态。使用【草图】工具栏中的 【直线】、【中心线】、 【智能尺寸】工具，绘制如图2-183所示的草图。单击 【退出草图】按钮，退出草图绘制状态。

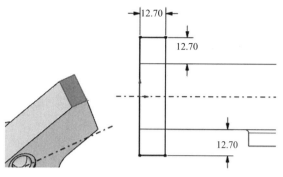

图2-183　绘制草图并标注尺寸

Step22　单击【特征】工具栏中的 🗔【拉伸凸台/基体】按钮，弹出【凸台-拉伸】属性管理器。在【方向1】选项组中，设置 ↗【终止条件】为【成形到一顶点】，在图形区域选择【顶点<1>】，单击 ✔【确定】按钮，生成拉伸特征，如图2-184所示。

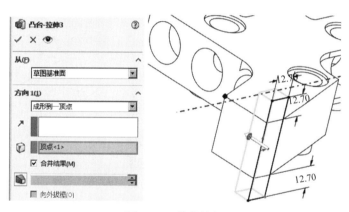

图2-184　拉伸特征

Step23　选择【插入】|【特征】|【倒角】菜单命令，弹出【倒角】属性管理器。在【倒角参数】选项组中，单击 🗔【边线和面或顶点】选择框，在绘图区域中选择模型中4条边线，设置 ⌀【距离】为4.762500mm，↘【角度】为45.000度，单击 ✔【确定】按钮，生成倒角特征，如图2-185所示。

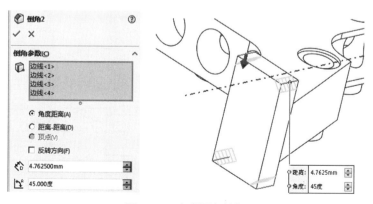

图2-185　生成圆角特征

Step24 选择【插入】|【特征】|【孔】|【向导】菜单命令，打开属性管理器，在【类型】选项卡中，选择柱孔，在【标准】中选择ANSI Inch，在【类型】中选择螺钉间隙，在【大小】中选择#10，如图2-186所示。

Step25 单击【位置】选项卡，在绘图区中模型的上表面单击4个点，将产生4个异形孔的预览，如图2-187所示，单击确定按钮，完成异形孔的创建。

图2-186 异形孔属性栏

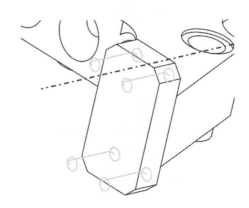

图2-187 生成异形孔

Step26 单击【特征管理器设计树】中的【前视基准面】图标，使其成为草图绘制平面。单击【标准视图】工具栏中的↓【正视于】按钮，并单击【草图】工具栏中的▢【草图绘制】按钮，进入草图绘制状态。使用【草图】工具栏中的╱【直线】、╱【中心线】、❖【智能尺寸】工具，绘制如图2-188所示的草图。单击▢【退出草图】按钮，退出草图绘制状态。

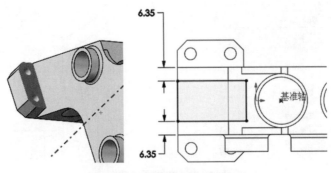

图2-188 绘制草图并标注尺寸

Step27 单击【特征】工具栏中的 🔲【切除-拉伸】按钮，弹出【切除-拉伸】属性管理器。在【方向1】选项组中，设置【终止条件】为【完全贯穿】，单击 ✔【确定】按钮，生成拉伸切除特征，如图2-189所示。

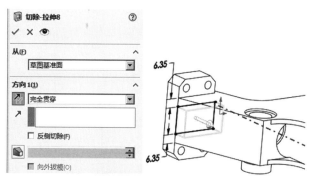

图2-189　拉伸切除特征

Step28 单击【特征】工具栏中的 🔲【圆角】按钮，弹出【圆角】属性管理器。在【圆角项目】选项组中，单击 🔲【边线、面、特征和环】选择框，在图形区域中选择模型的7条边线，设置 🔽【半径】为6.350000mm，单击 ✔【确定】按钮，生成圆角特征，如图2-190所示。

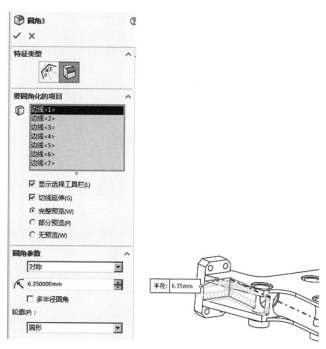

图2-190　生成圆角特征

Step29 选择【插入】—【特征】—【孔】—【向导】菜单命令，打开属性管理器，在【类型】选项卡中，选择螺纹孔，在【标准】中选择ANSI Inch，在【类型】中选择螺纹孔，在【大小】中选择#6-32，如图2-191所示。

图2-191　异形孔属性栏

Step30　单击【位置】选项卡，在绘图区中模型的上表面单击两个点，将产生两个异形孔的预览，如图2-192所示，单击确定按钮，完成异形孔的创建。

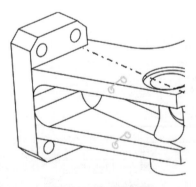

图2-192　生成异形孔

Step31　选择【插入】—【特征】—【孔】—【向导】菜单命令，打开属性管理器，在【类型】选项卡中，选择螺纹孔，在【标准】中选择ANSI Inch，在【类型】中选择螺纹孔，在【大小】中选择#6-32，如图2-193所示。

Step32　单击【位置】选项卡，在绘图区中模型的上表面单击1个点，将产生1个异形孔的预览，如图2-194所示，单击确定按钮，完成异形孔的创建。

图2-193 异形孔属性栏

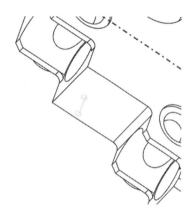

图2-194 生成异形孔

2.14 机壳建模范例

本实例将生成 1 个机壳模型,如图 2-195 所示。

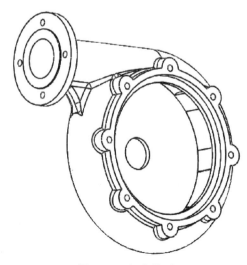

图2-195 机壳模型

① 端部的孔是轴对称结构，要用圆周阵列特征来实现。

② 加强筋部分可以用筋特征来实现。

③ 基体部分是轴对称结构，用旋转特征来实现，如图2-196所示。

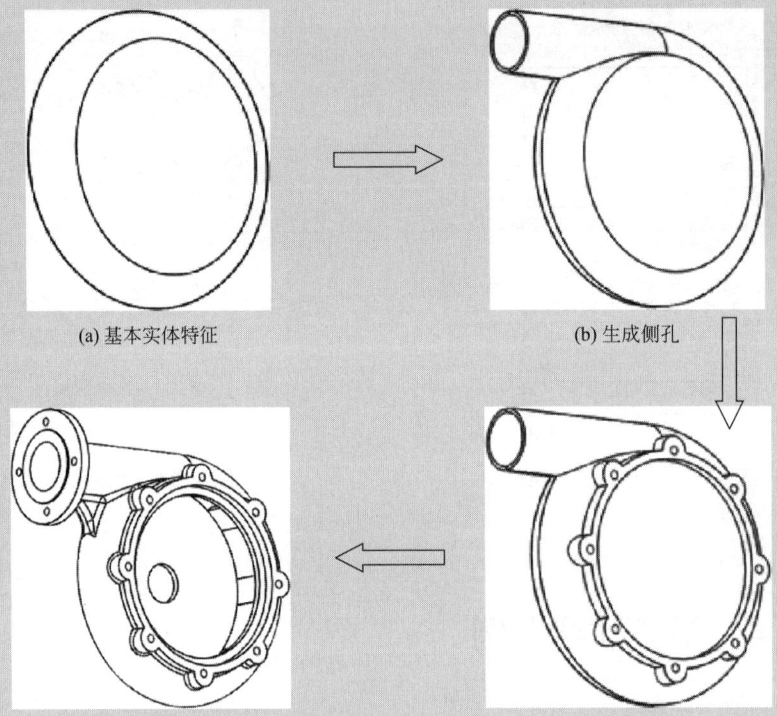

(a) 基本实体特征

(b) 生成侧孔

(d) 制作机壳

(c) 生成边孔

图2-196　建模过程

【具体步骤】

2.14.1　主体部分

Step01　单击【特征管理器设计树】中的【上视基准面】图标，使其成为草图绘制平面。单击【标准视图】工具栏中的 ⊥ 【正视于】按钮，并单击【草图】工具栏中的 🖉 【草图绘制】按钮，进入草图绘制状态。使用【草图】工具栏中的 🖊 【直线】、🖊 【中心线】、🐧 【圆弧】、❖ 【智能尺寸】工具，绘制如图2-197所示的草图。单击 🖉 【退出草图】按钮，退出草图绘制状态。

2.14.1　视频精讲

Step02　单击【特征】工具栏中的 🌑 【旋转凸台/基体】按钮，弹出【旋转】属性管理器。在【旋转参数】选项组中，单击 🖊 【旋转轴】选择框，在图形区域中选择直线6，单击 ✔【确定】按钮，生成旋转特征，如图2-198所示。

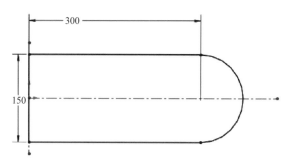

图2-197 绘制草图并标注尺寸

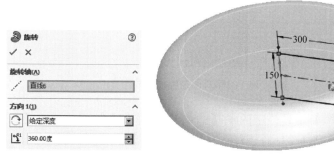

图2-198 生成旋转特征

Step03 单击【参考几何体】工具栏中的 📁【基准面】按钮，弹出【基准面】属性管理器。在【第一参考】中，在图形区域中选择右视基准面，单击 🕮【距离】按钮，在文本栏中输入500.00mm，如图2-199所示，在图形区域中显示出新建基准面的预览，单击 ✔【确定】按钮，生成基准面。

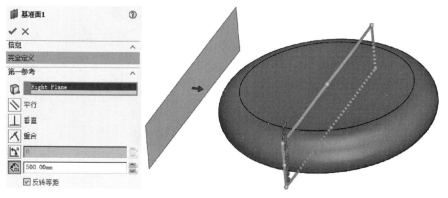

图2-199 生成基准面

Step04 单击【基准面1】图标，使其成为草图绘制平面。单击【标准视图】工具栏中的 🔖【正视于】按钮，并单击【草图】工具栏中的 🔲【草图绘制】按钮，进入草图绘制状态。使用【草图】工具栏中的 ✏【直线】、💠【中心线】、◉【圆】、✎【智能

尺寸】工具，绘制如图2-200所示的草图。单击<img_0>【退出草图】按钮，退出草图绘制
状态。

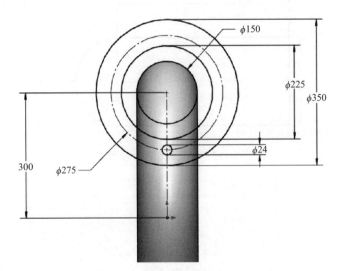

图2-200 绘制草图并标注尺寸

Step05 单击【特征】工具栏中的 【拉伸凸台/基体】按钮，弹出【凸台-拉伸】
属性设置。在【方向1】选项组中，设置 【终止条件】为【成形到一面】，在绘图区
选择大圆柱环面，单击 ✔【确定】按钮，生成拉伸特征，如图2-201所示。

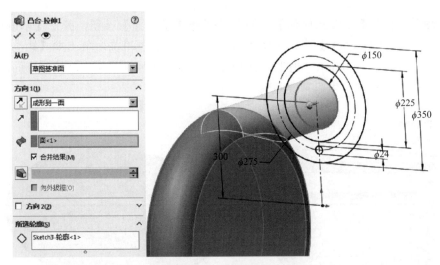

图2-201 拉伸特征

Step06 选择【插入】|【特征】|【抽壳】菜单命令，弹出【抽壳】属性管理
器。在【参数】选项组中，设置 【厚度】为10.00mm，在 【移除的面】选项中，
选择绘图区中模型的端面，单击 ✔【确定】按钮，生成抽壳特征，如图2-202所示。

Step07 单击【特征管理器设计树】中的【右视基准面】图标，使其成为草图绘
制平面。单击【标准视图】工具栏中的 【正视于】按钮，并单击【草图】工具栏中

的 ⌐ 【草图绘制】按钮，进入草图绘制状态。使用【草图】工具栏中的 ╱ 【直线】、 ✎ 【智能尺寸】工具，绘制如图2-203所示的草图。单击 ⌐ 【退出草图】按钮，退出草图绘制状态。

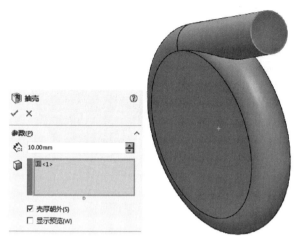

图2-202　生成抽壳特征

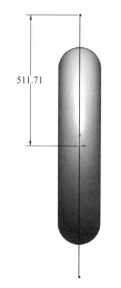

511.71

图2-203　绘制草图并标注尺寸

Step08　单击【插入】|【特征】|【分割】菜单命令，弹出【分割】属性管理器。在【剪裁工具】选项组中，选择 ◈ 【裁剪曲面】为草图5，在【所产生实体】选项组中，勾选上2个实体，如图2-204所示，单击 ✔ 【确定】按钮，生成分割特征。

Step09　单击【参考几何体】工具栏中的 ◫ 【基准面】按钮，弹出【基准面】属性管理器。在【第一参考】中，在图形区域中选择前视基准面，单击 ⊘ 【距离】按钮，在文本栏中输入125.00mm，如图2-205所示，在图形区域中显示出新建基准面的预览，单击 ✔ 【确定】按钮，生成基准面。

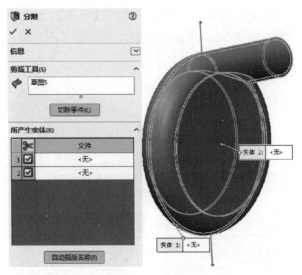

图2-204 分割特征

图2-205 生成基准面

Step10 单击【特征管理器设计树】中的【基准面2】图标，使其成为草图绘制平面。单击【标准视图】工具栏中的 ⊥【正视于】按钮，并单击【草图】工具栏中的 ╔【草图绘制】按钮，进入草图绘制状态。使用【草图】工具栏中的 ╱【直线】、╱【中心线】、╗【圆弧】、ﾉ【智能尺寸】工具，绘制如图2-206所示的草图。单击 ╔【退出草图】按钮，退出草图绘制状态。

Step11 单击【特征】工具栏中的 ╗【拉伸凸台/基体】按钮，弹出【凸台-拉伸】属性设置。在【方向1】选项组中，设置 ╗【终止条件】为【成形到一面】，在绘图区选择模型的侧面，单击 ✓【确定】按钮，生成拉伸特征，如图2-207所示。

Step12 单击【特征】工具栏中的 ╗【拉伸凸台/基体】按钮，弹出【凸台-拉伸】

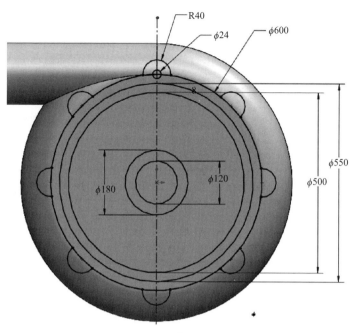

图2-206　绘制草图并标注尺寸

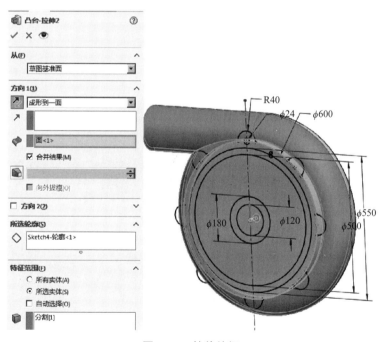

图2-207　拉伸特征

属性设置。在【方向1】选项组中，设置 ↗ 【终止条件】为【成形到一面】，在绘图区选择模型的另一个侧面，单击 ✓ 【确定】按钮，生成拉伸特征，如图2-208所示。

Step13　单击【特征】工具栏中的 ◉ 【切除-拉伸】按钮，弹出【切除-拉伸】属性管理器。在【方向1】选项组中，设置【终止条件】为【给定深度】，⬗ 【深度】为30.00mm，单击 ✓ 【确定】按钮，生成拉伸切除特征，如图2-209所示。

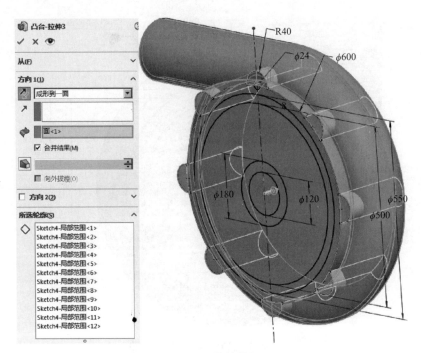

图2-208　拉伸特征

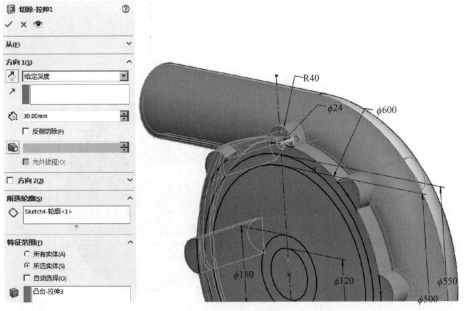

图2-209　拉伸切除特征

Step14　单击【特征】工具栏中的 🕸【圆周阵列】按钮，弹出【圆周阵列】属性管理器。在【方向1】选项组中，单击 🔄【阵列轴】选择框，在【特征管理器设计树】中单击【基准轴1】图标，设置 ❀【实例数】为8，选择【等间距】选项；在【要阵列的特征】选项组中，单击 🔞（要阵列的特征）选择框，在图形区域中选择切除-拉伸1特征，单击 ✔【确定】按钮，生成特征圆周阵列，如图2-210所示。

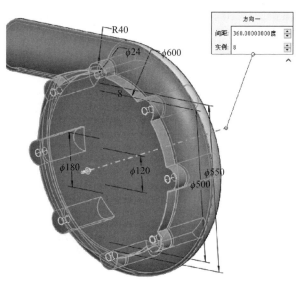

图2-210　生成特征圆周阵列

2.14.2　辅助部分

Step01　单击【特征】工具栏中的 【切除-拉伸】按钮，弹出【切除-拉伸】属性管理器。在【方向1】选项组中，设置【终止条件】为【给定深度】，🏠【深度】为10mm，单击 ✔ 【确定】按钮，生成拉伸切除特征，如图2-211所示。

2.14.2　视频精讲

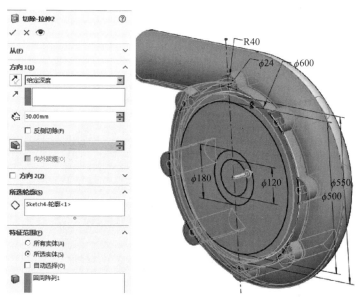

图2-211　拉伸切除特征

Step02 单击【特征】工具栏中的 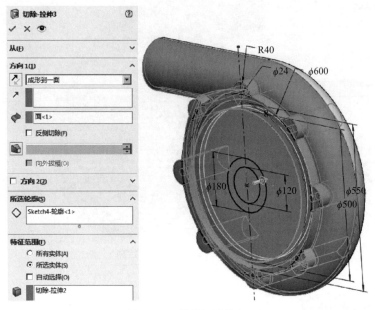【切除‑拉伸】按钮，弹出【切除‑拉伸】属性管理器。在【方向1】选项组中，设置 【终止条件】为【成形到一面】，在绘图区选择模型的侧面，单击 ✔【确定】按钮，生成拉伸切除特征，如图2-212所示。

图2-212　拉伸切除特征

Step03 单击【特征】工具栏中的 【拉伸凸台/基体】按钮，弹出【凸台‑拉伸】属性设置。在【方向1】选项组中，设置 【终止条件】为【给定深度】， 【深度】为20.00mm，单击 ✔【确定】按钮，生成拉伸特征，如图2-213所示。

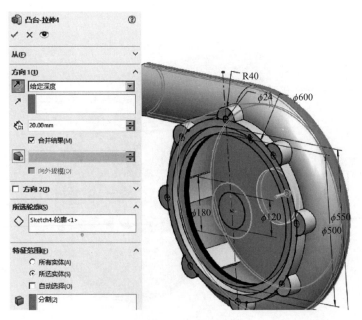

图2-213　拉伸特征

Step04 单击【特征】工具栏中的 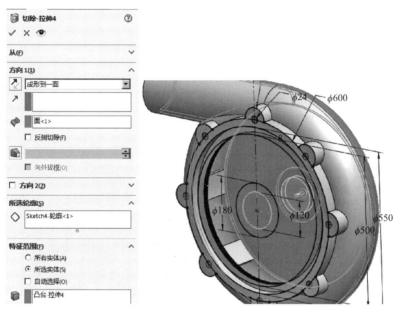 【切除-拉伸】按钮，弹出【切除-拉伸】属性管理器。在【方向1】选项组中，设置 【终止条件】为【成形到一面】，在绘图区选择模型的另一个面，单击 ✔ 【确定】按钮，生成拉伸切除特征，如图2-214所示。

图2-214 拉伸切除特征

Step05 单击【特征】工具栏中的 【圆角】按钮，弹出【圆角】属性管理器。在【圆角项目】选项组中，单击 【边线、面、特征和环】选择框，在图形区域中选择模型的1条边线，设置 【半径】为15.00mm，单击 ✔ 【确定】按钮，生成圆角特征，如图2-215所示。

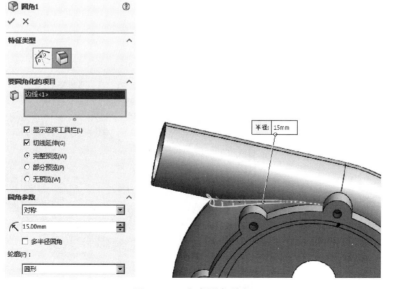

图2-215 生成圆角特征

Step06 单击【特征】工具栏中的 ⬡【圆角】按钮，弹出【圆角】属性管理器。在【圆角项目】选项组中，单击 ⬡【边线、面、特征和环】选择框，在图形区域中选择模型的1条边线，设置 ⤢【半径】为15.00mm，单击 ✔【确定】按钮，生成圆角特征，如图2-216所示。

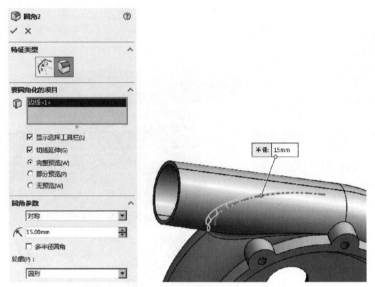

图2-216　生成圆角特征

Step07 单击【特征】工具栏中的 ⬡【圆角】按钮，弹出【圆角】属性管理器。在【圆角项目】选项组中，单击 ⬡【边线、面、特征和环】选择框，在图形区域中选择模型的多条边线，设置 ⤢【半径】为10.00mm，单击 ✔【确定】按钮，生成圆角特征，如图2-217所示。

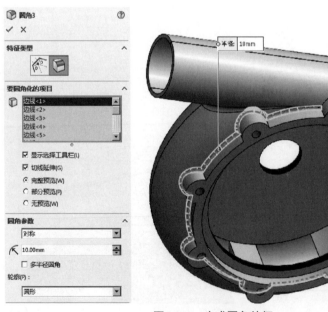

图2-217　生成圆角特征

Step08 单击【特征】工具栏中的【圆角】按钮，弹出【圆角】属性管理器。在【圆角项目】选项组中，单击【边线、面、特征和环】选择框，在图形区域中选择模型的1条边线，设置【半径】为10.00mm，单击【确定】按钮，生成圆角特征，如图2-218所示。

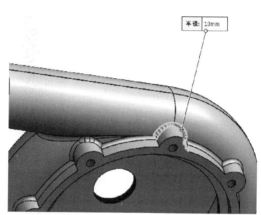

图2-218　生成圆角特征

Step09 单击【特征】工具栏中的【拉伸凸台/基体】按钮，弹出【凸台-拉伸】属性设置。在【方向1】选项组中，设置【终止条件】为【给定深度】，【深度】为30.00mm，单击【确定】按钮，生成拉伸特征，如图2-219所示。

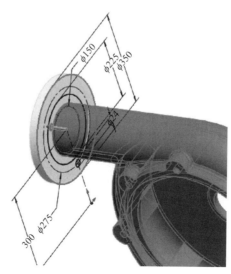

图2-219　拉伸特征

Step10 单击【特征】工具栏中的 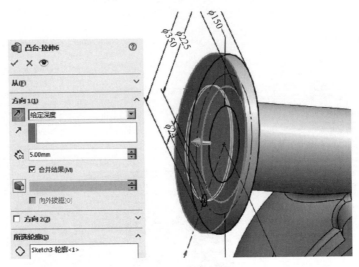【拉伸凸台/基体】按钮，弹出【凸台-拉伸】属性设置。在【方向1】选项组中，设置 【终止条件】为【给定深度】， 【深度】为5.00mm，单击 ✓【确定】按钮，生成拉伸特征，如图2-220所示。

图2-220　拉伸特征

Step11 单击【特征】工具栏中的 【切除-拉伸】按钮，弹出【切除-拉伸】属性管理器。在【方向1】选项组中，设置 【终止条件】为【成形到一面】，在绘图区选择模型的端面，单击 ✓【确定】按钮，生成拉伸切除特征，如图2-221所示。

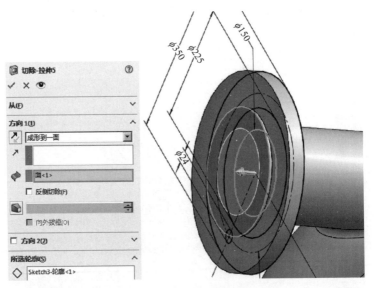

图2-221　拉伸切除特征

Step12 单击【特征】工具栏中的 【切除-拉伸】按钮，弹出【切除-拉伸】属性管理器。在【方向1】选项组中，设置 【终止条件】为【成形到一面】，在绘图区选择圆台的另一个端面，单击 ✓【确定】按钮，生成拉伸切除特征，如图2-222所示。

Step13 单击【特征】工具栏中的🦋【圆周阵列】按钮，弹出【圆周阵列】属性管理器。在【方向1】选项组中，单击🔄【阵列轴】选择框，在绘图区选择面<1>，设置🔅【实例数】为4，选择【等间距】选项；在【要阵列的特征】选项组中，单击🎯（要阵列的特征）选择框，在图形区域中选择模型的切除-拉伸6特征，单击✔【确定】按钮，生成特征圆周阵列，如图2-223所示。

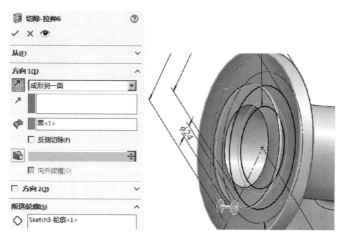

图2-222　拉伸切除特征

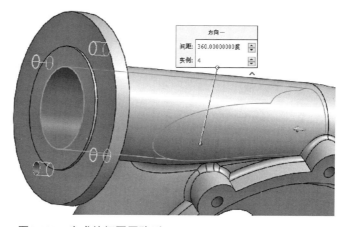

图2-223　生成特征圆周阵列

Step14 单击【特征管理器设计树】中的【前视基准面】图标，使其成为草图绘制平面。单击【标准视图】工具栏中的⬇【正视于】按钮，并单击【草图】工具栏中的🖋【草图绘制】按钮，进入草图绘制状态。使用【草图】工具栏中的🌙【圆弧】、⟋【中心线】、🖋【智能尺寸】工具，绘制如图2-224所示的草图。单击🖋【退出草图】按钮，退出草图绘制状态。

Step15 单击【特征】工具栏中的🪶【筋】按钮，弹出【筋】属性管理器。在【参数】选项组中，设置🖋【筋厚度】为50.00mm，在【拉伸方向】中单击🔲【沿着草图】按钮，单击✔【确定】按钮，生成筋特征，如图2-225所示。

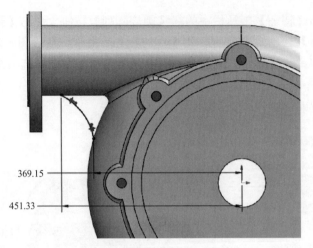

图2-224　绘制草图并标注尺寸

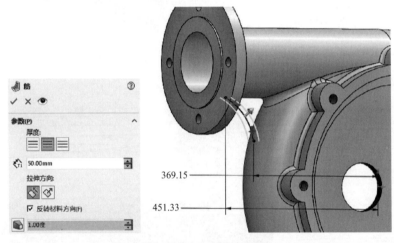

图2-225　生成筋特征

Step16　单击【特征】工具栏中的⬤【圆角】按钮，弹出【圆角】属性管理器。在【圆角项目】选项组中，单击⬤【边线、面、特征和环】选择框，在图形区域中选择模型的2条边线，设置⬛【半径】为20.00mm，单击✔【确定】按钮，生成圆角特征，如图2-226所示。

Step17　单击【特征】工具栏中的⬤【圆角】按钮，弹出【圆角】属性管理器。在【圆角项目】选项组中，单击⬤【边线、面、特征和环】选择框，在图形区域中选择模型的表面，设置⬛【半径】为15.00mm，单击✔【确定】按钮，生成圆角特征，如图2-227所示。

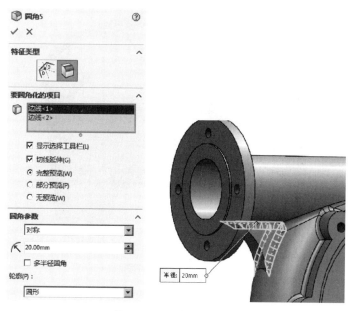

图2-226　生成圆角特征

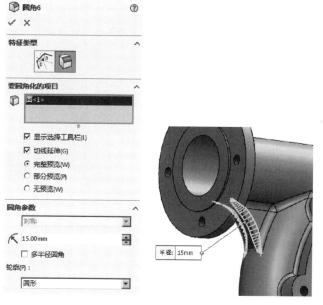

图2-227　生成圆角特征

2.15　活塞建模范例

本实例将生成1个活塞模型，如图2-228所示。

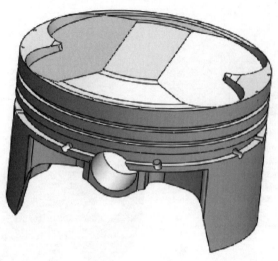

图2-228　活塞模型

【建模思路分析】

① 结构是轴对称结构，用旋转特征来实现。

② 外侧的小孔是均匀排布，可以用圆周阵列特征来实现。

③ 下端复杂的表面可以通过复杂的草图切除来实现。如图2-229所示。

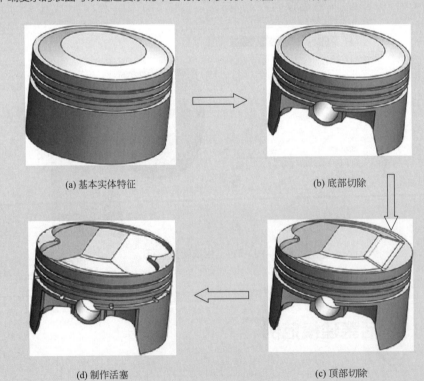

(a) 基本实体特征　　　　　　　　　　　　(b) 底部切除

(d) 制作活塞　　　　　　　　　　　　(c) 顶部切除

图2-229　建模过程

2.15.1 主体部分

Step01 单击【特征管理器设计树】中的【前视基准面】图标，使
其成为草图绘制平面。单击【标准视图】工具栏中的 ⚓ 【正视于】按
钮，并单击【草图】工具栏中的 ✑ 【草图绘制】按钮，进入草图绘制状
态。使用【草图】工具栏中的 ✐ 【直线】、✐ 【中心线】、◔ 【圆弧】、
✐ 【智能尺寸】工具，绘制如图2-230所示的草图。单击 ✑ 【退出草
图】按钮，退出草图绘制状态。

2.15.1 视频精讲

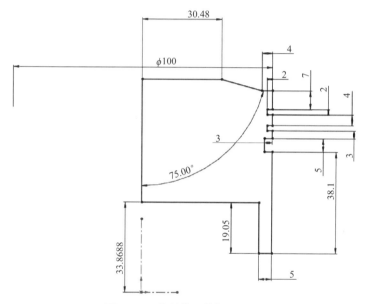

图2-230 绘制草图并标注尺寸

Step02 单击【特征】工具栏中的 ⚙ 【旋转凸台/基体】按钮，弹出【旋转】属性
管理器。在【旋转参数】选项组中，单击 ✐ 【旋转轴】选择框，在图形区域中选择草
图中的直线1，单击 ✔ 【确定】按钮，生成旋转特征，如图2-231所示。

Step03 单击【特征管理器设计树】中的【前视基准面】图标，使其成为草图绘制
平面。单击【标准视图】工具栏中的 ⚓ 【正视于】按钮，并单击【草图】工具栏中的
✑ 【草图绘制】按钮，进入草图绘制状态。使用【草图】工具栏中的 ◉ 【圆】、✐ 【智
能尺寸】工具，绘制如图2-232所示的草图。单击 ✑ 【退出草图】按钮，退出草图绘制
状态。

Step04 单击【特征】工具栏中的 ▣ 【切除-拉伸】按钮，弹出【切除-拉伸】属性
管理器。在【方向1】和【方向2】选项组中，设置【终止条件】为【完全贯穿】，单击
✔ 【确定】按钮，生成拉伸切除特征，如图2-233所示。

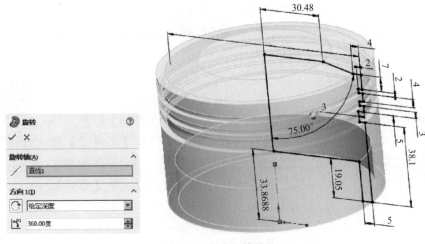

图2-231 生成旋转特征

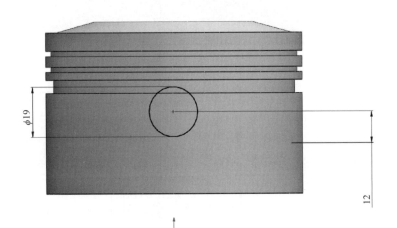

图2-232 绘制草图并标注尺寸

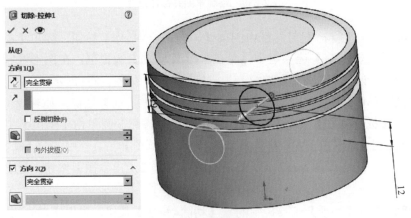

图2-233 拉伸切除特征

Step05 单击【特征管理器设计树】中的【前视基准面】图标，使其成为草图绘制平面。单击【标准视图】工具栏中的⬆【正视于】按钮，并单击【草图】工具栏中的🖉【草图绘制】按钮，进入草图绘制状态。使用【草图】工具栏中的╱【直线】、╱【中心线】、🕙【圆弧】、🗡【智能尺寸】工具，绘制如图2-234所示的草图。单击🖉【退出草图】按钮，退出草图绘制状态。

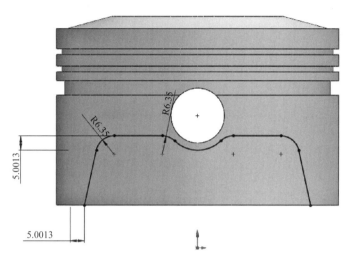

图2-234　绘制草图并标注尺寸

Step06 单击【特征】工具栏中的🗔【切除-拉伸】按钮，弹出【切除-拉伸】属性管理器。在【方向1】和【方向2】选项组中，设置【终止条件】为【完全贯穿】，单击✔【确定】按钮，生成拉伸切除特征，如图2-235所示。

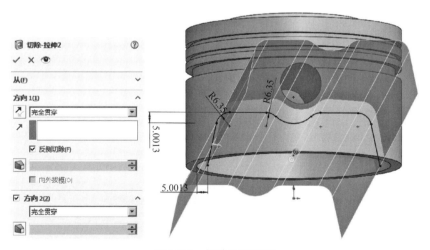

图2-235　拉伸切除特征

Step07 单击【特征管理器设计树】中的【上视基准面】图标，使其成为草图绘制平面。单击【标准视图】工具栏中的⬆【正视于】按钮，并单击【草图】工具栏中的🖉【草图绘制】按钮，进入草图绘制状态。使用【草图】工具栏中的╱【直线】、╱

【中心线】、 【圆弧】、 【智能尺寸】工具，绘制如图2-236所示的草图。单击
【退出草图】按钮，退出草图绘制状态。

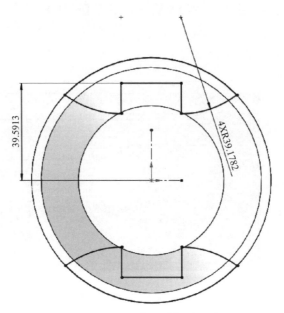

图2-236　绘制草图并标注尺寸

Step08 单击【特征】工具栏中的 【切除-拉伸】按钮，弹出【切除-拉伸】属性
管理器。在【方向1】选项组中，设置【终止条件】为【到离指定面指定的距离】，选
择模型的端面，设置 【深度】为2.5400mm，单击 【确定】按钮，生成拉伸切除特
征，如图2-237所示。

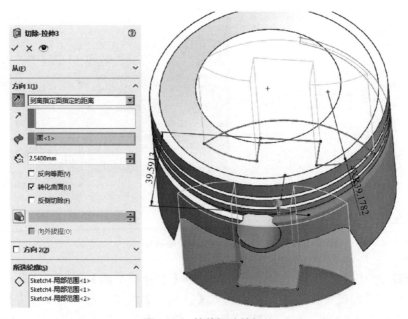

图2-237　拉伸切除特征

Step09 单击【特征管理器设计树】中的【上视基准面】图标，使其成为草图绘制平面。单击【标准视图】工具栏中的 ![正视于] 按钮，并单击【草图】工具栏中的 ![草图绘制] 按钮，进入草图绘制状态。使用【草图】工具栏中的 ![直线]【直线】、![中心线]【中心线】、![圆弧]【圆弧】、![智能尺寸]【智能尺寸】工具，绘制如图2-238所示的草图。单击 ![退出草图]【退出草图】按钮，退出草图绘制状态。

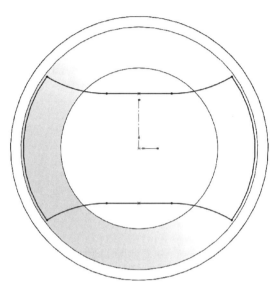

图2-238　绘制草图并标注尺寸

Step10 单击【特征】工具栏中的 ![切除-拉伸]【切除-拉伸】按钮，弹出【切除-拉伸】属性管理器。在【方向1】选项组中，设置【终止条件】为【到离指定面指定的距离】，选择模型的顶面，![深度]【深度】为19.0500mm，单击 ![确定]【确定】按钮，生成拉伸切除特征，如图2-239所示。

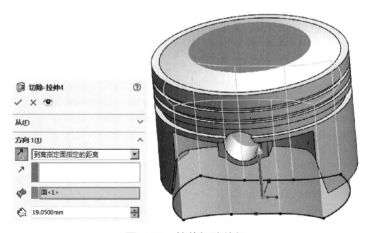

图2-239　拉伸切除特征

Step11 单击【特征管理器设计树】中的【前视基准面】图标，使其成为草图绘制平面。单击【标准视图】工具栏中的 ![正视于]【正视于】按钮，并单击【草图】工具栏中

的 🗂【草图绘制】按钮，进入草图绘制状态。使用【草图】工具栏中的 ✏【直线】、✒
【中心线】、🗄【智能尺寸】工具，绘制如图2-240所示的草图。单击 🗂【退出草图】按
钮，退出草图绘制状态。

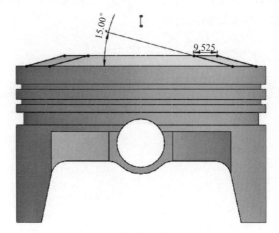

图2-240　绘制草图并标注尺寸

Step12 单击【特征】工具栏中的 🔘【切除-拉伸】按钮，弹出【切除-拉伸】属性
管理器。在【方向1】和【方向2】选项组中，设置【终止条件】为【完全贯穿】，单击
✔【确定】按钮，生成拉伸切除特征，如图2-241所示。

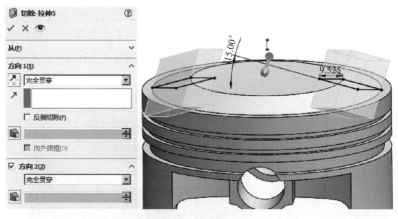

图2-241　拉伸切除特征

Step13 单击【特征】工具栏中的 🔘【圆角】按钮，弹出【圆角】属性管理器。在
【圆角项目】选项组中，单击 🔘【边线、面、特征和环】选择框，在图形区域中选择模
型的5个表面，设置 🗂【半径】为12.7000mm，单击 ✔【确定】按钮，生成圆角特征，
如图2-242所示。

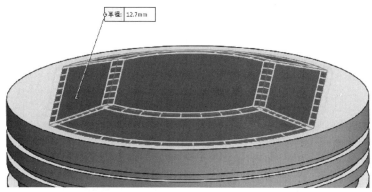

图2-242 生成圆角特征

2.15.2 辅助部分

2.15.2 视频精讲

Step01 单击模型上表面，使其成为草图绘制平面。单击【标准视图】工具栏中的 ↓ 【正视于】按钮，并单击【草图】工具栏中的 ┎ 【草图绘制】按钮，进入草图绘制状态。使用【草图】工具栏中的 ╱ 【直线】、╱ 【中心线】、♡ 【圆弧】、❮ 【智能尺寸】工具，绘制如图2-243所示的草图。单击 ┎ 【退出草图】按钮，退出草图绘制状态。

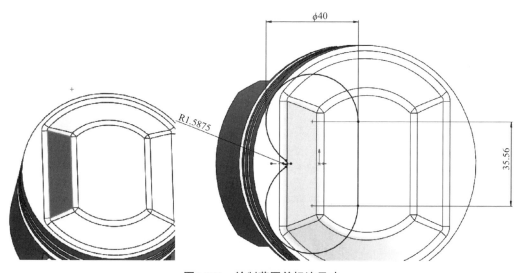

图2-243 绘制草图并标注尺寸

Step02 单击【特征】工具栏中的▣【切除-拉伸】按钮，弹出【切除-拉伸】属性管理器。在【方向1】选项组中，设置【终止条件】为【给定深度】，✍【深度】为2.5400mm；在【方向2】选项组中设置【终止条件】为【完全贯穿】，单击✔【确定】按钮，生成拉伸切除特征，如图2-244所示。

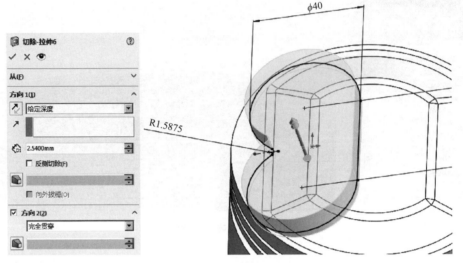

图2-244 拉伸切除特征

Step03 单击模型上表面，使其成为草图绘制平面。单击【标准视图】工具栏中的↓【正视于】按钮，并单击【草图】工具栏中的┏【草图绘制】按钮，进入草图绘制状态。使用【草图】工具栏中的╱【直线】、╱【中心线】、🕤【圆弧】、✦【智能尺寸】工具，绘制如图2-245所示的草图。单击┏【退出草图】按钮，退出草图绘制状态。

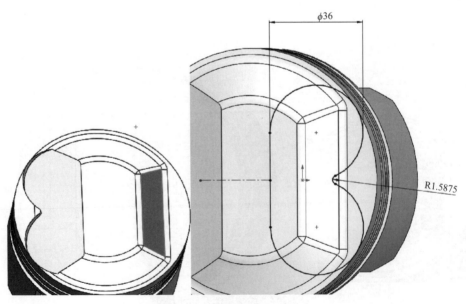

图2-245 绘制草图并标注尺寸

Step04 单击【特征】工具栏中的 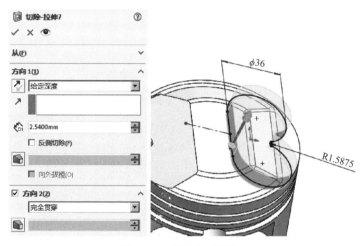【切除-拉伸】按钮，弹出【切除-拉伸】属性管理器。在【方向1】选项组中，设置【终止条件】为【给定深度】，【深度】为2.5400mm；在【方向2】选项组中设置【终止条件】为【完全贯穿】，单击 ✔【确定】按钮，生成拉伸切除特征，如图2-246所示。

图2-246 拉伸切除特征

Step05 单击【特征】工具栏中的 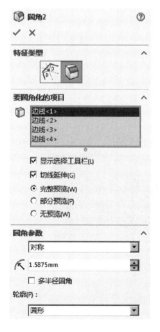【圆角】按钮，弹出【圆角】属性管理器。在【圆角项目】选项组中，单击 【边线、面、特征和环】选择框，在图形区域中选择模型的4条边线，设置 【半径】为1.5875mm，单击 ✔【确定】按钮，生成圆角特征，如图2-247所示。

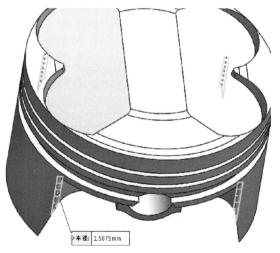

图2-247 生成圆角特征

Step06 单击【特征】工具栏中的 【圆角】按钮，弹出【圆角】属性管理器。在【圆角项目】选项组中，单击 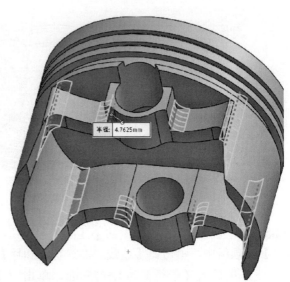【边线、面、特征和环】选择框，在图形区域中选择模型的8条边线，设置 【半径】为4.7625mm，单击 ✔【确定】按钮，生成圆角特征，如图2-248所示。

图2-248　生成圆角特征

Step07 单击【特征管理器设计树】中的【右视基准面】图标，使其成为草图绘制平面。单击【标准视图】工具栏中的 【正视于】按钮，并单击【草图】工具栏中的 【草图绘制】按钮，进入草图绘制状态。使用【草图】工具栏中的 【圆】、 【中心线】、 【智能尺寸】工具，绘制如图2-249所示的草图。单击 【退出草图】按钮，退出草图绘制状态。

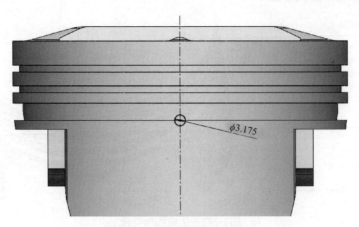

$\phi 3.175$

图2-249　绘制草图并标注尺寸

Step08 单击【特征】工具栏中的 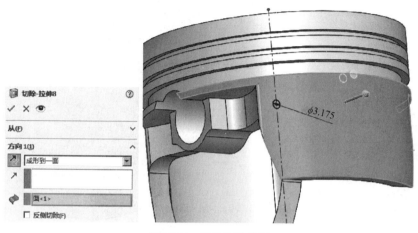【切除-拉伸】按钮,弹出【切除-拉伸】属性管理器。在【方向1】选项组中,设置【终止条件】为【成形到一面】,选择模型的端面,单击 ✓【确定】按钮,生成拉伸切除特征,如图2-250所示。

图2-250 拉伸切除特征

Step09 选择【插入】|【特征】|【倒角】菜单命令,弹出【倒角】属性管理器。在【倒角参数】选项组中,单击 【边线和面或顶点】选择框,在绘图区域中选择模型的4条边线,设置 【距离】为2.5400mm, 【角度】为30.00度,单击 ✓【确定】按钮,生成倒角特征,如图2-251所示。

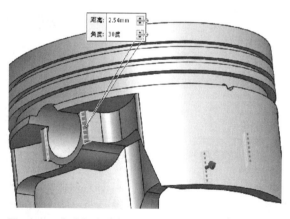

图2-251 生成倒角特征

Step10 单击模型的下表面,使其成为草图绘制平面。单击【标准视图】工具栏中的 【正视于】按钮,并单击【草图】工具栏中的 【草图绘制】按钮,进入草图绘制状态。使用【草图】工具栏中的 【直线】、 【中心线】、 【圆弧】、 【智能尺寸】工具,绘制如图2-252所示的草图。单击 【退出草图】按钮,退出草图绘制状态。

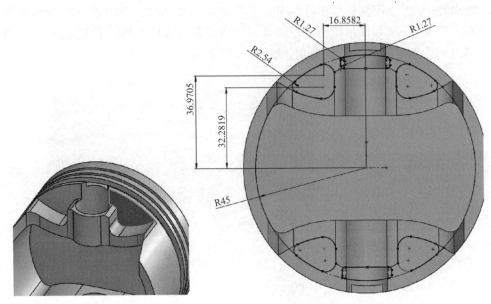

图2-252 绘制草图并标注尺寸

Step11 单击【特征】工具栏中的 🔲【切除-拉伸】按钮，弹出【切除-拉伸】属性管理器。在【方向1】选项组中，设置【终止条件】为【到离指定面指定的距离】，选择模型的端面，设置 🔧【深度】为12.7000mm，单击 ✔【确定】按钮，生成拉伸切除特征，如图2-253所示。

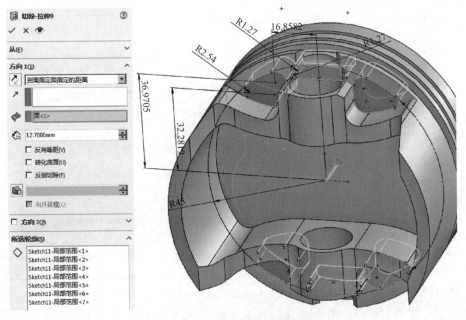

图2-253 拉伸切除特征

Step12 单击【特征】工具栏中的 ❀【圆周阵列】按钮，弹出【圆周阵列】属性管理器。在【方向1】选项组中，单击 🔄【阵列轴】选择框，在绘图区选择面<1>，设

置 ✻【实例数】为16，选择【等间距】选项；在【要阵列的特征】选项组中，单击 🔘
（要阵列的特征）选择框，在图形区域中选择模型的切除-拉伸8特征，单击 ✔【确定】
按钮，生成特征圆周阵列，如图2-254所示。

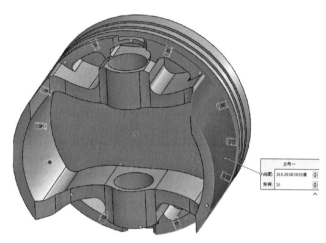

图2-254　生成特征圆周阵列

Step13　单击模型上表面，使其成为草图绘制平面。单击【标准视图】工具栏中的
⚓【正视于】按钮，并单击【草图】工具栏中的 🖉【草图绘制】按钮，进入草图绘制
状态。使用【草图】工具栏中的 ⊙【圆】、 🖊【智能尺寸】工具，绘制如图2-255所示
的草图。单击 🖉【退出草图】按钮，退出草图绘制状态。

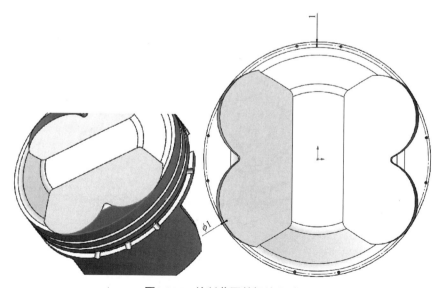

图2-255　绘制草图并标注尺寸

Step14 单击【特征】工具栏中的 ▥ 【切除-拉伸】按钮，弹出【切除-拉伸】属性管理器。在【方向1】选项组中，设置【终止条件】为【成形到下一面】，单击 ✔ 【确定】按钮，生成拉伸切除特征，如图2-256所示。

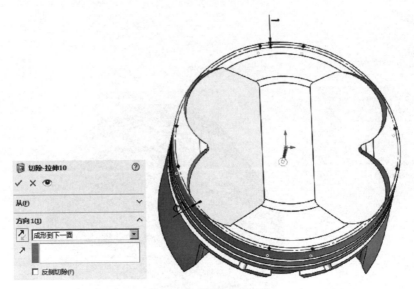

图2-256　拉伸切除特征

2.16　减速器箱体建模范例

本实例将生成1个减速器箱体模型，如图2-257所示。

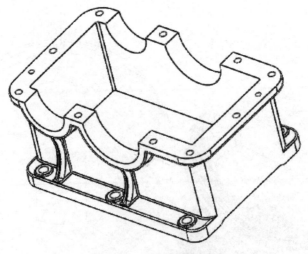

图2-257　减速器箱体模型

① 底部的孔有规律地排布，要用线性阵列特征来实现。

② 侧壁可以用拉伸特征来实现。

③ 轴承孔下方的加强筋可以用筋特征来实现。如图2-258所示。

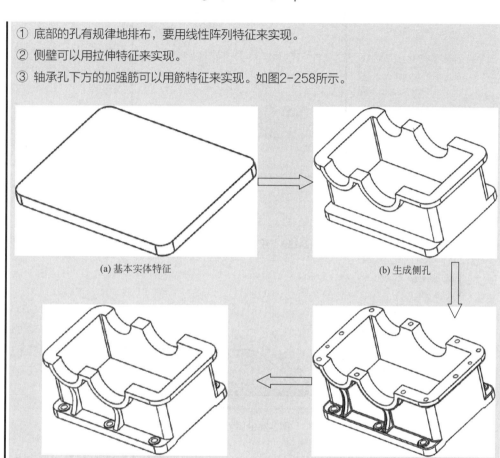

(a) 基本实体特征   (b) 生成侧孔

(d) 制作箱体   (c) 形成底孔

图2-258　建模过程

【具体步骤】

2.16.1　主体部分

Step01　单击【特征管理器设计树】中的【上视基准面】图标，使其成为草图绘制平面。单击【标准视图】工具栏中的 ↓【正视于】按钮，并单击【草图】工具栏中的 ⬚【草图绘制】按钮，进入草图绘制状态。使用【草图】工具栏中的 ✏【直线】、🖋【圆弧】、📏【中心线】、📐【智能尺寸】工具，绘制如图2-259所示的草图。单击 ⬚【退出草图】按钮，退出草图绘制状态。

Step02　单击【特征】工具栏中的 📦【拉伸凸台/基体】按钮，弹出【凸台-拉伸】属性设置。在【方向1】选项组中，设置 ↗【终止条件】为【给定深度】，⬆【深度】

2.16.1　视频精讲

为20.00mm，单击 ✔ 【确定】按钮，生成拉伸特征，如图2-260所示。

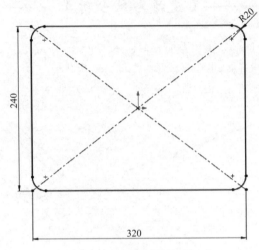

图2-259　绘制草图并标注尺寸

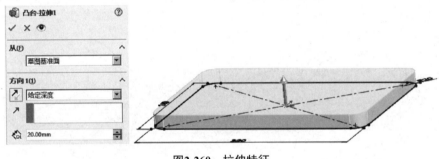

图2-260　拉伸特征

Step03　单击模型上表面，使其成为草图绘制平面。单击【标准视图】工具栏中的 ⊥ 【正视于】按钮，并单击【草图】工具栏中的 🖍 【草图绘制】按钮，进入草图绘制状态。使用【草图】工具栏中的 ✏ 【直线】、 🖉 【圆弧】、 ✐ 【中心线】、 🖋 【智能尺寸】工具，绘制如图2-261所示的草图。单击 🖍 【退出草图】按钮，退出草图绘制状态。

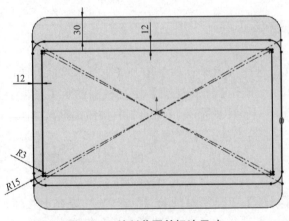

图2-261　绘制草图并标注尺寸

Step04 单击【特征】工具栏中的【拉伸凸台/基体】按钮，弹出【凸台-拉伸】属性设置。在【方向1】选项组中，设置【终止条件】为【给定深度】，【深度】为120.00mm，单击 ✔【确定】按钮，生成拉伸特征，如图2-262所示。

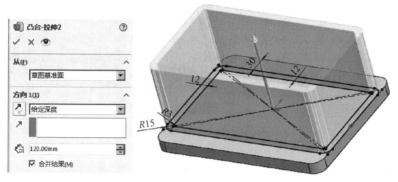

图2-262　拉伸特征

Step05 单击模型上表面，使其成为草图绘制平面。单击【标准视图】工具栏中的【正视于】按钮，并单击【草图】工具栏中的【草图绘制】按钮，进入草图绘制状态。使用【草图】工具栏中的【直线】、【圆弧】、【中心线】、【智能尺寸】工具，绘制如图2-263所示的草图。单击【退出草图】按钮，退出草图绘制状态。

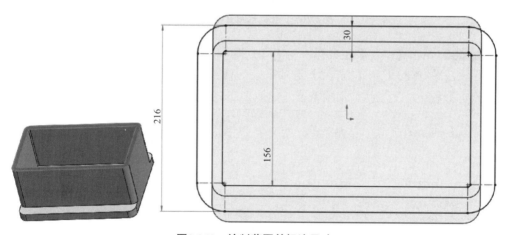

图2-263　绘制草图并标注尺寸

Step06 单击【特征】工具栏中的【拉伸凸台/基体】按钮，弹出【凸台-拉伸】属性设置。在【方向1】选项组中，设置【终止条件】为【给定深度】，【深度】为12.00mm，单击 ✔【确定】按钮，生成拉伸特征，如图2-264所示。

Step07 单击模型的侧面，使其成为草图绘制平面。单击【标准视图】工具栏中的【正视于】按钮，并单击【草图】工具栏中的【草图绘制】按钮，进入草图绘制状态。使用【草图】工具栏中的【圆】、【智能尺寸】工具，绘制如图2-265所示的草图。单击【退出草图】按钮，退出草图绘制状态。

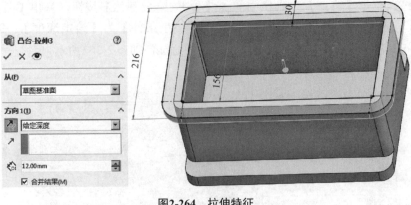

图2-264　拉伸特征

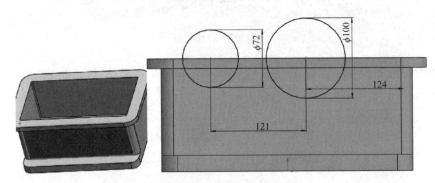

图2-265　绘制草图并标注尺寸

Step08 单击【特征】工具栏中的 【切除-拉伸】按钮，弹出【切除-拉伸】属性管理器。在【方向1】和【方向2】选项组中，设置【终止条件】为【完全贯穿】，单击 ✔【确定】按钮，生成拉伸切除特征，如图2-266所示。

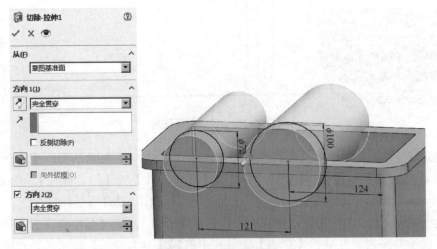

图2-266　拉伸切除特征

Step09 单击模型的侧面，使其成为草图绘制平面。单击【标准视图】工具栏中的

【正视于】按钮，并单击【草图】工具栏中的 🖉【草图绘制】按钮，进入草图绘制状态。使用【草图】工具栏中的 ♋【圆弧】、🖋【中心线】、❮【智能尺寸】工具，绘制如图2-267所示的草图。单击 🖉【退出草图】按钮，退出草图绘制状态。

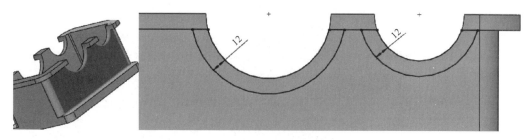

图2-267　绘制草图并标注尺寸

Step10　单击【特征】工具栏中的 🖷【拉伸凸台/基体】按钮，弹出【凸台-拉伸】属性设置。在【方向1】选项组中，设置 🗲【终止条件】为【成形到一面】，在绘图区选择模型的端面，单击 ✔【确定】按钮，生成拉伸特征，如图2-268所示。

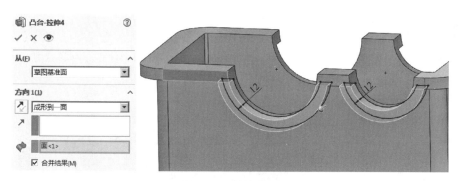

图2-268　拉伸特征

Step11　单击模型的侧面，使其成为草图绘制平面。单击【标准视图】工具栏中的 ♨【正视于】按钮，并单击【草图】工具栏中的 🖉【草图绘制】按钮，进入草图绘制状态。使用【草图】工具栏中的 ♋【圆弧】、🖋【中心线】、❮【智能尺寸】工具，绘制如图2-269所示的草图。单击 🖉【退出草图】按钮，退出草图绘制状态。

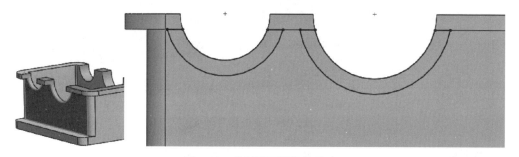

图2-269　绘制草图并标注尺寸

Step12　单击【特征】工具栏中的 🖷【拉伸凸台/基体】按钮，弹出【凸台-拉伸】

属性设置。在【方向1】选项组中，设置⬈【终止条件】为【成形到一面】，在绘图区选择模型的端面，单击✔【确定】按钮，生成拉伸特征，如图2-270所示。

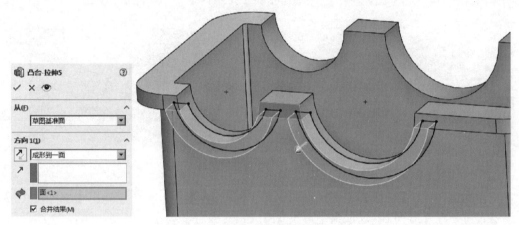

图2-270　拉伸特征

Step13 单击【参考几何体】工具栏中的❒【基准面】按钮，弹出【基准面】属性管理器。在【第一参考】中，在图形区域中选择右视基准面；在【第二参考】中，在图形区域中选择模型的一个点，如图2-271所示，在图形区域中显示出新建基准面的预览，单击✔【确定】按钮，生成基准面。

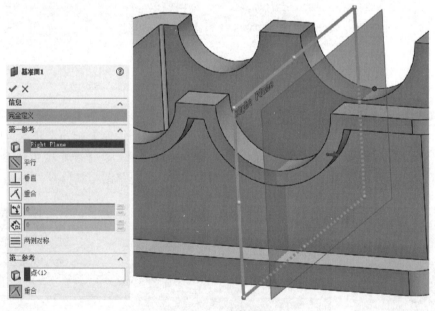

图2-271　生成基准面

Step14 单击【参考几何体】工具栏中的❒【基准面】按钮，弹出【基准面】属性管理器。在【第一参考】中，在图形区域中选择基准面1；在【第二参考】中，在图形区域中选择模型的一个点，如图2-272所示，在图形区域中显示出新建基准面的预览，

单击 ✔【确定】按钮，生成基准面。

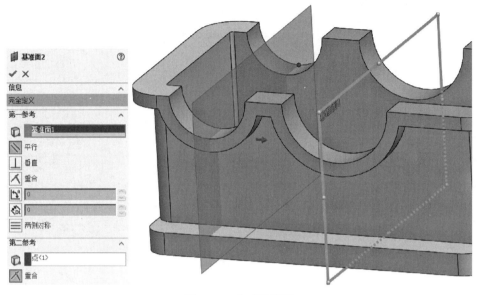

图2-272　生成基准面

Step15　单击【基准面2】图标，使其成为草图绘制平面。单击【标准视图】工具栏中的 ⤴【正视于】按钮，并单击【草图】工具栏中的 🖉【草图绘制】按钮，进入草图绘制状态。使用【草图】工具栏中的 ╱【直线】、🝡【圆弧】、╱【中心线】、🗡【智能尺寸】工具，绘制如图2-273所示的草图。单击 📖【退出草图】按钮，退出草图绘制状态。

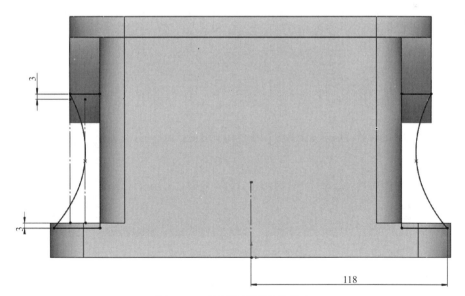

图2-273　绘制草图并标注尺寸

Step16　单击【特征】工具栏中的 📖【拉伸凸台/基体】按钮，弹出【凸台-拉伸】

属性设置。在【方向1】选项组中，设置 ↗ 【终止条件】为【两侧对称】，🔲 【深度】为12.00mm，单击 ✔ 【确定】按钮，生成拉伸特征，如图2-274所示。

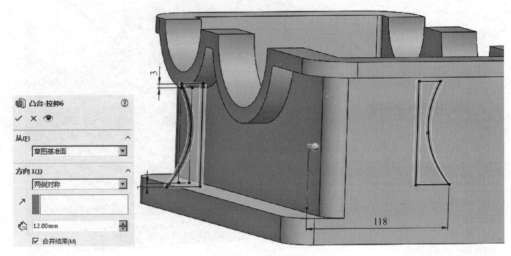

图2-274　拉伸特征

Step17 单击【基准面1】图标，使其成为草图绘制平面。单击【标准视图】工具栏中的 ↓ 【正视于】按钮，并单击【草图】工具栏中的 ⏃ 【草图绘制】按钮，进入草图绘制状态。使用【草图】工具栏中的 ✏ 【直线】、🗨 【圆弧】、 ✐ 【中心线】、 ⟨ 【智能尺寸】工具，绘制如图2-275所示的草图。单击 ⏃ 【退出草图】按钮，退出草图绘制状态。

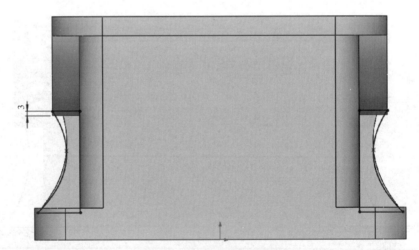

图2-275　绘制草图并标注尺寸

Step18 单击【特征】工具栏中的 🗔 【拉伸凸台/基体】按钮，弹出【凸台-拉伸】属性设置。在【方向1】选项组中，设置 ↗ 【终止条件】为【两侧对称】，🔲 【深度】为12.00mm，单击 ✔ 【确定】按钮，生成拉伸特征，如图2-276所示。

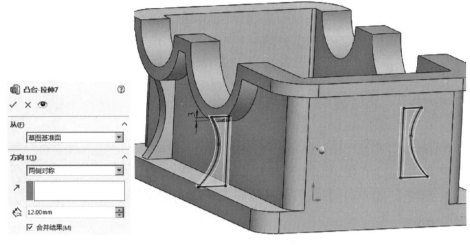

图2-276　拉伸特征

2.16.2　辅助部分

Step01　单击模型的侧面，使其成为草图绘制平面。单击【标准视图】工具栏中的 ↓【正视于】按钮，并单击【草图】工具栏中的 ┌【草图绘制】按钮，进入草图绘制状态。使用【草图】工具栏中的 ╱【直线】、╱【中心线】、✦【智能尺寸】工具，绘制如图2-277所示的草图。单击 ┌【退出草图】按钮，退出草图绘制状态。

2.16.2　视频精讲

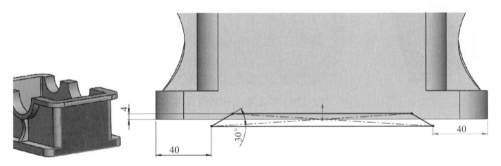

图2-277　绘制草图并标注尺寸

Step02　单击【特征】工具栏中的 ⏺【切除-拉伸】按钮，弹出【切除-拉伸】属性管理器。在【方向1】选项组中，设置【终止条件】为【完全贯穿】，单击 ✓【确定】按钮，生成拉伸切除特征，如图2-278所示。

Step03　单击模型的底面，使其成为草图绘制平面。单击【标准视图】工具栏中的 ↓【正视于】按钮，并单击【草图】工具栏中的 ┌【草图绘制】按钮，进入草图绘制状态。使用【草图】工具栏中的 ╱【直线】、⊙【圆】、╱【中心线】、✦【智能尺寸】工具，绘制如图2-279所示的草图。单击 ┌【退出草图】按钮，退出草图绘制状态。

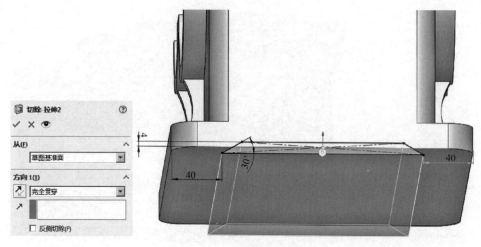

图2-278　拉伸切除特征

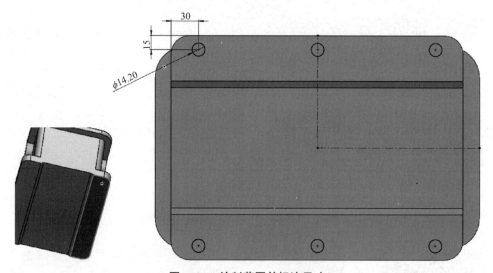

图2-279　绘制草图并标注尺寸

Step04　单击【特征】工具栏中的 <!-- icon --> 【切除-拉伸】按钮，弹出【切除-拉伸】属性
管理器。在【方向1】选项组中，设置 <!-- icon --> 【终止条件】为【成形到一面】，在绘图区选
择模型的表面，单击 <!-- icon --> 【确定】按钮，生成拉伸切除特征，如图2-280所示。

Step05　单击模型的表面，使其成为草图绘制平面。单击【标准视图】工具栏中的
<!-- icon --> 【正视于】按钮，并单击【草图】工具栏中的 <!-- icon --> 【草图绘制】按钮，进入草图绘制
状态。使用【草图】工具栏中的 <!-- icon --> 【直线】、<!-- icon --> 【圆】、<!-- icon --> 【智能尺寸】工具；绘制如
图2-281所示的草图。单击 <!-- icon --> 【退出草图】按钮，退出草图绘制状态。

Step06　单击【特征】工具栏中的 <!-- icon --> 【拉伸凸台/基体】按钮，弹出【凸台-拉伸】
属性设置。在【方向1】选项组中，设置 <!-- icon --> 【终止条件】为【给定深度】，<!-- icon --> 【深度】
为2.00mm，单击 <!-- icon --> 【确定】按钮，生成拉伸特征，如图2-282所示。

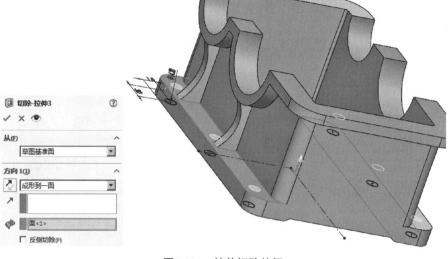

图2-280　拉伸切除特征

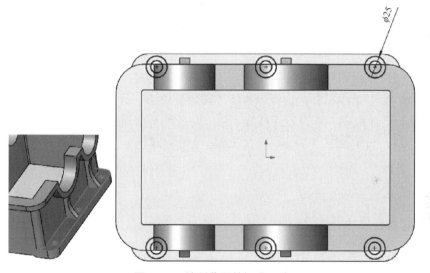

图2-281　绘制草图并标注尺寸

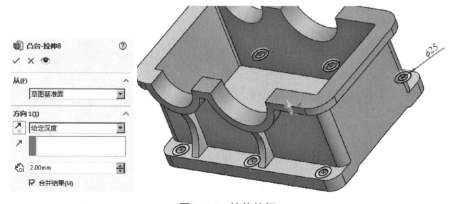

图2-282　拉伸特征

Step07 选择【插入】|【特征】|【拔模】菜单命令，打开属性管理器，在【拔模类型】选项卡中，选择【中性面】；在【拔模角度】中设置为30.00度；在【中性面】中选择模型的底面；在【拔模面】中选择圆柱凸台的侧面，如图2-283所示。

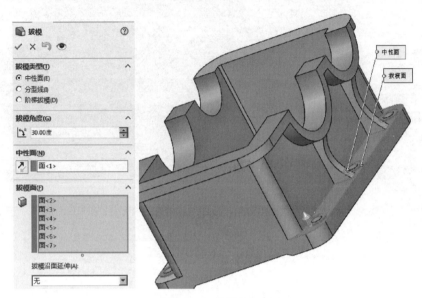

图2-283 拔模特征

Step08 单击【特征】工具栏中的 【圆角】按钮，弹出【圆角】属性管理器。在【圆角项目】选项组中，单击 【边线、面、特征和环】选择框，在图形区域中选择模型的6条边线，设置 【半径】为2.00mm，单击 【确定】按钮，生成圆角特征，如图2-284所示。

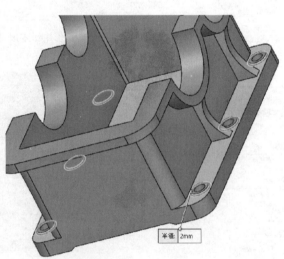

图2-284 生成圆角特征

Step09 单击【特征】工具栏中的 ◉【圆角】按钮，弹出【圆角】属性管理器。在【圆角项目】选项组中，单击 ◉【边线、面、特征和环】选择框，在图形区域中选择模型的2条边线，设置 ⟨【半径】为2.00mm，单击 ✓【确定】按钮，生成圆角特征，如图2-285所示。

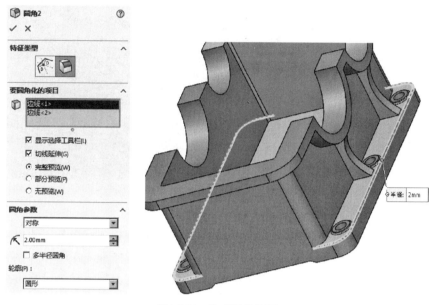

图2-285　生成圆角特征

Step10 单击模型的表面，使其成为草图绘制平面。单击【标准视图】工具栏中的 ⊥【正视于】按钮，并单击【草图】工具栏中的 ⊂【草图绘制】按钮，进入草图绘制状态。使用【草图】工具栏中的 ∕【直线】、∕【中心线】、ᴥ【智能尺寸】工具，绘制如图2-286所示的草图。单击 ⊂【退出草图】按钮，退出草图绘制状态。

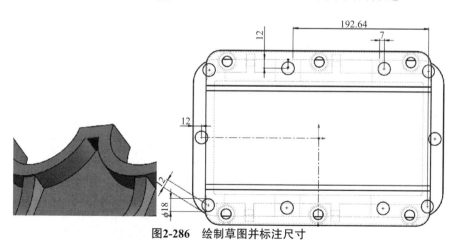

图2-286　绘制草图并标注尺寸

Step11 单击【特征】工具栏中的 ◉【拉伸凸台/基体】按钮，弹出【凸台-拉伸】属性设置。在【方向1】选项组中，设置 ☒【终止条件】为【给定深度】，◉【深度】

为5.00mm，在【拔模角度】中设置15.00度，单击✓【确定】按钮，生成拉伸特征，如图2-287所示。

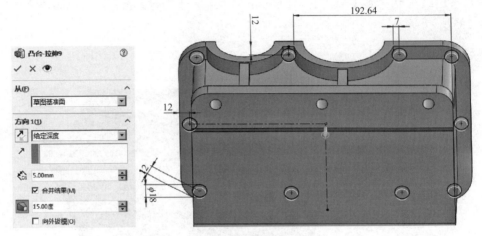

图2-287 拉伸特征

Step12 单击【特征】工具栏中的⬡【圆角】按钮，弹出【圆角】属性管理器。在【圆角项目】选项组中，单击⬡【边线、面、特征和环】选择框，在图形区域中选择模型的多条边线，设置⬟【半径】为2.00mm，单击✓【确定】按钮，生成圆角特征，如图2-288所示。

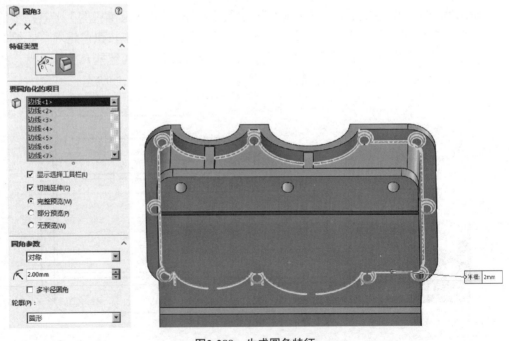

图2-288 生成圆角特征

Step13 单击【特征】工具栏中的⬡【圆角】按钮，弹出【圆角】属性管理器。在

【圆角项目】选项组中，单击 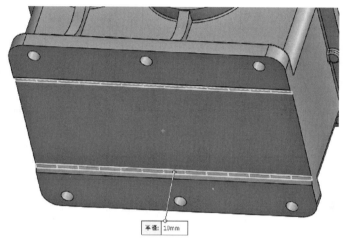 【边线、面、特征和环】选择框，在图形区域中选择模型的2条边线，设置 【半径】为10.00mm，单击 ✓ 【确定】按钮，生成圆角特征，如图2-289所示。

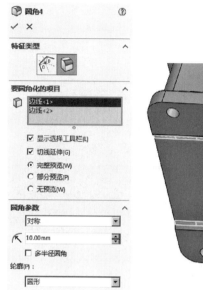

图2-289　生成圆角特征

Step14 单击【特征】工具栏中的 【圆角】按钮，弹出【圆角】属性管理器。在【圆角项目】选项组中，单击 【边线、面、特征和环】选择框，在图形区域中选择模型的4条边线，设置 【半径】为2.00mm，单击 ✓ 【确定】按钮，生成圆角特征，如图2-290所示。

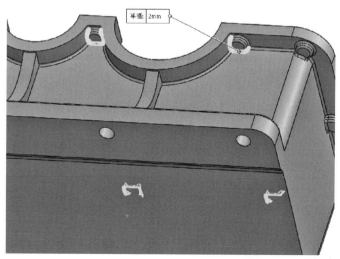

图2-290　生成圆角特征

Step15 单击【特征】工具栏中的 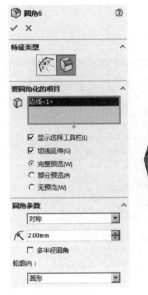 【圆角】按钮，弹出【圆角】属性管理器。在【圆角项目】选项组中，单击 【边线、面、特征和环】选择框，在图形区域中选择模型的1条边线，设置 【半径】为2.00mm，单击 ✔ 【确定】按钮，生成圆角特征，如图2-291所示。

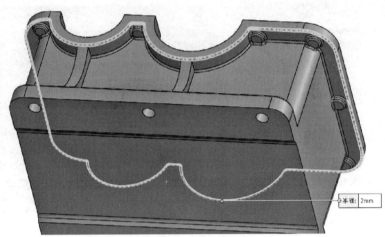

图2-291 生成圆角特征

Step16 单击【特征】工具栏中的 【圆角】按钮，弹出【圆角】属性管理器。在【圆角项目】选项组中，单击 【边线、面、特征和环】选择框，在图形区域中选择模型的多条边线，设置 【半径】为2.00mm，单击 ✔ 【确定】按钮，生成圆角特征，如图2-292所示。

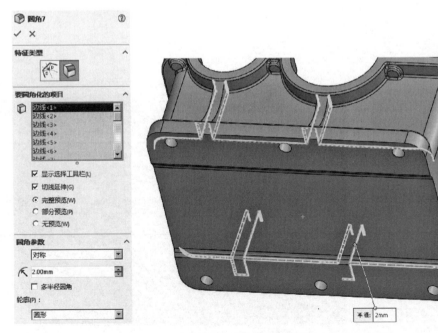

图2-292 生成圆角特征

Step17 单击【特征】工具栏中的 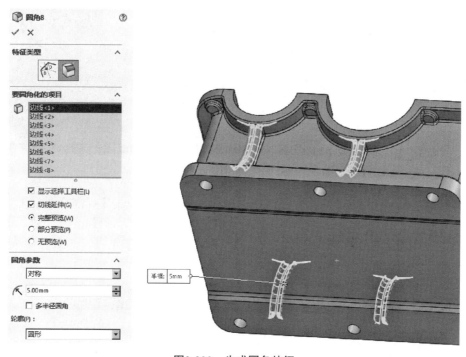【圆角】按钮，弹出【圆角】属性管理器。在【圆角项目】选项组中，单击 【边线、面、特征和环】选择框，在图形区域中选择模型的8条边线，设置 【半径】为5.00mm，单击 ✔【确定】按钮，生成圆角特征，如图2-293所示。

图2-293 生成圆角特征

Step18 单击模型的上表面，使其成为草图绘制平面。单击【标准视图】工具栏中的 【正视于】按钮，并单击【草图】工具栏中的 【草图绘制】按钮，进入草图绘制状态。使用【草图】工具栏中的 【圆】、 【智能尺寸】工具，绘制如图2-294所示的草图。单击 【退出草图】按钮，退出草图绘制状态。

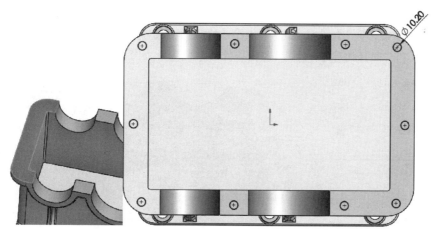

图2-294 绘制草图并标注尺寸

Step19 单击【特征】工具栏中的 🔲【切除-拉伸】按钮，弹出【切除-拉伸】属性管理器。在【方向1】选项组中，设置【终止条件】为【给定深度】，🔊【深度】为20.00mm，单击 ✔【确定】按钮，生成拉伸切除特征，如图2-295所示。

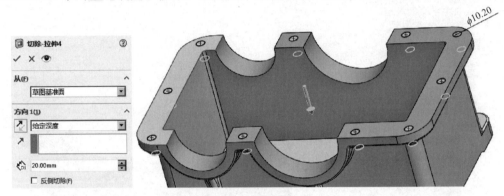

图2-295 拉伸切除特征

Step20 单击模型的上表面，使其成为草图绘制平面。单击【标准视图】工具栏中的 ↓【正视于】按钮，并单击【草图】工具栏中的 ┏【草图绘制】按钮，进入草图绘制状态。使用【草图】工具栏中的 ⊙【圆】、✎【智能尺寸】工具，绘制如图2-296所示的草图。单击 ┏【退出草图】按钮，退出草图绘制状态。

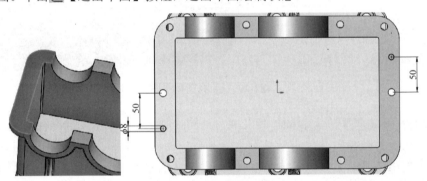

图2-296 绘制草图并标注尺寸

Step21 单击【特征】工具栏中的 🔲【切除-拉伸】按钮，弹出【切除-拉伸】属性管理器。在【方向1】选项组中，设置【终止条件】为【给定深度】，🔊【深度】为10.00mm，单击 ✔【确定】按钮，生成拉伸切除特征，如图2-297所示。

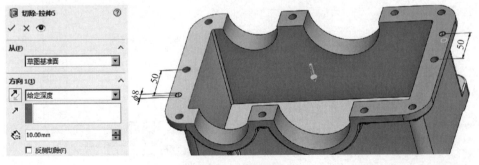

图2-297 拉伸切除特征

03

第3章

工业产品建模设计

本章通过几个典型的工业产品实例来熟悉三维建模的使用方法。工业产品三维建模中经常使用的功能有拉伸、放样、曲面切除、包覆等特征。

3.1 筋特征

选择【插入】—【特征】—【筋】菜单命令或者单击【特征】工具栏中的 ◢【筋】按钮，弹出【筋】属性管理器，可以进行筋特征操作。

① 新建零件，在实体旁绘制一条直线，如图3-1所示。

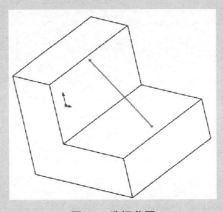

图3-1 选择草图

② 单击特征工具栏中的 ◢【筋】按钮，弹出筋属性管理器，在【参数】选项组下，选择生成筋方式为 ☰【第一边】，输入 ⚙【筋厚度】值为10mm，选择拉伸方向为 ◈【平行于草图】，如图3-2所示。

③ 单击属性管理器或者绘图区域中的 ✔【确定】按钮，完成筋特征，如图3-3所示。

图3-2 筋特征属性设置

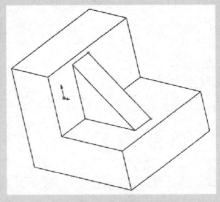

图3-3 完成筋特征

3.2 孔特征

单击【特征】工具栏中的 🔘【异型孔向导】按钮或者选择【插入】—【特征】—
【孔】—【向导】菜单命令，弹出【孔规格】属性管理器，可以进行孔特征操作。

实例3.2

① 新建一个实体，如图3-4所示。

② 单击特征工具栏中的 🔘（异型孔向导）按钮，弹出孔规格属性管理器，选择【类型】选项卡，在【孔类型】选项组下，选择孔类型为 🔲【柱形沉头孔】。选择【孔位置】选项卡，然后在图形区域中选择实体的侧面上一点，其他设置使用如图3-5所示。

③ 单击属性管理器或者绘图区域中的 ✔【确定】按钮，完成孔特征，如图3-6所示。

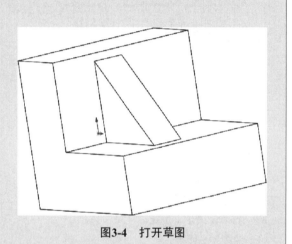

图3-4　打开草图

图3-5　孔属性设置

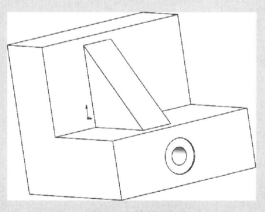

图3-6　孔特征完成

3.3 圆角特征

选择【插入】—【特征】—【圆角】菜单命令，可以对实体进行倒圆角操作。

 实例 3.3

① 新建一个实体，如图3-7所示。

② 单击特征工具栏中的 【圆角】按钮，系统弹出圆角属性管理器，选择"手工"选项卡，在【圆角类型】选项组下，选择【恒定大小】选项。在【要圆角化的项目】选项组下，输入 【半径】值为10mm，然后在图形区域中选择实体上一条边线，其他设置使用默认值，如图3-8所示。

③ 单击属性管理器或者绘图区域中的 【确定】按钮，完成圆角特征，如图3-9所示。

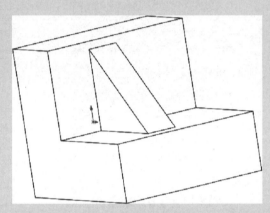

图3-7 打开草图

图3-8 圆角属性设置

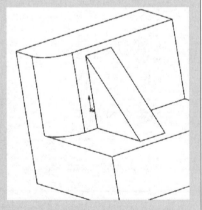

图3-9 圆角特征完成

3.4 倒角特征

选择【插入】—【特征】—【倒角】菜单命令，弹出【倒角】属性管理器，可以进行倒角特征操作。

① 新建一个实体，如图3-10所示。

② 单击特征工具栏中的 🔌【倒角】按钮，启动倒角功能，弹出倒角属性管理器。在【倒角参数】选项组下，选择 🔲【角度距离】选项，🔷【边线和面或顶点】选择边线<1>，距离图标 🔧 后面的数值框中输入20mm，角度图标 🔺 后面的数值框中输入45.00度，如图3-11所示。

③ 单击属性管理器或者绘图区域中的 ✅【确定】按钮，完成倒角特征，如图3-12所示。

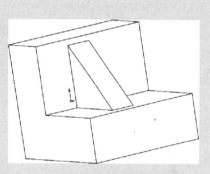

图3-10 打开草图

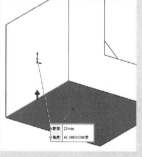
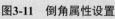

图3-11 倒角属性设置

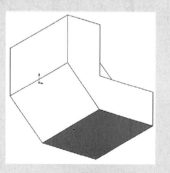

图3-12 倒角特征完成

3.5 抽壳特征

选择【插入】—【特征】—【抽壳】菜单命令，弹出【抽壳】属性管理器，可以进行抽壳特征操作。

① 新建一个实体,如图3-13所示。

② 单击特征工具栏中的 🔲【抽壳】按钮,弹出【抽壳1】属性管理器。在【参数】选项组下, 🔲【移除的面】选择面<1>,厚度图标 🔩 后面的数值框中输入10.00mm,如图3-14所示。

③ 单击属性管理器或者绘图区域中的 ✅【确定】按钮,完成抽壳特征,如图3-15所示。

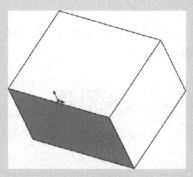

图3-13 打开草图

图3-14 抽壳属性设置

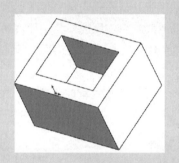

图3-15 抽壳特征完成

3.6 水瓶建模范例

本实例将生成1个水瓶模型,如图3-16所示。

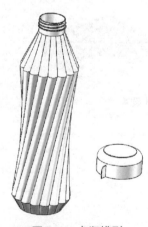

图3-16 水瓶模型

① 瓶身形状复杂，要用放样特征来实现。

② 瓶身是中空结构，可以用抽壳特征来实现。

③ 瓶嘴上的螺纹部分用螺旋线阵列来实现。

④ 瓶盖部分用拉伸切除特征来完成。如图3-17所示。

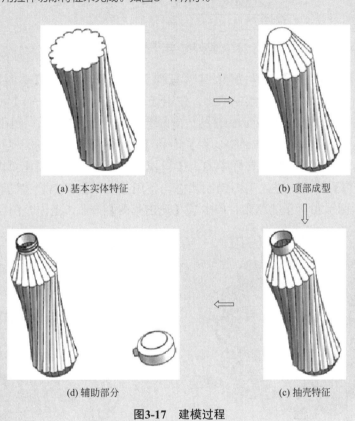

(a) 基本实体特征 ⇒ (b) 顶部成型

(d) 辅助部分 ⇐ (c) 抽壳特征

图3-17　建模过程

──────【 具体步骤 】──────

3.6.1　主体部分

Step01　单击【参考几何体】工具栏中的 ▦【基准面】按钮，弹出
【基准面1】属性管理器。在【第一参考】中，在图形区域中选择上视基
准面，单击 ▨【距离】按钮，在文本栏中输入220.00mm，如图3-18所
示，在图形区域中显示出新建基准面的预览，单击 ✔【确定】按钮，生
成基准面。

Step02　单击【特征管理器设计树】中的【前视基准面】图标，使其成为草图绘制

3.6.1　视频精讲

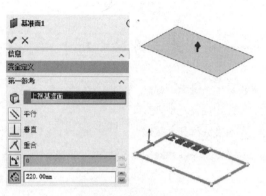

图3-18　生成基准面

平面。单击【标准视图】工具栏中的 ⬆【正视于】按钮，并单击【草图】工具栏中的 ◰
【草图绘制】按钮，进入草图绘制状态。使用【草图】工具栏中的 ◔【圆弧】、◈【智能
尺寸】工具，绘制如图3-19所示的草图。单击 ◰【退出草图】按钮，退出草图绘制状态。

Step03　单击【特征管理器设计树】中的【前视基准面】图标，使其成为草图绘制
平面。单击【标准视图】工具栏中的 ⬆【正视于】按钮，并单击【草图】工具栏中的
◰【草图绘制】按钮，进入草图绘制状态。使用【草图】工具栏中的 ∩【转换实体引
用】，绘制如图3-20所示的草图。单击 ◰【退出草图】按钮，退出草图绘制状态。

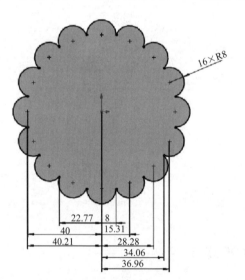

图3-19　绘制草图并标注尺寸　　　　　图3-20　绘制草图并标注尺寸

Step04　选择【插入】—【凸台/基体】—【放样】菜单命令，弹出【放样2】属性
管理器。在 ◇【轮廓】选项组中，在图形区域中选择草图2和草图1，单击 ✅【确定】
按钮，如图3-21所示，生成放样特征。

Step05　单击【参考几何体】工具栏中的 🗊【基准面】按钮，弹出【基准面2】属
性管理器。在【第一参考】中，在图形区域中选择面<1>，单击 🗗【距离】按钮，在文
本栏中输入20.00mm，如图3-22所示，在图形区域中显示出新建基准面的预览，单击
✅【确定】按钮，生成基准面。

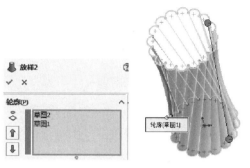

图3-21　生成放样特征

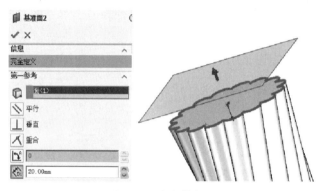

图3-22　生成基准面

Step06 单击【特征管理器设计树】中的【前视基准面】图标，使其成为草图绘制平面。单击【标准视图】工具栏中的 ![icon]【正视于】按钮，并单击【草图】工具栏中的 ![icon]【草图绘制】按钮，进入草图绘制状态。使用【草图】工具栏中的 ![icon]【圆】、![icon]【智能尺寸】工具，绘制如图3-23所示的草图。单击 ![icon]【退出草图】按钮，退出草图绘制状态。

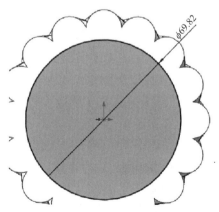

图3-23　绘制草图并标注尺寸

Step07 选择【插入】—【凸台/基体】—【放样】菜单命令，弹出【放样3】属性管理器。在 ![icon]【轮廓】选项组中，在图形区域中选择草图3和面<1>，单击 ![icon]【确定】按钮，如图3-24所示，生成放样特征。

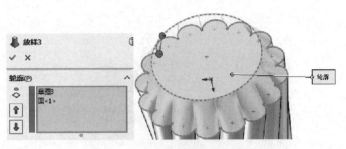

图3-24　生成放样特征

Step08 单击【参考几何体】工具栏中的■【基准面】按钮,弹出【基准面3】属性管理器。在【第一参考】中,在图形区域中选择面<1>,单击❷【距离】按钮,在文本栏中输入60.00mm,如图3-25所示,在图形区域中显示出新建基准面的预览,单击✅【确定】按钮,生成基准面。

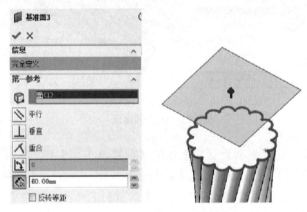

图3-25　生成基准面

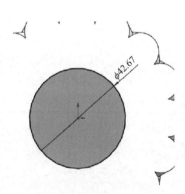

图3-26　绘制草图并标注尺寸

Step09 单击【特征管理器设计树】中的【前视基准面】图标,使其成为草图绘制平面。单击【标准视图】工具栏中的↓【正视于】按钮,并单击【草图】工具栏中的┏【草图绘制】按钮,进入草图绘制状态。使用【草图】工具栏中的⊙【圆】、✐【智能尺寸】工具,绘制如图3-26所示的草图。单击┏【退出草图】按钮,退出草图绘制状态。

Step10 选择【插入】—【凸台/基体】—【放样】菜单命令,弹出【放样4】属性管理器。在✧【轮廓】选项组中,在图形区域中选择草图4和面<1>,单击✅

【确定】按钮,如图3-27所示,生成放样特征。

Step11 单击【特征管理器设计树】中的【前视基准面】图标,使其成为草图绘制平面。单击【标准视图】工具栏中的↓【正视于】按钮,并单击【草图】工具栏中的┏【草图绘制】按钮,进入草图绘制状态。使用【草图】工具栏中的⊙【圆】、✐【智能尺

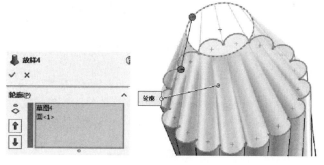

图3-27　生成放样特征

寸】工具，绘制如图3-28所示的草图。单击 ⬚【退出草图】按钮，退出草图绘制状态。

Step12　单击【特征】工具栏中的 📦【凸台-拉伸】按钮，弹出【凸台-拉伸1】属性设置。在【方向1】选项组中，设置 ⬀【终止条件】为【给定深度】，⬙【深度】为22.00mm，单击 ✔【确定】按钮，生成拉伸特征，如图3-29所示。

Step13　选择【插入】—【特征】—【抽壳】菜单命令，弹出【抽壳1】属性管理器。在【参数】选项组中，设置 ⬙【厚度】为1.00mm，在 📦【移除的面】选项中，选择绘图区中面<1>，单击 ✔【确定】按钮，生成抽壳特征，如图3-30所示。

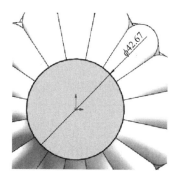

图3-28　绘制草图并标注尺寸

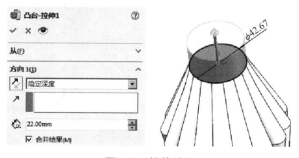

图3-29　拉伸特征

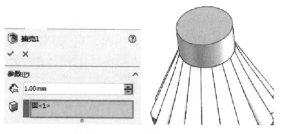

图3-30　生成抽壳特征

Step14 单击【参考几何体】工具栏中的 【基准面】按钮，弹出【基准面4】属性管理器。在【第一参考】中，在图形区域中选择面<1>，单击 【距离】按钮，在文本栏中输入2.00mm，如图3-31所示，在图形区域中显示出新建基准面的预览，单击 【确定】按钮，生成基准面。

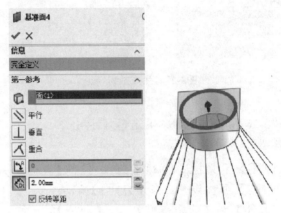

图3-31　生成基准面

3.6.2　辅助部分

Step01 单击【特征管理器设计树】中的【前视基准面】图标，使其成为草图绘制平面。单击【标准视图】工具栏中的 ⚓【正视于】按钮，并单击【草图】工具栏中的 ▣【草图绘制】按钮，进入草图绘制状态。使用【草图】工具栏中的 ⊙【圆】、✎【智能尺寸】工具，绘制如图3-32所示的草图。单击▣【退出草图】按钮，退出草图绘制状态。

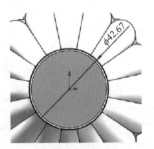

3.6.2　视频精讲

Step02 单击【插入】—【曲线】—【螺旋线/涡状线】按钮，弹出【螺旋线/涡状线1】属性设置。在【定义方式】选项组中，选择【螺距和圈数】；在【参数】选项组中，勾选【恒定螺距】，并输入数据；勾选【反向】；设置【起始角度】为0.00度；勾选【顺时针】，如图3-33所示。

图3-32　绘制草图并标注尺寸

Step03 单击【特征管理器设计树】中的【前视基准面】图标，使其成为草图绘制平面。单击【标准视图】工具栏中的 ⚓【正视于】按钮，并单击【草图】工具栏中的 ▣【草图绘制】按钮，进入草图绘制状态。使用【草图】工具栏中的 ✎【直线】、✎【中心线】、✎【智能尺寸】工具，绘制如图3-34所示的草图。单击▣【退出草图】按钮，退出草图绘制状态。

Step04 选择【插入】—【凸台/基体】—【扫描】菜单命令，弹出【扫描1】属性管理器。在【轮廓和路径】选项组中，单击 ❖【轮廓】按钮，在图形区域中选择草图8，单击 ↺【路径】按钮，在图形区域中选择草图中的螺旋线，单击 ✔【确定】按钮，如图3-35所示。

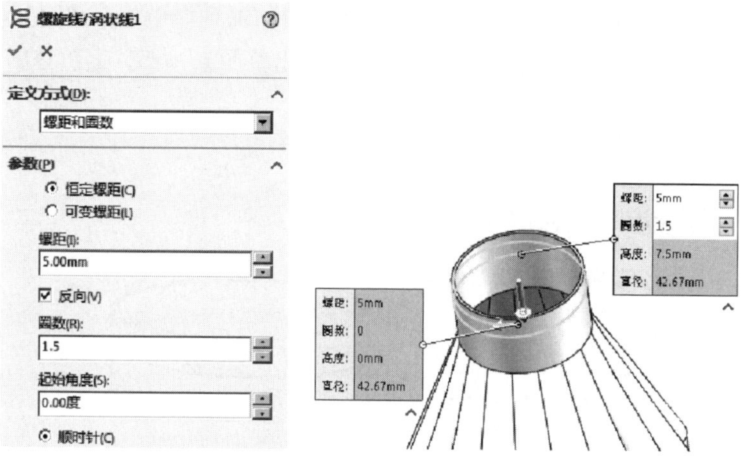

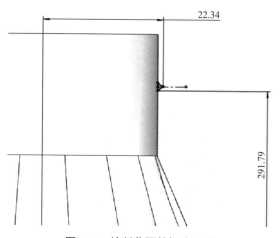

图3-33 建立螺旋线

图3-34 绘制草图并标注尺寸

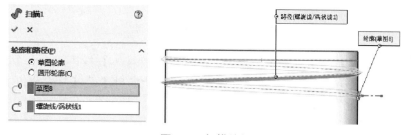

图3-35 扫描特征

Step05 单击【参考几何体】工具栏中的 ▣【基准面】按钮，弹出【基准面5】属性管理器。在【第一参考】中，在图形区域中选择面<1>，单击 ⭕【距离】按钮，在文本栏中输入13.00mm，如图3-36所示，在图形区域中显示出新建基准面的预览，单击 ✅【确定】按钮，生成基准面。

Step06 单击【特征管理器设计树】中的【前视基准面】图标，使其成为草图绘制平面。单击【标准视图】工具栏中的 ↧【正视于】按钮，并单击【草图】工具栏中的 🗁

【草图绘制】按钮，进入草图绘制状态。使用【草图】工具栏中的⊙【圆】、◆【智能尺寸】工具，绘制如图3-37所示的草图。单击⛶【退出草图】按钮，退出草图绘制状态。

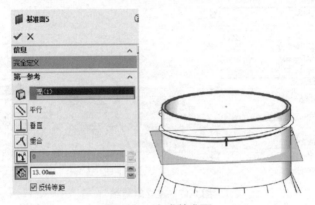

图3-36　生成基准面

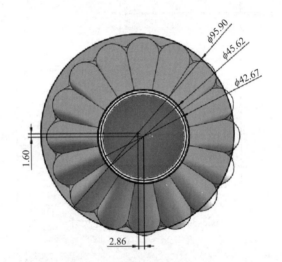

图3-37　绘制草图并标注尺寸

Step07　单击【特征】工具栏中的◈【拉伸凸台/基体】按钮，弹出【凸台-拉伸2】属性设置。在【方向1】选项组中，设置↗【终止条件】为【给定深度】，✿【深度】为1.00mm，单击✔【确定】按钮，生成拉伸特征，如图3-38所示。

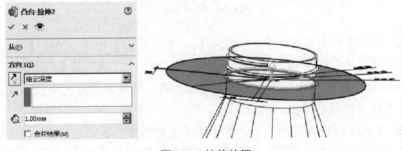

图3-38　拉伸特征

Step08 单击【特征管理器设计树】中的【前视基准面】图标，使其成为草图绘制平面。单击【标准视图】工具栏中的 ⚓【正视于】按钮，并单击【草图】工具栏中的 ✏【草图绘制】按钮，进入草图绘制状态。使用【草图】工具栏中的 ╱【直线】、✎【智能尺寸】工具，绘制如图3-39所示的草图。单击 ✏【退出草图】按钮，退出草图绘制状态。

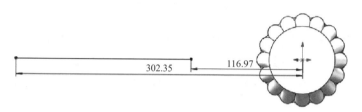

图3-39 绘制草图并标注尺寸

Step09 单击【特征管理器设计树】中的【前视基准面】图标，使其成为草图绘制平面。单击【标准视图】工具栏中的 ⚓【正视于】按钮，并单击【草图】工具栏中的 ✏【草图绘制】按钮，进入草图绘制状态。使用【草图】工具栏中的 ╱【直线】、╱【中心线】、🌀【圆弧】、✎【智能尺寸】工具，绘制如图3-40所示的草图。单击 ✏【退出草图】按钮，退出草图绘制状态。

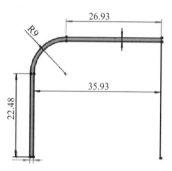

图3-40 绘制草图并标注尺寸

Step10 单击【特征】工具栏中的 🥟【旋转凸台/基体】按钮，弹出【旋转1】属性管理器。在【旋转参数】选项组中，单击 ╱【旋转轴】选择框，在图形区域中选择草图中的直线1，设置 ⬈【终止条件】为【给定深度】，🔄【角度】为360.00度，单击 ✅【确定】按钮，生成旋转特征，如图3-41所示。

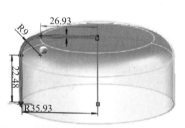

图3-41 生成旋转特征

Step11 单击【特征管理器设计树】中的【前视基准面】图标，使其成为草图绘制平面。单击【标准视图】工具栏中的 ⚓【正视于】按钮，并单击【草图】工具栏中的 ✏【草图绘制】按钮，进入草图绘制状态。使用【草图】工具栏中的 ╱【直线】、╱【中心线】、🌀【圆弧】、✎【智能尺寸】工具，绘制如图3-42所示的草图。单击 ✏【退出草图】按钮，退出草图绘制状态。

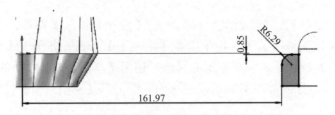

图3-42　绘制草图并标注尺寸

Step12　单击【特征】工具栏中的 🔲【拉伸凸台/基体】按钮，弹出【凸台-拉伸3】属性设置。在【方向1】选项组中，设置 ⬈【终止条件】为【两侧对称】，🔩【深度】为1.00mm，单击 ✅【确定】按钮，生成拉伸特征，如图3-43所示。

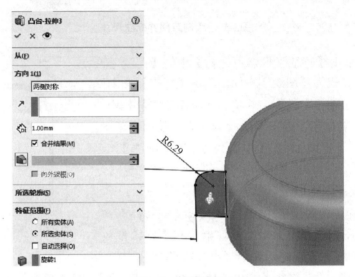

图3-43　拉伸特征

Step13　单击【特征管理器设计树】中的【前视基准面】图标，使其成为草图绘制平面。单击【标准视图】工具栏中的 ⊥【正视于】按钮，并单击【草图】工具栏中的 ⬒【草图绘制】按钮，进入草图绘制状态。使用【草图】工具栏中的 ⊙【圆】、⬎【智能尺寸】工具，绘制如图3-44所示的草图。单击 ⬒【退出草图】按钮，退出草图绘制状态。

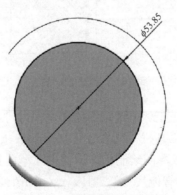

图3-44　绘制草图并标注尺寸

Step14 单击【特征】工具栏中的 📦【拉伸凸台/基体】按钮，弹出【凸台-拉伸 4】属性设置。在【方向1】选项组中，设置↗【终止条件】为【给定深度】，🔲【深度】为1.00mm，单击✅【确定】按钮，生成拉伸特征，如图3-45所示。

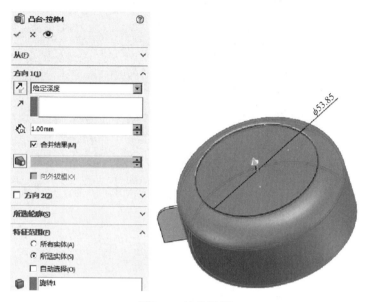

图3-45　拉伸特征

3.7　握力器范例

本实例将生成1个握力器模型，如图3-46所示。

图3-46　握力器模型

【建模思路分析】

① 弹簧部分形状复杂，要用扫描特征来实现。

② 两侧的把手部分是圆柱形，可以用拉伸特征来实现。

③ 把手上的凹坑用包覆阵列来实现。

④ 限位器部分用扫描特征来完成。如图3-47所示。

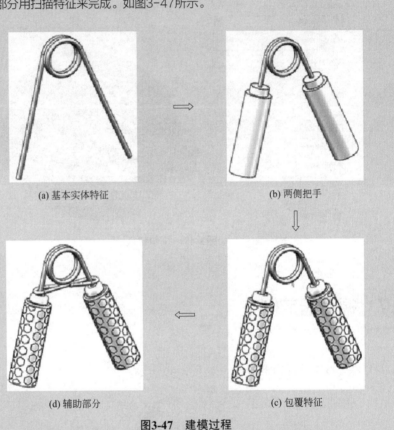

(a) 基本实体特征　　　　　　　　(b) 两侧把手

(d) 辅助部分　　　　　　　　(c) 包覆特征

图3-47　建模过程

【具体步骤】

3.7.1　主体部分

3.7.1　视频精讲

Step01　单击【特征管理器设计树】中的【前视基准面】图标，使其成为草图绘制平面。单击【标准视图】工具栏中的↓【正视于】按钮，并单击【草图】工具栏中的 ☐【草图绘制】按钮，进入草图绘制状态。使用【草图】工具栏中的 ◎【圆】、◇【智能尺寸】工具，绘制如图3-48所示的草图。单击 ☐【退出草图】按钮，退出草图绘制状态。

Step02　单击【插入】—【曲线】—【螺旋线/涡状线】按钮，弹出【螺旋线/涡状

线1】属性设置。在【定义方式】选项组中，选择【螺距
和圈数】；在【参数】选项组中，勾选【恒定螺距】，在
【螺距】中输入4.00mm，在【圈数】中输入2.4，设置【起
始角度】为161.00度，如图3-49所示。

Step03　单击【参考几何体】工具栏中的 📗【基准面】
按钮，弹出【基准面1】属性管理器。在【第一参考】中，
在图形区域中选择点<1>；在【第二参考】中，在图形区
域中选择边线<1>，如图3-50所示，在图形区域中显示出
新建基准面的预览，单击 ✅【确定】按钮，生成基准面。

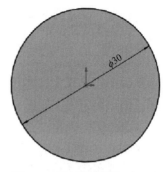

图3-48　绘制草图并标注尺寸

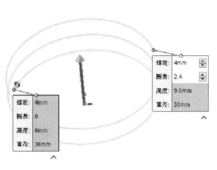

图3-49　建立螺旋线

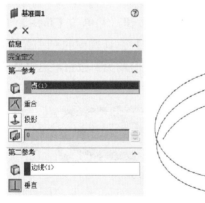
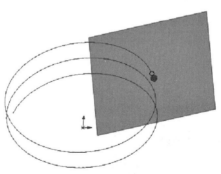

图3-50　生成基准面

Step04　单击新建立的基准面图标，使其成为草图绘制平面。单击【标准视图】工
具栏中的 ⊥【正视于】按钮，并单击【草图】工具栏中的 ╚【草图绘制】按钮，进入
草图绘制状态。使用【草图】工具栏中的 ⊙【圆】、 ◈【智能尺寸】工具，绘制如图
3-51所示的草图。单击 ╚【退出草图】按钮，退出草图绘制状态。

Step05　选择【插入】—【凸台/基体】—【扫描】菜单命令，弹出【扫描1】属

性管理器。在【轮廓和路径】选项组中，单击 🕸【轮廓】按钮，在图形区域中选择草图2，单击 ⚙【路径】按钮，在图形区域中选择草图中的螺旋线；在【选项】选项组中，设置【轮廓方位】为【随路径变化】，单击 ✅【确定】按钮，如图3-52所示。

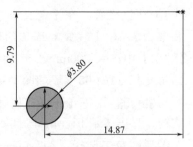

图3-51　绘制草图并标注尺寸

Step06　单击扫描特征的端面，使其成为草图绘制平面。单击【标准视图】工具栏中的 ↧【正视于】按钮，并单击【草图】工具栏中的 ⬚【草图绘制】按钮，进入草图绘制状态。使用【草图】工具栏中的 ⊙【圆】工具，绘制如图3-53所示的草图。单击 ⬚【退出草图】按钮，退出草图绘制状态。

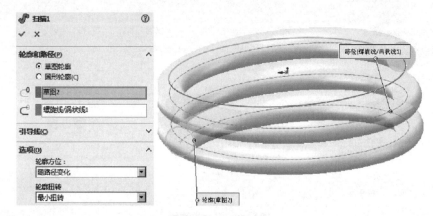

图3-52　扫描特征

Step07　单击【特征管理器设计树】中的【前视基准面】图标，使其成为草图绘制平面。单击【标准视图】工具栏中的 ↧【正视于】按钮，并单击【草图】工具栏中的 ⬚【草图绘制】按钮，进入草图绘制状态。使用【草图】工具栏中的 ✏【直线】、✎【智能尺寸】工具，绘制如图3-54所示的草图。单击 ⬚【退出草图】按钮，退出草图绘制状态。

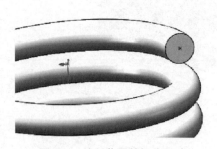

图3-53　绘制草图并标注尺寸

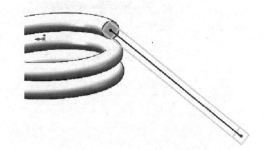

图3-54　绘制草图并标注尺寸

Step08　单击扫描特征的端面，使其成为草图绘制平面。单击【标准视图】工具栏中的 ↧【正视于】按钮，并单击【草图】工具栏中的 ⬚【草图绘制】按钮，进入草图绘制状态。使用【草图】工具栏中的 ⊙【圆】工具，绘制如图3-55所示的草图。单击 ⬚【退出草图】按钮，退出草图绘制状态。

Step09 选择【插入】—【凸台/基体】—【扫描】菜单命令，弹出【扫描2】属性管理器。在【轮廓和路径】选项组中，单击 ❈【轮廓】按钮，在图形区域中选择草图4，单击 ⌒【路径】按钮，在图形区域中选择3D草图1，单击 ✔【确定】按钮，如图3-56所示。

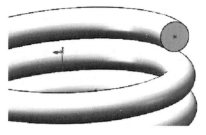

图3-55　绘制草图并标注尺寸

Step10 单击扫描特征的另一个端面，使其成为草图绘制平面。单击【标准视图】工具栏中的 ⊥【正视于】按钮，并单击【草图】工具栏中的 匚【草图绘制】按钮，进入草图绘制状态。使用【草图】工具栏中的 ⊙【圆】工具，绘制如图3-57所示的草图。单击 匚【退出草图】按钮，退出草图绘制状态。

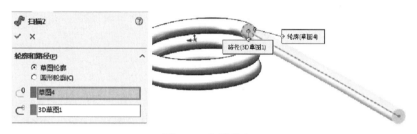

图3-56　扫描特征

Step11 单击【特征管理器设计树】中的【前视基准面】图标，使其成为草图绘制平面。单击【标准视图】工具栏中的 ⊥【正视于】按钮，并单击【草图】工具栏中的 匚【草图绘制】按钮，进入草图绘制状态。使用【草图】工具栏中的 ╱【直线】、⎙【智能尺寸】工具，绘制如图3-58所示的草图。单击 匚【退出草图】按钮，退出草图绘制状态。

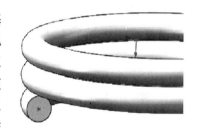

图3-57　绘制草图并标注尺寸

Step12 单击扫描特征的另一个端面，使其成为草图绘制平面。单击【标准视图】工具栏中的 ⊥【正视于】按钮，并单击【草图】工具栏中的 匚【草图绘制】按钮，进入草图绘制状态。使用【草图】工具栏中的 ⊙【圆】、工具，绘制如图3-59所示的草图。单击 匚【退出草图】按钮，退出草图绘制状态。

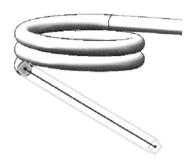

图3-58　绘制草图并标注尺寸

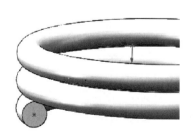

图3-59　绘制草图并标注尺寸

Step13 选择【插入】—【凸台/基体】—【扫描】菜单命令，弹出【扫描3】属性管理器。在【轮廓和路径】选项组中，单击 💍 【轮廓】按钮，在图形区域中选择草图6，单击 ⌒ 【路径】按钮，在图形区域中选择3D草图2；在【选项】选项组中，设置【轮廓方位】为【随路径变化】，单击 ✅ 【确定】按钮，如图3-60所示。

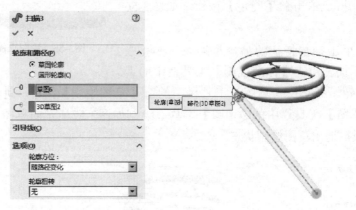

图3-60　扫描特征

Step14 单击刚刚生成的扫描特征的端面，使其成为草图绘制平面。单击【标准视图】工具栏中的 ↓ 【正视于】按钮，并单击【草图】工具栏中的 🖉 【草图绘制】按钮，进入草图绘制状态。使用【草图】工具栏中的 ⊙ 【圆】、✎ 【智能尺寸】工具，绘制如图3-61所示的草图。单击 🖉 【退出草图】按钮，退出草图绘制状态。

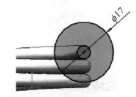

图3-61　绘制草图并标注尺寸

Step15 单击【特征】工具栏中的 📄 【凸台-拉伸】按钮，弹出【凸台-拉伸1】属性设置。在【方向1】选项组中，设置 ⤢ 【终止条件】为【给定深度】，🖹 【深度】为2.50mm；在【方向2】选项组中，设置 ⤢ 【终止条件】为【给定深度】，🖹 【深度】为76.00mm，单击 ✅ 【确定】按钮，生成拉伸特征，如图3-62所示。

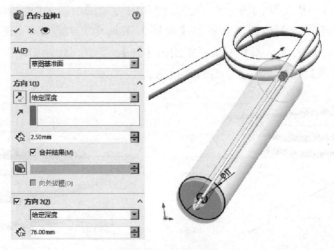

图3-62　拉伸特征

Step16 单击握力器钢筋的另一个端面,使其成为草图绘制平面。单击【标准视图】工具栏中的 ⊥ 【正视于】按钮,并单击【草图】工具栏中的 ← 【草图绘制】按钮,进入草图绘制状态。使用【草图】工具栏中的 ⊙ 【圆】、← 【智能尺寸】工具,绘制如图3-63所示的草图。单击 ← 【退出草图】按钮,退出草图绘制状态。

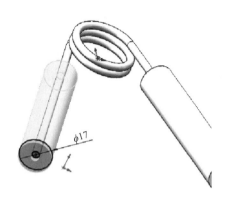

图3-63 绘制草图并标注尺寸

Step17 单击【特征】工具栏中的 ⚙ 【凸台-拉伸】按钮,弹出【凸台-拉伸2】属性设置。在【方向1】选项组中,设置 ⬈ 【终止条件】为【给定深度】, ⚙ 【深度】为2.50mm;在【方向2】选项组中,设置 ⬈ 【终止条件】为【给定深度】, ⚙ 【深度】为76.00mm,单击 ✔ 【确定】按钮,生成拉伸特征,如图3-64所示。

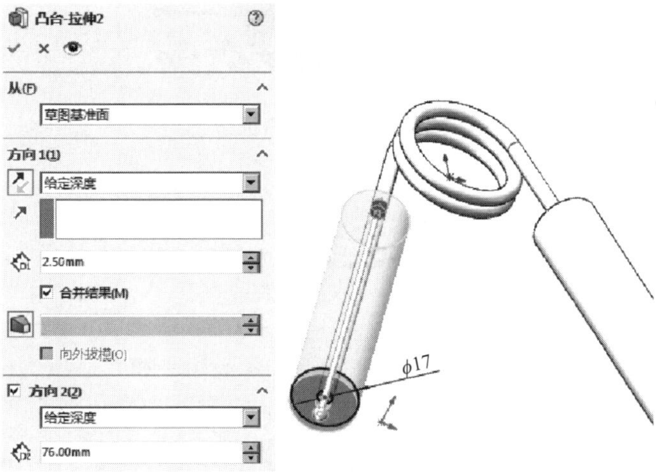

图3-64 拉伸特征

Step18 单击拉伸特征的端面,使其成为草图绘制平面。单击【标准视图】工具栏中的 ⊥ 【正视于】按钮,并单击【草图】工具栏中的 ← 【草图绘制】按钮,进入草图绘制状态。使用【草图】工具栏中的 ⊙ 【圆】、← 【智能尺寸】工具,绘制如图3-65所示的草图。单击 ← 【退出草图】按钮,退出草图绘制状态。

Step19 单击【特征】工具栏中的 ⚙ 【凸台-拉伸3】按钮,弹出【凸台-拉伸3】属性设置。在【方向1】选项组中,设置 ⬈ 【终止条件】为【给定深度】, ⚙ 【深度】

为2.00mm；在【方向2】选项组中，设置 🗺 【终止条件】为【到离指定面指定的距离】，🔧 【深度】为7.00mm，单击 ✅ 【确定】按钮，生成拉伸特征，如图3-66所示。

Step20 单击握力器另一个圆柱的端面，使其成为草图绘制平面。单击【标准视图】工具栏中的 📐 【正视于】按钮，并单击【草图】工具栏中的 🖊 【草图绘制】按钮，进入草图绘制状态。使用【草图】工具栏中的 ⊙ 【圆】、✐ 【智能尺寸】工具，绘制如图3-67所示的草图。单击 🖊 【退出草图】按钮，退出草图绘制状态。

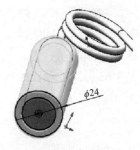

图3-65 绘制草图并标注尺寸

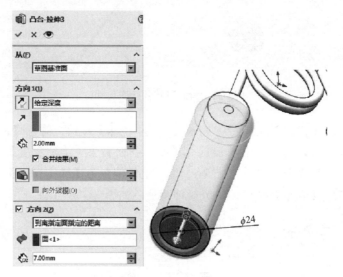

图3-66 拉伸特征

图3-67 绘制草图并标注尺寸

Step21 单击【特征】工具栏中的 🗂 【凸台-拉伸】按钮，弹出【凸台-拉伸4】属性设置。在【方向1】选项组中，设置 🗺 【终止条件】为【给定深度】，🔧 【深度】为2.00mm；在【方向2】选项组中，设置 🗺 【终止条件】为【到离指定面指定的距离】，🔧 【深度】为7.00mm，单击 ✅ 【确定】按钮，生成拉伸特征，如图3-68所示。

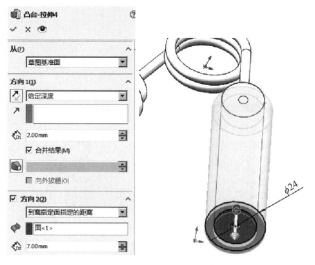

图3-68　拉伸特征

3.7.2　辅助部分

3.7.2　视频精讲

Step01　单击【特征】工具栏中的 ⓟ【圆角】按钮，弹出【圆角1】属性管理器。在【要圆角化的项目】选项组中，单击 ⓘ【边线、面、特征和环】选择框，在图形区域中选择模型的2条边线，设置 ⌐ ⌐【到侧边】为4.00mm， ⌐ ⌐【到顶边】为6.50mm，单击 ✅【确定】按钮，生成圆角特征，如图3-69所示。

图3-69　生成圆角特征

Step02　单击【特征】工具栏中的 ⓟ【圆角】按钮，弹出【圆角2】属性管理器。在【要圆角化的项目】选项组中，单击 ⓘ【边线、面、特征和环】选择框，在图形区域中选择模型的2条边线，设置 ⌐【半径】为1.50mm，单击 ✅【确定】按钮，生成圆角特征，如图3-70所示。

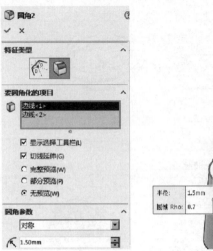
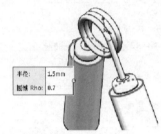

图3-70　生成圆角特征

Step03　单击【参考几何体】工具栏中的 ⬚【基准面】按钮，弹出【基准面2】属性管理器。在【第一参考】中，在图形区域中选择面<1>；在【第二参考】中，在图形区域中选择点<1>，如图3-71所示，在图形区域中显示出新建基准面的预览，单击 ✅【确定】按钮，生成基准面。

Step04　单击新建立的基准面图标，使其成为草图绘制平面。单击【标准视图】工具栏中的 ⬚【正视于】按钮，并单击【草图】工具栏中的 ⬚【草图绘制】按钮，进入草图绘制状态。使用【草图】工具栏中的 ⬚【多边形】、⬚【中心线】、⬚【智能尺寸】工具，绘制如图3-72所示的草图。单击 ⬚【退出草图】按钮，退出草图绘制状态。

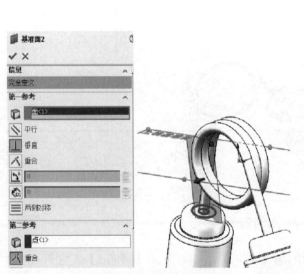

图3-71　生成基准面　　　　　　　　图3-72　绘制草图并标注尺寸

Step05　单击【插入】—【特征】—【包覆】菜单命令，弹出【包覆1】属性管理器。

单击 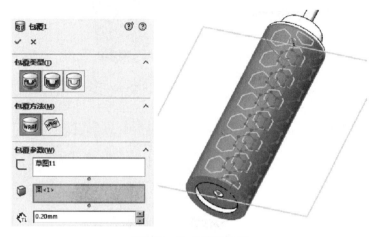【浮雕】按钮，在【包覆参数】选项组中，在 【要包覆的面】中选择模型的外表面，在 【源草图】中选择"草图11"，设置 【厚度】为0.20mm，单击 【确定】按钮，生成包覆特征，如图3-73所示。

图3-73　生成包覆特征

Step06　单击【特征】工具栏中的 【阵列（圆周）】按钮，弹出【阵列（圆周）1】属性管理器。在【方向1】选项组中，单击 【阵列轴】选择框，选择边线<1>，设置 【实例数】为4，勾选【等间距】选项；在【特征和面】选项组中，单击 【要阵列的特征】选择框，在图形区域中选择包覆1，单击 【确定】按钮，生成特征圆周阵列，如图3-74所示。

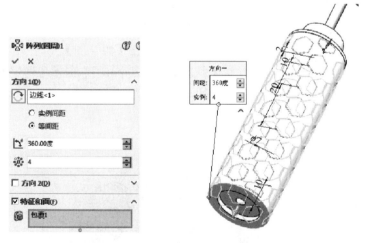

图3-74　生成特征圆周阵列

Step07　单击【参考几何体】工具栏中的 【基准面】按钮，弹出【基准面3】属性管理器。在【第一参考】中，在图形区域中选择面<1>；在【第二参考】中，在图形区域中选择点<1>，如图3-75所示，在图形区域中显示出新建基准面的预览，单击 【确定】按钮，生成基准面。

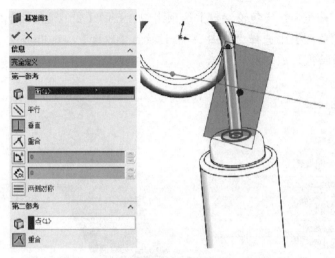

图3-75　生成基准面

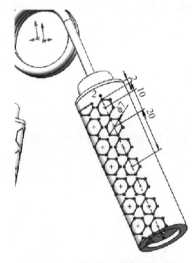

图3-76　绘制草图并标注尺寸

Step08 单击【特征管理器设计树】中的【前视基准面】图标，使其成为草图绘制平面。单击【标准视图】工具栏中的 ↓【正视于】按钮，并单击【草图】工具栏中的 ⌒【草图绘制】按钮，进入草图绘制状态。使用【草图】工具栏中的 ⊙【多边形】、 ⁄【中心线】、 ⬈【智能尺寸】工具，绘制如图3-76所示的草图。单击 ⌒【退出草图】按钮，退出草图绘制状态。

Step09 单击【插入】—【特征】—【包覆】菜单命令，弹出【包覆2】属性管理器。单击 ◙【浮雕】按钮，在【包覆参数】选项组中，在 ⬡【要包覆的面】中选择面<1>，在 ⌒【源草图】中选择"草图12"，设置 ⬈【厚度】为0.20mm，单击 ✓【确定】按钮，生成包覆特征，如图3-77所示。

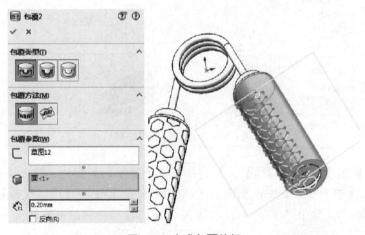

图3-77　生成包覆特征

Step10 单击【特征】工具栏中的 ✿【阵列（圆周）】按钮，弹出【阵列（圆周）2】属性管理器。在【方向1】选项组中，单击 🔄【阵列轴】选择框，选择边线<1>，设置 ✷【实例数】为4，勾选【等间距】选项；在【特征和面】选项组中，单击 🔘【要阵列的特征】选择框，在图形区域中选择包覆2，单击 ✅【确定】按钮，生成特征圆周阵列，如图3-78所示。

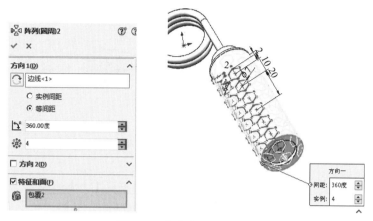

图3-78　生成特征圆周阵列

Step11 单击【参考几何体】工具栏中的 🔲【基准面】按钮，弹出【基准面4】属性管理器。在【第一参考】中，在图形区域中选择上视基准面，单击 🔷【距离】按钮，在文本栏中输入19.00mm，如图3-79所示，在图形区域中显示出新建基准面的预览，单击 ✅【确定】按钮，生成基准面。

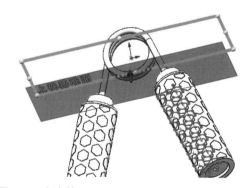

图3-79　生成基准面

Step12 单击【特征管理器设计树】中的【前视基准面】图标，使其成为草图绘制平面。单击【标准视图】工具栏中的 ⤵【正视于】按钮，并单击【草图】工具栏中的 🖉【草图绘制】按钮，进入草图绘制状态。使用【草图】工具栏中的 ✏【直线】、🗘【圆弧】、◈【智能尺寸】工具，绘制如图3-80所示的草图。单击 🗗【退出草图】按钮，退出草图绘制状态。

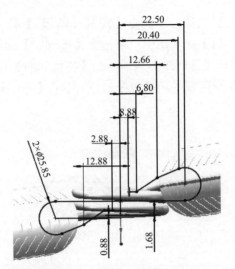

图3-80　绘制草图并标注尺寸

Step13　单击【参考几何体】工具栏中的 📄【基准面】按钮，弹出【基准面5】属性管理器。在【第一参考】中，在图形区域中选择点23@草图13；在【第二参考】中，在图形区域中选择直线12@草图13，如图3-81所示，在图形区域中显示出新建基准面的预览，单击 ✅【确定】按钮，生成基准面。

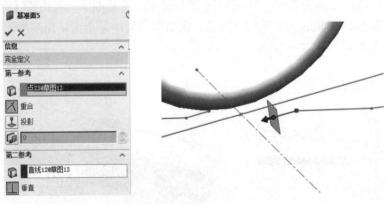

图3-81　生成基准面

Step14　单击新建的基准面图标，使其成为草图绘制平面。单击【标准视图】工具栏中的 ↓【正视于】按钮，并单击【草图】工具栏中的 ◌【草图绘制】按钮，进入草图绘制状态。使用【草图】工具栏中的 ⊙【圆】、 ✍【智能尺寸】工具，绘制如图3-82所示的草图。单击 ◌【退出草图】按钮，退出草图绘制状态。

Step15　选择【插入】—【凸台/基体】—【扫描】菜单命令，弹出【扫描4】属性管理器。在【轮廓和路径】选项组中，单击 ◌【轮廓】按钮，在图形区域中选择草图14，单击 ◌【路径】按钮，在图形区域中选择草图13，单击 ✅【确定】按钮，如图3-83所示。

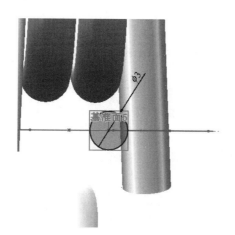

图3-82 绘制草图并标注尺寸

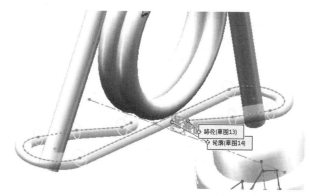

图3-83 扫描特征

3.8 收纳盆范例

本实例将生成1个收纳盆模型，如图3-84所示。

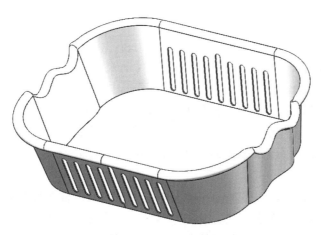

图3-84 收纳盆模型

【建模思路分析】

① 收纳盆各边基本一致，要用扫描特征来实现。

② 孔的部分可以用切除特征来实现。

③ 多孔的部分用线性阵列来实现。

④ 两侧把手部分结构复杂，可以用变形特征来完成。如图3-85所示。

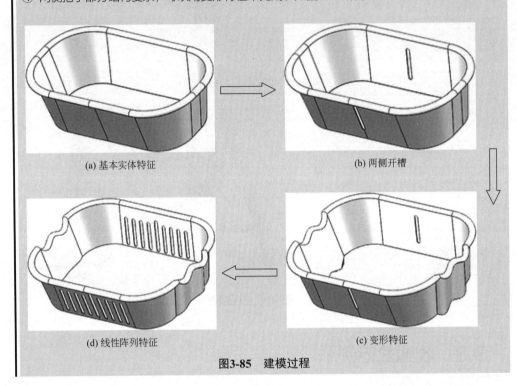

(a) 基本实体特征　　　　　　　　　　(b) 两侧开槽

(d) 线性阵列特征　　　　　　　　　　(c) 变形特征

图3-85　建模过程

【具体步骤】

3.8.1　主体部分

3.8.1　视频精讲

Step01 单击【特征管理器设计树】中的【前视基准面】图标，使其成为草图绘制平面。单击【标准视图】工具栏中的 ⊥【正视于】按钮，并单击【草图】工具栏中的 ⬁【草图绘制】按钮，进入草图绘制状态。使用【草图】工具栏中的 ⁄【直线】、 ⁄【中心线】、 ⬗【圆弧】、 ⬤【智能尺寸】工具，绘制如图3-86所示的草图。单击 ⬁【退出草图】按钮，退出草图绘制状态。

Step02 单击【特征管理器设计树】中的【前视基准面】图标，使其成为草图绘制平面。单击【标准视图】工具栏中的 ⊥【正视于】按钮，并单击【草图】工具栏中的 ⬁【草图绘制】按钮，进入草图绘制状态。使用【草图】工具栏中的 ⁄【直线】、 ⬗

【圆弧】、 【中心线】、 【智能尺寸】工具，绘制如图3-87所示的草图。单击 【退出草图】按钮，退出草图绘制状态。

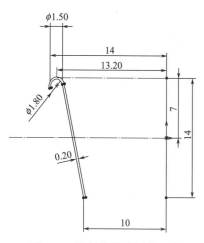

图3-86　绘制草图并标注尺寸

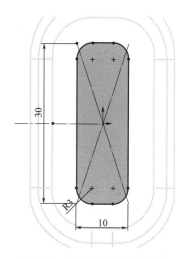

图3-87　绘制草图并标注尺寸

Step03 选择【插入】—【凸台/基体】—【扫描】菜单命令，弹出【扫描1】属性管理器。在【轮廓和路径】选项组中，单击 【轮廓】按钮，在图形区域中选择草图1，单击 【路径】按钮，在图形区域中选择草图2，单击 【确定】按钮，如图3-88所示。

图3-88　扫描特征

Step04 单击【特征管理器设计树】中的【前视基准面】图标，使其成为草图绘制平面。单击【标准视图】工具栏中的 【正视于】按钮，并单击【草图】工具栏中的 【草图绘制】按钮，进入草图绘制状态。使用【草图】工具栏中的 【槽口】、 【智能尺寸】工具，绘制如图3-89所示的草图。单击 【退出草图】按钮，退出草图绘制状态。

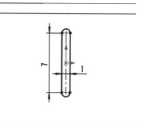

图3-89　绘制草图并标注尺寸

Step05 单击【特征】工具栏中的 【切除-拉伸】按钮，弹出【切除-拉伸1】属性管理器。在【方向1】选项组中，设置【终止条件】为【两侧对称】，单击 【确定】按钮，生成拉伸切除特征，如图3-90所示。

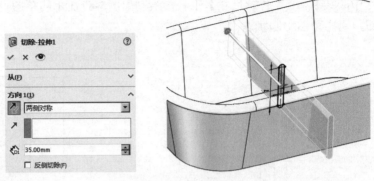

图3-90 拉伸切除特征

Step06 单击【参考几何体】工具栏中的 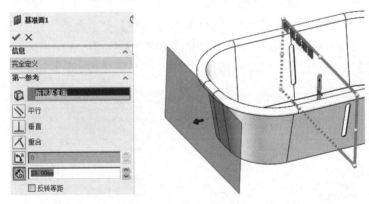 【基准面】按钮，弹出【基准面1】属性管理器。在【第一参考】中，在图形区域中选择前视基准面，单击 【距离】按钮，在文本栏中输入25.00mm，如图3-91所示，在图形区域中显示出新建基准面的预览，单击 【确定】按钮，生成基准面。

图3-91 生成基准面

Step07 单击【特征管理器设计树】中的【前视基准面】图标，使其成为草图绘制平面。单击【标准视图】工具栏中的 【正视于】按钮，并单击【草图】工具栏中的 【草图绘制】按钮，进入草图绘制状态。使用【草图】工具栏中的 【直线】、 【中心线】、 【智能尺寸】工具，绘制如图3-92所示的草图。单击 【退出草图】按钮，退出草图绘制状态。

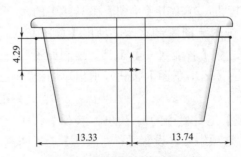

图3-92 绘制草图并标注尺寸

Step08 单击【参考几何体】工具栏中的 【基准面】按钮，弹出【基准面2】属性管理器。在【第一参考】中，在图形区域中选择直线1@草图10；在【第二参考】中，在图形区域中选择基准面1，如图3-93所示，在图形区域中显示出新建基准面的预览，单击 ✅【确定】按钮，生成基准面。

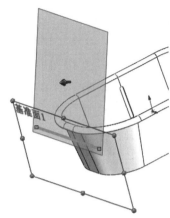

图3-93　生成基准面

3.8.2　辅助部分

Step01 单击【特征管理器设计树】中的【前视基准面】图标，使其成为草图绘制平面。单击【标准视图】工具栏中的 ⬆【正视于】按钮，并单击【草图】工具栏中的 🖉【草图绘制】按钮，进入草图绘制状态。使用【草图】工具栏中的 Ｎ【样条曲线】、✦【智能尺寸】工具，绘制如图3-94所示的草图。单击 🖉【退出草图】按钮，退出草图绘制状态。

3.8.2　视频精讲

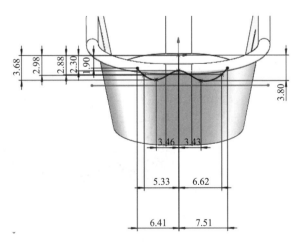

图3-94　绘制草图并标注尺寸

Step02　单击【特征】工具栏中的 【变形】按钮，弹出【变形1】属性管理器。在【变形类型】选项组中勾选【曲线到曲线】选项，在 【初始曲线】中选择边线<1>，在 【目标曲线】中选择样条曲线1@草图11，单击 【确定】按钮，生成变形特征，如图3-95所示。

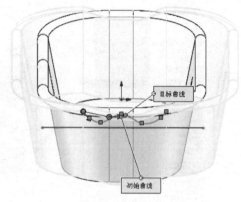

图3-95　变形特征

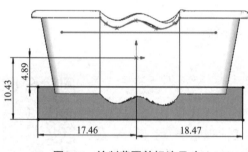

图3-96　绘制草图并标注尺寸

Step03　单击【特征管理器设计树】中的【前视基准面】图标，使其成为草图绘制平面。单击【标准视图】工具栏中的 【正视于】按钮，并单击【草图】工具栏中的 【草图绘制】按钮，进入草图绘制状态。使用【草图】工具栏中的 【直线】、 【中心线】、 【智能尺寸】工具，绘制如图3-96所示的草图。单击 【退出草图】按钮，退出草图绘制状态。

Step04　单击【特征】工具栏中的 【切除-拉伸】按钮，弹出【切除-拉伸5】属性管理器。在【方向1】选项组中，设置【终止条件】为【两侧对称】， 【深度】为100.00mm，单击 【确定】按钮，生成拉伸切除特征，如图3-97所示。

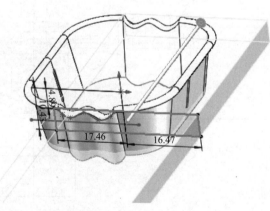

图3-97　拉伸切除特征

Step05 单击【特征管理器设计树】中的【前视基准面】图标，使其成为草图绘制平面。单击【标准视图】工具栏中的 ⊥【正视于】按钮，并单击【草图】工具栏中的 ⏢【草图绘制】按钮，进入草图绘制状态。使用【草图】工具栏中的 ⬡【转换实体引用】，绘制如图3-98所示的草图。单击 ⏢【退出草图】按钮，退出草图绘制状态。

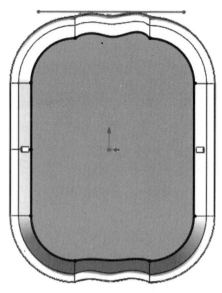

图3-98　绘制草图并标注尺寸

Step06 单击【特征】工具栏中的 ⬚【凸台-拉伸】按钮，弹出【凸台-拉伸1】属性设置。在【方向1】选项组中，设置 ↗【终止条件】为【给定深度】，⬚【深度】为0.50mm，单击 ✅【确定】按钮，生成拉伸特征，如图3-99所示。

 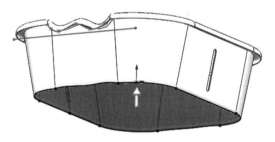

图3-99　拉伸特征

Step07 单击【特征】工具栏中的 ⬚【阵列（线性）】按钮，【属性管理器】中弹出【阵列（线性）1】属性管理器。在【方向1】选项组中，【阵列方向】选择边线<1>，设置 ⬚【间距】为2.50mm，设置 ⬚【实例数】为5。在【方向2】选项组中，【阵列方向】选择边线<2>，设置 ⬚【间距】为2.50mm，设置 ⬚【实例数】为5。在 ⬚【要阵列的特征】选项组中，选择切除-拉伸1。单击 ✅【确定】按钮，生成线性阵列特征。如图3-100所示。

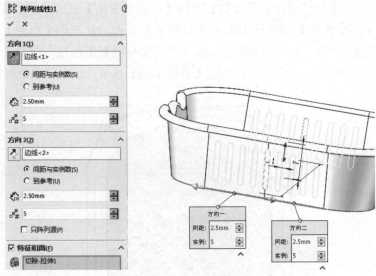

图3-100　线性阵列特征

3.9　纸篓范例

本实例将生成1个纸篓模型，如图3-101所示。

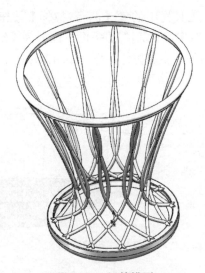

图3-101　纸篓模型

【建模思路分析】

① 纸篓模型是轴对称结构，要用圆周阵列特征来实现。

② 中间的筋部分截面尺寸一致，可以用扫描特征来实现。

③ 底部形状是轴对称结构，用旋转阵列来实现。

④ 顶部形状简单用拉伸旋转特征来完成。如图3-102所示。

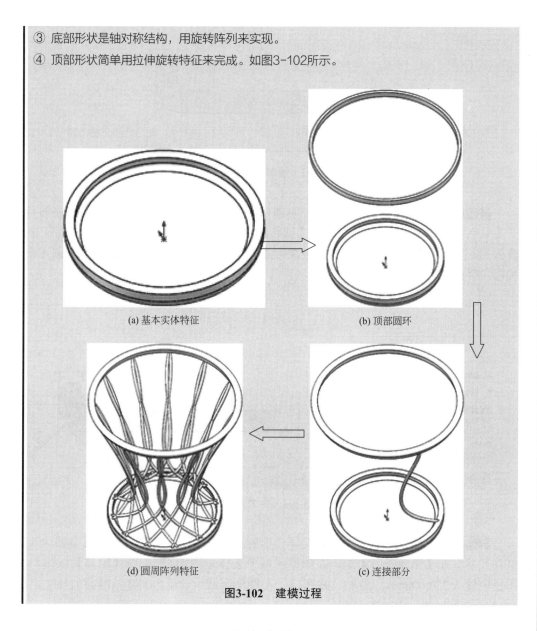

(a) 基本实体特征

(b) 顶部圆环

(d) 圆周阵列特征

(c) 连接部分

图3-102　建模过程

────── 【具体步骤】 ──────

3.9.1　上下部分

Step01　单击【特征管理器设计树】中的【前视基准面】图标，使其成为草图绘制平面。单击【标准视图】工具栏中的⊥【正视于】按钮，并单击【草图】工具栏中的📇【草图绘制】按钮，进入草图绘制状态。使用【草图】工具栏中的✏【直线】、🖊【圆弧】、📐【智能尺寸】工具，绘制如图3-103所示的草图。单击📇【退出草图】按钮，退出草图绘制状态。

3.9.1　视频精讲

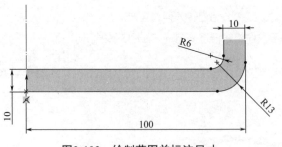

图3-103　绘制草图并标注尺寸

Step02　单击【特征】工具栏中的 🍥【旋转】按钮，弹出【旋转1】属性管理器。在【旋转参数】选项组中，单击 ╱【旋转轴】选择框，在图形区域中选择草图中的直线9，设置 ⊘【终止条件】为【给定深度】，⊾【角度】为360.00度，单击 ✅【确定】按钮，生成旋转特征，如图3-104所示。

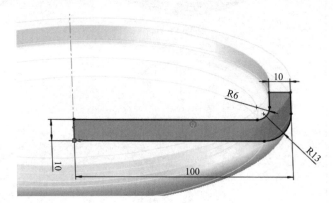

图3-104　生成旋转特征

Step03　单击【参考几何体】工具栏中的 ▥【基准面】按钮，弹出【基准面1】属性管理器。在【第一参考】中，在图形区域中选择面<1>，单击 ◈【距离】按钮，在文本栏中输入250.00mm，如图3-105所示，在图形区域中显示出新建基准面的预览，单击 ✅【确定】按钮，生成基准面。

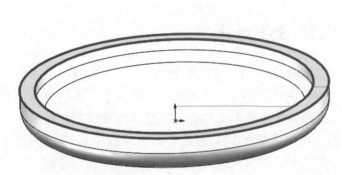

图3-105　生成基准面

Step04 单击【特征管理器设计树】中的【前视基准面】图标，使其成为草图绘制平面。单击【标准视图】工具栏中的 ⊥【正视于】按钮，并单击【草图】工具栏中的 ⊡【草图绘制】按钮，进入草图绘制状态。使用【草图】工具栏中的 ⊙【圆】、✎【智能尺寸】工具，绘制如图3-106所示的草图。单击 ⊡【退出草图】按钮，退出草图绘制状态。

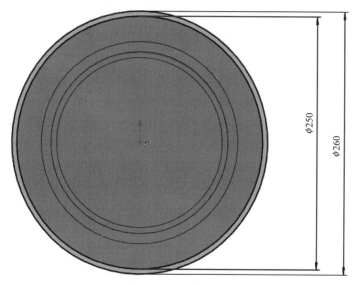

图3-106　绘制草图并标注尺寸

Step05 单击【特征】工具栏中的 ⬚【凸台-拉伸】按钮，弹出【凸台-拉伸1】属性设置。在【方向1】选项组中，设置 ↗【终止条件】为【给定深度】，⬚【深度】为10.00mm，单击 ✅【确定】按钮，生成拉伸特征，如图3-107所示。

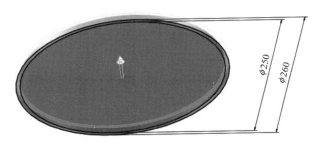

图3-107　拉伸特征

Step06 单击【特征管理器设计树】中的【前视基准面】图标，使其成为草图绘制平面。单击【标准视图】工具栏中的 ⊥【正视于】按钮，并单击【草图】工具栏中的 ⊡【草图绘制】按钮，进入草图绘制状态。使用【草图】工具栏中的 ✎【直线】、👁【圆弧】、✎【智能尺寸】工具，绘制如图3-108所示的草图。单击 ⊡【退出草图】按钮，退出草图绘制状态。

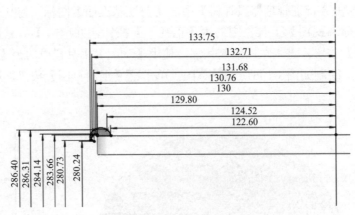

图3-108　绘制草图并标注尺寸

Step07　单击【特征】工具栏中的 ❷【旋转】按钮，弹出【旋转2】属性管理器。在【旋转参数】选项组中，单击 ∕【旋转轴】选择框，在图形区域中选择草图中的直线9，设置 ⓖ【终止条件】为【给定深度】，⚓【角度】为360.00度，单击 ✔【确定】按钮，生成旋转特征，如图3-109所示。

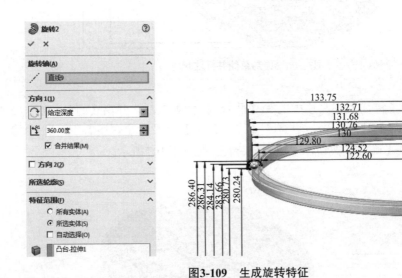

图3-109　生成旋转特征

3.9.2　中间连接部分

3.9.2　视频精讲

Step01　单击【特征管理器设计树】中的【前视基准面】图标，使其成为草图绘制平面。单击【标准视图】工具栏中的 ⊥【正视于】按钮，并单击【草图】工具栏中的 ✎【草图绘制】按钮，进入草图绘制状态。使用【草图】工具栏中的 ⊙【圆】、✎【智能尺寸】工具，绘制如图3-110所示的草图。单击 ✎【退出草图】按钮，退出草图绘制状态。

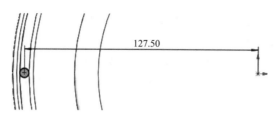

图3-110　绘制草图并标注尺寸

Step02　单击【草图】工具栏中的 🆔【3D草图】按钮，进入草图绘制状态。使用【草图】工具栏中的 ✏【直线】、✒【中心线】、✎【智能尺寸】工具，绘制如图3-111所示的草图。单击 🗂【退出草图】按钮，退出草图绘制状态。

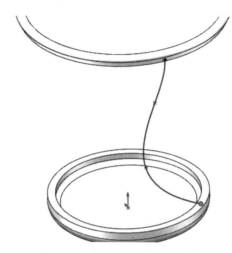

图3-111　绘制草图并标注尺寸

Step03　选择【插入】—【凸台/基体】—【扫描】菜单命令，弹出【扫描1】属性管理器。在【轮廓和路径】选项组中，单击 ℃【轮廓】按钮，在图形区域中选择草图4，单击 ℃【路径】按钮，在图形区域中选择3D草图3，【选项】选项组中，设置【轮廓方位】为【随路径变化】，单击 ✅【确定】按钮，如图3-112所示。

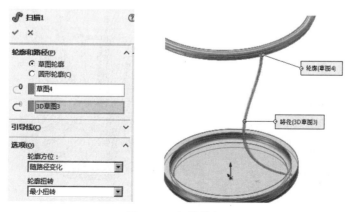

图3-112　扫描特征

Step04 单击【特征】工具栏中的 【阵列（圆周）】按钮，弹出【阵列（圆周）1】属性管理器。在【方向1】选项组中，单击 【阵列轴】选择框，选择边线<1>，设置 【实例数】为12，选择【等间距】选项；在【特征和面】选项组中，单击 【要阵列的特征】选择框，在图形区域中选择扫描1，单击 【确定】按钮，生成特征圆周阵列，如图3-113所示。

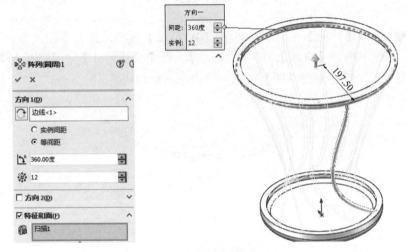

图3-113　生成特征圆周阵列

Step05 单击【特征】工具栏中的 【镜向】按钮，弹出【镜向1】属性管理器。在【镜向面/基准面】选项组中，单击 【镜向面/基准面】选择框，在绘图区中选择前视基准面；在【要镜向的特征】选项组中，单击 【要镜向的特征】选择框，在绘图区中选择陈列（圆周）1，单击 【确定】按钮，生成镜向特征，如图3-114所示。

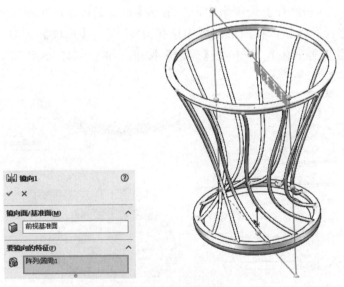

图3-114　生成镜向特征

Step06 单击【特征】工具栏中的 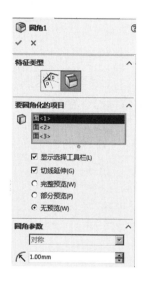【圆角】按钮，弹出【圆角1】属性管理器。在【圆角项目】选项组中，单击 【边线、面、特征和环】选择框，在图形区域中选择模型的3个面，设置 【半径】为1.00mm，单击 【确定】按钮，生成圆角特征，如图3-115所示。

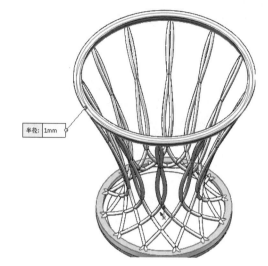

图3-115　生成圆角特征

3.10　方向盘范例

本实例将生成1个方向盘模型，如图3-116所示。

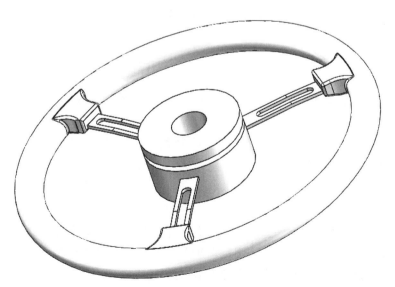

图3-116　方向盘模型

【建模思路分析】

① 外圈圆环部分截面尺寸一致，要用旋转特征来实现。

② 圆环内侧突起的部分可以用拉伸和切除特征来实现。

③ 中间的连接部分是轴对称结构，用圆周阵列来实现。如图3-117所示。

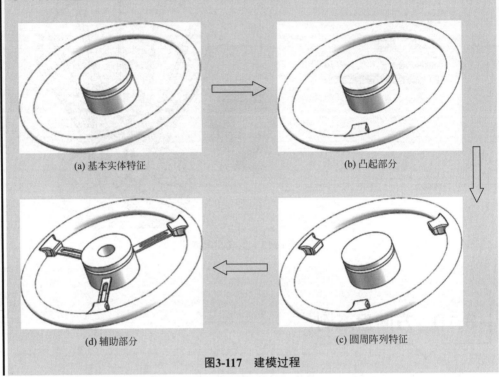

(a) 基本实体特征　　　　　　　　　　　　　　(b) 凸起部分

(d) 辅助部分　　　　　　　　　　　　　　　(c) 圆周阵列特征

图3-117　建模过程

【具体步骤】

3.10.1　外圆部分

Step01　单击【特征管理器设计树】中的【前视基准面】图标，使其成为草图绘制平面。单击【标准视图】工具栏中的 ⊥【正视于】按钮，并单击【草图】工具栏中的 ⎐【草图绘制】按钮，进入草图绘制状态。使用【草图】工具栏中的 ╱【直线】、⊙【圆】、⌒【圆弧】、☜【智能尺寸】工具，绘制如图3-118所示的草图。单击 ⎐【退出草图】按钮，退出草图绘制状态。

3.10.1　视频精讲

Step02　单击【特征】工具栏中的 ◈【旋转】按钮，弹出【旋转1】属性管理器。在【旋转参数】选项组中，单击 ╱【旋转轴】选择框，在图形区域中选择草图中的直线16，设置 ◷【终止条件】为【给定深度】，➣【角度】为360.00度，单击 ✓【确定】按钮，生成旋转特征，如图3-119所示。

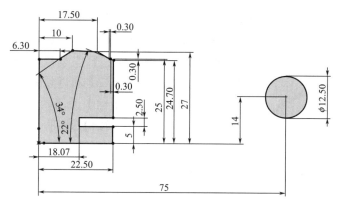

图3-118　绘制草图并标注尺寸

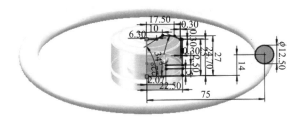

图3-119　生成旋转特征

Step03　单击【参考几何体】工具栏中的 ⬛【基准面】按钮，弹出【基准面2】属性管理器。在【第一参考】中，在图形区域中选择面<1>；在【第二参考】中，在图形区域中选择面<2>，如图3-120所示，在图形区域中显示出新建基准面的预览，单击 ✅【确定】按钮，生成基准面。

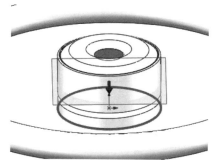

图3-120　生成基准面

Step04　单击【特征管理器设计树】中的【前视基准面】图标，使其成为草图绘制平面。单击【标准视图】工具栏中的 ⊥【正视于】按钮，并单击【草图】工具栏中的 ▤【草图绘制】按钮，进入草图绘制状态。使用【草图】工具栏中的 ╱【直线】、🖍

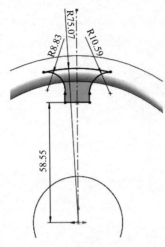

图3-121 绘制草图并标注尺寸

【圆弧】、 【智能尺寸】工具，绘制如图3-121所示的草图。单击 【退出草图】按钮，退出草图绘制状态。

Step05 单击【特征】工具栏中的 【凸台-拉伸】按钮，弹出【凸台-拉伸2】属性设置。在【方向1】选项组中，设置 【终止条件】为【两侧对称】， 【深度】为9.00mm，单击 【确定】按钮，生成拉伸特征，如图3-122所示。

Step06 单击【特征管理器设计树】中的【前视基准面】图标，使其成为草图绘制平面。单击【标准视图】工具栏中的 【正视于】按钮，并单击【草图】工具栏中的 【草图绘制】按钮，进入草图绘制状态。使用【草图】工具栏中的 【直线】、 【智能尺寸】工具，绘制如图3-123所示的草图。单击 【退出草图】按钮，退出草图绘制状态。

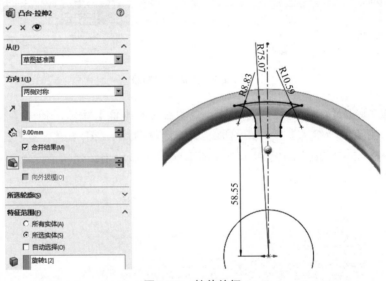

图3-122 拉伸特征

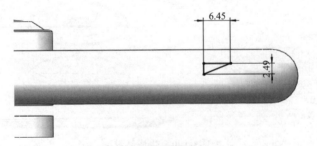

图3-123 绘制草图并标注尺寸

Step07 单击【特征】工具栏中的 【切除-拉伸】按钮，弹出【切除-拉伸2】属性管理器。在【方向1】选项组中，设置 【终止条件】为【成形到下一面】，单击 【确定】按钮，生成拉伸切除特征，如图3-124所示。

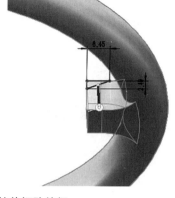

图3-124 拉伸切除特征

Step08 单击【特征】工具栏中的 🎲【圆角】按钮，弹出【圆角2】属性管理器。在【要圆角化的项目】选项组中，单击 🎲【边线、面、特征和环】选择框，在图形区域中选择模型的7条边线，设置 ⟋【半径】为1.00mm，单击 ✅【确定】按钮，生成圆角特征，如图3-125所示。

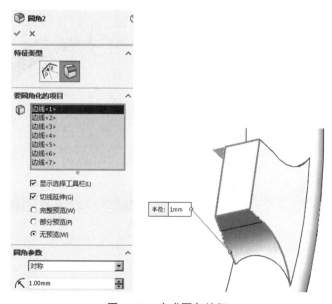

图3-125 生成圆角特征

Step09 单击【特征】工具栏中的 🎲【圆角】按钮，弹出【圆角3】属性管理器。在【圆角项目】选项组中，单击 🎲【边线、面、特征和环】选择框，在图形区域中选择模型的1个面，设置 ⟋【半径】为1.00mm，单击 ✅【确定】按钮，生成圆角特征，如图3-126所示。

Step10 单击【特征】工具栏中的 🎲【阵列（圆周）】按钮，弹出【阵列（圆周）1】

属性管理器。在【方向1】选项组中，单击 ⟳【阵列轴】选择框，选择边线<1>，设置 ※【实例数】为3，勾选【等间距】选项；在【特征和面】选项组中，单击 ⓖ【要阵列的特征】选择框，在图形区域中选择凸台 - 拉伸2、切除 - 拉伸2、圆角3、圆角2，单击 ✅【确定】按钮，生成特征圆周阵列，如图3-127所示。

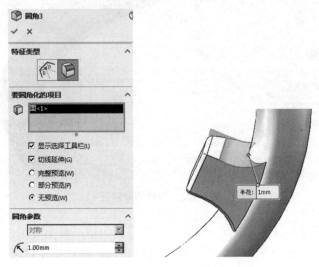

图3-126　生成圆角特征

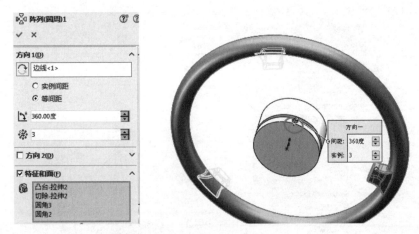

图3-127　生成特征圆周阵列

3.10.2　辅助部分

Step01 单击【特征管理器设计树】中的【前视基准面】图标，使其成为草图绘制平面。单击【标准视图】工具栏中的 ⊥【正视于】按钮，并单击【草图】工具栏中的 ⬚【草图绘制】按钮，进入草图绘制状态。使用【草图】工具栏中的 ╱【直线】、✦【智能尺寸】工具，绘制如图3-128所示的草图。单击 ⬚【退出草图】按钮，退出草图绘制状态。

3.10.2　视频精讲

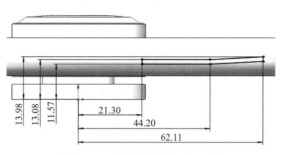

图3-128 绘制草图并标注尺寸

Step02 单击【特征】工具栏中的 🗐【凸台-拉伸】按钮，弹出【凸台-拉伸3】属性设置。在【方向1】选项组中，设置 ↗【终止条件】为【两侧对称】，🔩【深度】为8.00mm，单击 ✅【确定】按钮，生成拉伸特征，如图3-129所示。

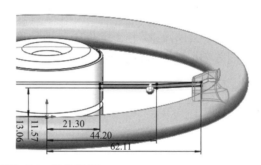

图3-129 拉伸特征

Step03 单击【特征管理器设计树】中的【前视基准面】图标，使其成为草图绘制平面。单击【标准视图】工具栏中的 ⬇【正视于】按钮，并单击【草图】工具栏中的 █【草图绘制】按钮，进入草图绘制状态。使用【草图】工具栏中的 ▣【槽口】、✎【智能尺寸】工具，绘制如图3-130所示的草图。单击 █【退出草图】按钮，退出草图绘制状态。

Step04 单击【特征】工具栏中的 ▣【切除-拉伸】按钮，弹出【切除-拉伸3】属性管理器。在【方向1】、【方向2】选项组中，设置 ↗【终止条件】为【完全贯穿】，单击 ✅【确定】按钮，生成拉伸切除特征，如图3-131所示。

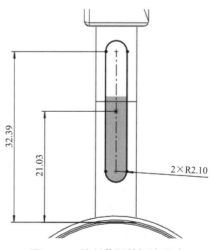

图3-130 绘制草图并标注尺寸

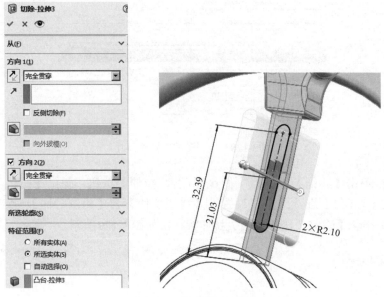

图3-131　拉伸切除特征

Step05 单击【特征】工具栏中的 ⊞【阵列（圆周）】按钮，弹出【阵列（圆周）2】属性管理器。在【方向1】选项组中，单击 ◯【阵列轴】选择框，选择面<1>，设置 ❀【实例数】为3，选择【等间距】选项；在【特征和面】选项组中，单击 ◉【要阵列的特征】选择框，在图形区域中选择凸台-拉伸3和切除-拉伸3，单击 ✔【确定】按钮，生成特征圆周阵列，如图3-132所示。

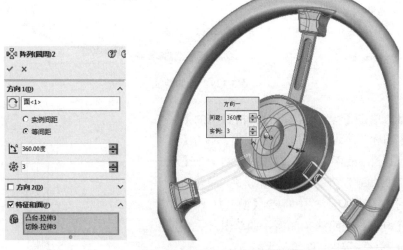

图3-132　生成特征圆周阵列

Step06 单击【特征管理器设计树】中的【前视基准面】图标，使其成为草图绘制平面。单击【标准视图】工具栏中的 ↓【正视于】按钮，并单击【草图】工具栏中的 ✐【草图绘制】按钮，进入草图绘制状态。使用【草图】工具栏中的 ⊙【圆】、✎【智能尺寸】工具，绘制如图3-133所示的草图。单击 ✐【退出草图】按钮，退出草图绘制状态。

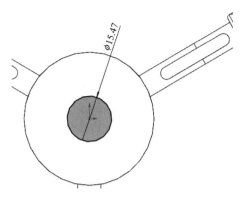

图3-133　绘制草图并标注尺寸

Step07 单击【特征】工具栏中的⬚【切除-拉伸】按钮，弹出【切除-拉伸4】属性管理器。在【方向1】选项组中，设置⬚【终止条件】为【给定深度】，⬚【深度】为15.00mm，单击✅【确定】按钮，生成拉伸切除特征，如图3-134所示。

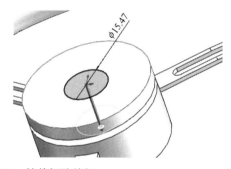

图3-134　拉伸切除特征

3.11 水桶

本实例将生成1个水桶模型，如图3-135所示。

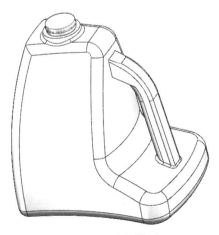

图3-135　水桶模型

① 桶身部分形状复杂，要用曲面拉伸和剪裁特征来实现。

② 把手部分截面尺寸一致，可以用曲面扫描特征来实现。

③ 桶嘴部分是旋转结构，用旋转阵列来实现。

④ 边角部分用圆角特征来完成。如图3-136所示。

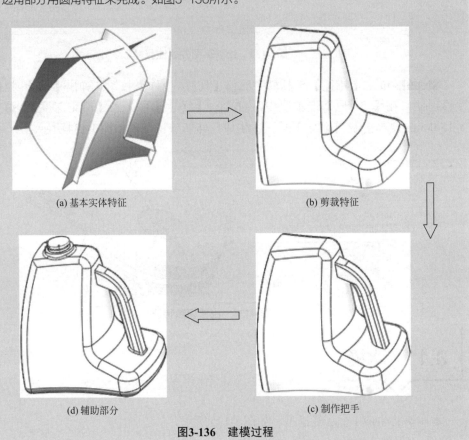

(a) 基本实体特征   (b) 剪裁特征

(d) 辅助部分   (c) 制作把手

图3-136　建模过程

【具体步骤】

3.11.1　主体部分

Step01　单击【特征管理器设计树】中的【右视基准面】图标，使其成为草图绘制平面。单击【标准视图】工具栏中的⊥【正视于】按钮，并单击【草图】工具栏中的 【草图绘制】按钮，进入草图绘制状态。使用【草图】工具栏中的 【圆弧】、 【中心线】、 【智能尺寸】工具，绘制如图3-137所示的草图。单击 【退出草图】按钮，退出草图绘制状态。

3.11.1　视频精讲

Step02 单击【特征管理器设计树】中的【前视基准面】图标，使其成为草图绘制平面。单击【标准视图】工具栏中的🔨【正视于】按钮，并单击【草图】工具栏中的🗂【草图绘制】按钮，进入草图绘制状态。使用【草图】工具栏中的／【直线】、✎【中心线】、🌀【圆弧】、✎【智能尺寸】工具，绘制如图3-138所示的草图。单击🗂【退出草图】按钮，退出草图绘制状态。

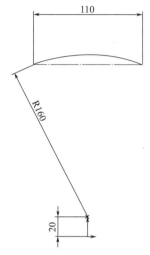

图3-137 绘制草图并标注尺寸

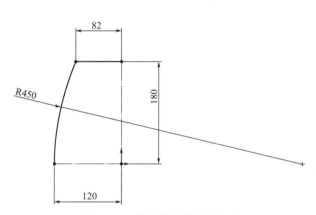

图3-138 绘制草图并标注尺寸

Step03 单击【特征管理器设计树】中的【上视基准面】图标，使其成为草图绘制平面。单击【标准视图】工具栏中的🔨【正视于】按钮，并单击【草图】工具栏中的🗂【草图绘制】按钮，进入草图绘制状态。使用【草图】工具栏中的／【直线】、✎【中心线】、🌀【圆弧】、✎【智能尺寸】工具，绘制如图3-139所示的草图。单击🗂【退出草图】按钮，退出草图绘制状态。

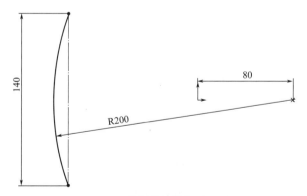

图3-139 绘制草图并标注尺寸

Step04 单击【曲面】工具栏中的◈【边界-曲面】按钮，在【方向1】选项组中选择草图2和草图3，在【方向2】选项组中选择草图1，单击✅【确定】按钮，如图3-140所示。

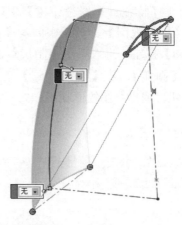

图3-140 边界曲面

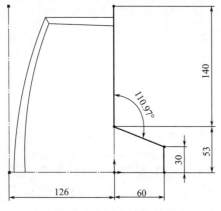

图3-141 绘制草图并标注尺寸

Step05 单击【特征管理器设计树】中的【前视基准面】图标，使其成为草图绘制平面。单击【标准视图】工具栏中的 ⬈【正视于】按钮，并单击【草图】工具栏中的 ⬚【草图绘制】按钮，进入草图绘制状态。使用【草图】工具栏中的 ╱【直线】、🖊【中心线】、❮【智能尺寸】工具，绘制如图3-141所示的草图。单击 ⬚【退出草图】按钮，退出草图绘制状态。

Step06 选择草图，单击【曲面】工具栏中的 ◈【曲面-旋转】按钮，弹出【曲面-旋转1】属性管理器。在 ⬈【旋转轴】选择直线8，🔄【方向】选项组中选择两侧对称，设置 ⬈【角度】为55.00度，单击 ✅【确定】按钮，生成曲面旋转特征，如图3-142所示。

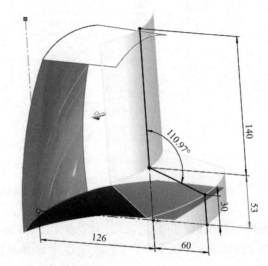

图3-142 生成曲面旋转特征

Step07 单击【特征管理器设计树】中的【上视基准面】图标，使其成为草图绘制平面。单击【标准视图】工具栏中的 ⚓【正视于】按钮，并单击【草图】工具栏中的 ⎚【草图绘制】按钮，进入草图绘制状态。使用【草图】工具栏中的 ◔【圆弧】、✎【中心线】、⟡【智能尺寸】工具，绘制如图3-143所示的草图。单击 ⎚【退出草图】按钮，退出草图绘制状态。

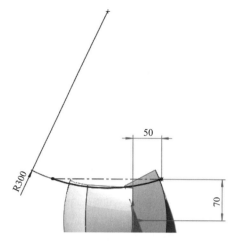

图3-143　绘制草图并标注尺寸

Step08 单击【参考几何体】工具栏中的 ▥【基准面】按钮，弹出【基准面1】属性管理器。在【第一参考】中，在图形区域中选择点1@草图5；在【第二参考】中，在图形区域中选择圆弧1@草图5，如图3-144所示，在图形区域中显示出新建基准面的预览，单击 ✅【确定】按钮，生成基准面。

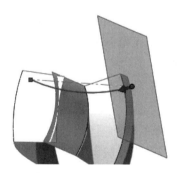

图3-144　生成基准面

Step09 单击【参考几何体】工具栏中的 ▥【基准面】按钮，弹出【基准面2】属性管理器。在【第一参考】中，在图形区域中选择点3@草图5；在【第二参考】中，在图形区域中选择圆弧1@草图5，如图3-145所示，在图形区域中显示出新建基准面的预览，单击 ✅【确定】按钮，生成基准面。

Step10 单击【特征管理器设计树】中的【基准面1】图标，使其成为草图绘制平面。单击【标准视图】工具栏中的 ⚓【正视于】按钮，并单击【草图】工具栏中的 ⎚【草图绘制】按钮，进入草图绘制状态。使用【草图】工具栏中的 ◔【圆弧】、✎【中心线】、⟡【智能尺寸】工具，绘制如图3-146所示的草图。单击 ⎚【退出草图】按钮，退出草图绘制状态。

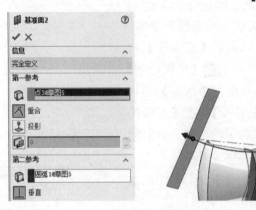

图3-145　生成基准面

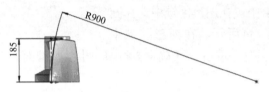

图3-146　绘制草图并标注尺寸

Step11　单击【特征管理器设计树】中的【基准面2】图标，使其成为草图绘制平面。单击【标准视图】工具栏中的⊥【正视于】按钮，并单击【草图】工具栏中的╔【草图绘制】按钮，进入草图绘制状态。使用【草图】工具栏中的🔓【圆弧】、╱【中心线】、✍【智能尺寸】工具，绘制如图3-147所示的草图。单击╔【退出草图】按钮，退出草图绘制状态。

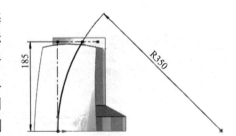

图3-147　绘制草图并标注尺寸

Step12　鼠标单击【曲面】工具栏中的🔻【曲面-放样】按钮，在【轮廓】中选择草图6和草图7，在【引导线】中选择草图5，单击✔【确定】按钮。如图3-148所示。

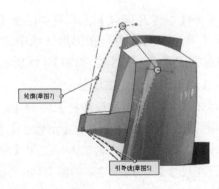

图3-148　放样曲面

Step13 单击【特征】工具栏中的 ᴺ𝕀ᴺ 【镜向】按钮，弹出【镜向1】属性管理器。在【镜向面/基准面】选项组中，单击 🔲【镜向面/基准面】选择框，在绘图区中选择前视基准面；在【要镜向的实体】选项组中，在绘图区中选择曲面-放样1，单击 ✅【确定】按钮，生成镜向特征，如图3-149所示。

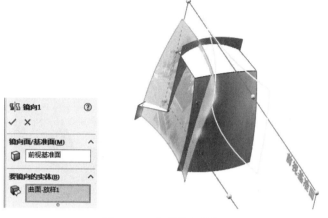

图3-149　生成镜向特征

Step14 单击【曲面】工具栏中的 ⬦【曲面-剪裁】按钮，弹出【曲面-剪裁1】属性管理器。在 ⬦【剪裁曲面】，选择4个剪裁曲面，设置【剪裁工具】为【保留选择】；在 ⬦【保留的部分】中选择要保留的4个曲面，如图3-150所示，单击 ✅【确定】按钮，生成剪裁曲面特征。

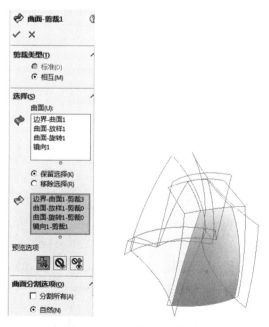

图3-150　生成剪裁曲面特征

Step15 单击【特征】工具栏中的 🔲【圆角】按钮，弹出【圆角1】属性管理器。

单击 ⬡ 【边线、面、特征和环】选择框，在图形区域中选择模型的3条边线，设置 ⬈ 【半径】为20mm，单击 ✅ 【确定】按钮，生成圆角特征，如图3-151所示。

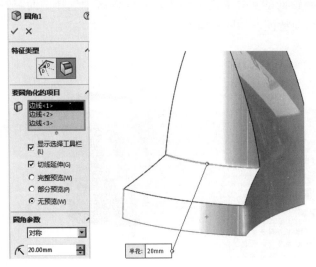

图3-151　生成圆角特征

Step16 单击【特征】工具栏中的 ⬡ 【圆角】按钮，弹出【圆角2】属性管理器。单击 ⬡ 【边线、面、特征和环】选择框，在图形区域中选择模型的2条边线，设置 ⬈ 【半径】为15mm，单击 ✅ 【确定】按钮，生成圆角特征，如图3-152所示。

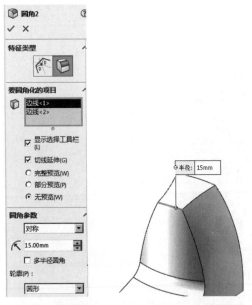

图3-152　生成圆角特征

Step17 单击【特征】工具栏中的 ⬡ 【圆角】按钮，弹出【圆角3】属性管理器。单击 ⬡ 【边线、面、特征和环】选择框，在图形区域中选择模型的3条边线，设置 ⬈ 【半径】为10mm，单击 ✅ 【确定】按钮，生成圆角特征，如图3-153所示。

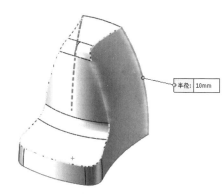

图3-153　生成圆角特征

3.11.2　把手部分

3.11.2　视频精讲

Step01　单击【特征管理器设计树】中的【前视基准面】图标，使其成为草图绘制平面。单击【标准视图】工具栏中的↕【正视于】按钮，并单击【草图】工具栏中的 【草图绘制】按钮，进入草图绘制状态。使用【草图】工具栏中的／【直线】、／【中心线】、 【智能尺寸】工具，绘制如图3-154所示的草图。单击 【退出草图】按钮，退出草图绘制状态。

Step02　单击【参考几何体】工具栏中的 【基准面】按钮，弹出【基准面3】属性管理器。在【第一参考】中，在图形区域中选择点1@草图8；在【第二参考】中，在图形区域中选择直线4@草图8，如图3-155所示，在图形区域中显示出新建基准面的预览，单击 【确定】按钮，生成基准面。

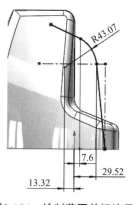

图3-154　绘制草图并标注尺寸

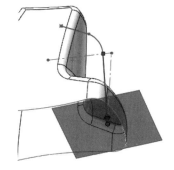

图3-155　生成基准面

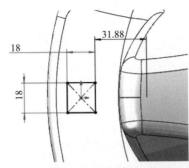

图3-156　绘制草图并标注尺寸

Step03　单击【特征管理器设计树】中的【基准面3】图标，使其成为草图绘制平面。单击【标准视图】工具栏中的↓【正视于】按钮，并单击【草图】工具栏中的 C【草图绘制】按钮，进入草图绘制状态。使用【草图】工具栏中的 ∕【直线】、∕【中心线】、✐【智能尺寸】工具，绘制如图3-156所示的草图。单击 C【退出草图】按钮，退出草图绘制状态。

Step04　选择【插入】—【曲面】—【扫描曲面】菜单命令，弹出【曲面-扫描1】属性管理器。在【轮廓和路径】选项组中，单击 C【轮廓】按钮，在图形区域中选择草图10，单击 C【路径】按钮，在图形区域中选择草图8；在【选项】选项组中，单击 ✓【确定】按钮，如图3-157所示。

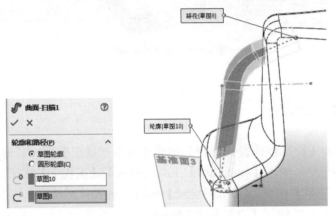

图3-157　扫描曲面特征

Step05　单击【特征】工具栏中的 ⑦【圆角】按钮，弹出【圆角4】属性管理器。单击 ⑦【边线、面、特征和环】选择框，在图形区域中选择模型的2条边线，设置 ㄟ【半径】为3.00mm，单击 ✓【确定】按钮，生成圆角特征，如图3-158所示。

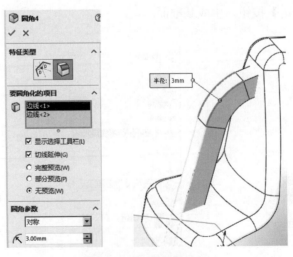

图3-158　生成圆角特征

Step06 单击【特征】工具栏中的 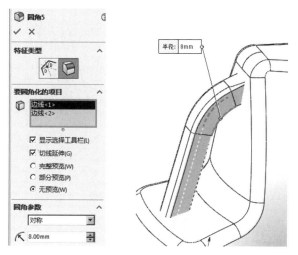【圆角】按钮，弹出【圆角5】属性管理器。单击 【边线、面、特征和环】选择框，在图形区域中选择模型的2条边线，设置 【半径】为8.00mm，单击 【确定】按钮，生成圆角特征，如图3-159所示。

图3-159　生成圆角特征

Step07 单击【曲面】工具栏中的 【曲面-剪裁】按钮，弹出【曲面-剪裁2】属性管理器。在 【剪裁曲面】，选择2个圆角，设置【剪裁工具】为【移除选择】；在 【移除的部分】中选择要保留的4个曲面，如图3-160所示，单击 【确定】按钮，生成剪裁曲面特征。

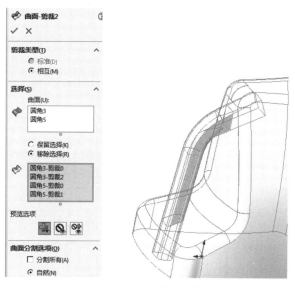

图3-160　生成剪裁曲面特征

Step08 单击【特征】工具栏中的 【圆角】按钮，弹出【圆角6】属性管理器。单击 【边线、面、特征和环】选择框，在图形区域中选择模型的1条边线，设置 【半径】为2.00mm，单击 【确定】按钮，生成圆角特征，如图3-161所示。

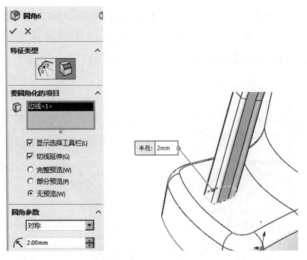

图3-161　生成圆角特征

3.11.3　辅助部分

3.11.3　视频精讲

Step01　单击【特征管理器设计树】中的【前视基准面】图标，使其成为草图绘制平面。单击【标准视图】工具栏中的 【正视于】按钮，并单击【草图】工具栏中的 【草图绘制】按钮，进入草图绘制状态。使用【草图】工具栏中的 【直线】、 【中心线】、 【智能尺寸】工具，绘制如图3-162所示的草图。单击 【退出草图】按钮，退出草图绘制状态。

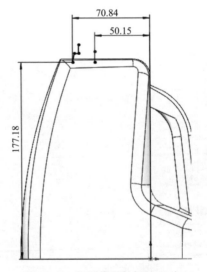

图3-162　绘制草图并标注尺寸

Step02　选择草图，单击【曲面】工具栏中的 【曲面-旋转】按钮，弹出【曲面-旋转2】属性管理器。在 【旋转轴】选择直线12， 【方向】选项组中选择【给定深度】，设置 【角度】为360.00度，单击 【确定】按钮，生成曲面旋转特征，如图3-163所示。

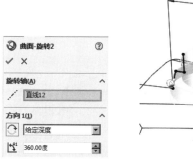
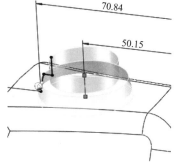

图3-163　生成曲面旋转特征

Step03 单击【曲面】工具栏中的 【曲面-剪裁】按钮，弹出【曲面-剪裁3】属性管理器。在 【剪裁曲面】，选择2个剪裁曲面，设置【剪裁工具】为【移除选择】；在 【保留的部分】中选择要保留的2个曲面，如图3-164所示，单击 【确定】按钮，生成剪裁曲面特征。

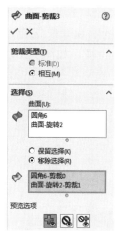
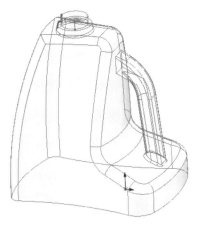

图3-164　生成剪裁曲面特征

Step04 单击【曲面】工具栏中的 【平面区域】按钮，弹出【曲面-基准面1】属性管理器。单击◇【边界实体】选择框，在图形区域中选择8条边线，如图3-165所示，单击 【确定】按钮，生成平面区域特征。

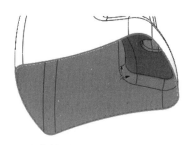

图3-165　生成基准面

Step05 单击【曲面】工具栏中的 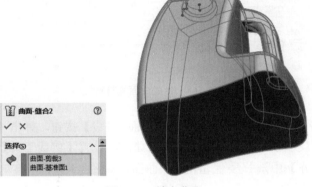 【缝合曲面】按钮，弹出【曲面缝合2】属性管理器。单击 【选择】选择框，在图形区域中选择2个曲面，如图3-166所示，单击 【确定】按钮，生成缝合曲面特征。

图3-166　缝合曲面

Step06 单击【特征】工具栏中的 【圆角】按钮，弹出【圆角7】属性管理器。单击 【边线、面、特征和环】选择框，在图形区域中选择模型的1条边线，设置 【半径】为3.00mm，单击 【确定】按钮，生成圆角特征，如图3-167所示。

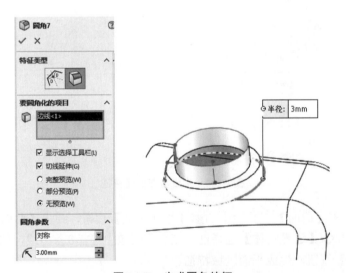

图3-167　生成圆角特征

Step07 单击【特征】工具栏中的 【圆角】按钮，弹出【圆角8】属性管理器。单击 【边线、面、特征和环】选择框，在图形区域中选择模型的1条边线，设置 【半径】为10.00mm，单击 【确定】按钮，生成圆角特征，如图3-168所示。

Step08 单击【特征管理器设计树】中的【前视基准面】图标，使其成为草图绘制平面。单击【标准视图】工具栏中的 【正视于】按钮，并单击【草图】工具栏中的 【草图绘制】按钮，进入草图绘制状态。使用【草图】工具栏中的 【圆】、 【智能尺寸】工具，绘制如图3-169所示的草图。单击 【退出草图】按钮，退出草图绘制状态。

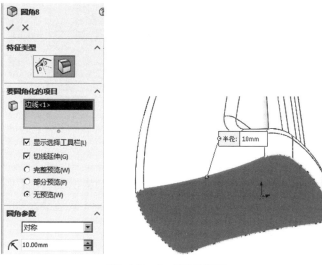

图3-168　生成圆角特征

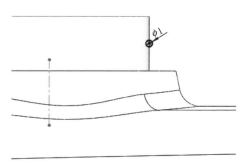

图3-169　绘制草图并标注尺寸

Step09 选择草图，单击【曲面】工具栏中的 ✎【曲面-旋转】按钮，弹出【曲面-旋转3】属性管理器。在 ✎【旋转轴】选择直线12@草图11，◐【方向】选项组中选择【给定深度】，设置 ▥【角度】为360.00度，单击 ✅【确定】按钮，生成曲面旋转特征，如图3-170所示。

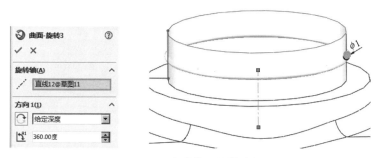

图3-170　生成曲面旋转特征

Step10 单击【曲面】工具栏中的 ◈【曲面-等距】按钮，在 ◈【要等距的面】中选择面<1>和面<2>，在 ⊿【等距距离】中输入0.00mm，单击 ✅【确定】按钮，如图3-171所示。

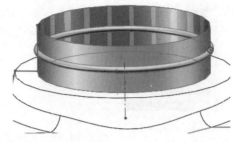

图3-171　等距曲面

Step11 单击【曲面】工具栏中的 【平面区域】按钮，弹出【平面区域】属性管理器。单击 【边界实体】选择框，在图形区域中选择1条边线，如图3-172所示，单击 【确定】按钮，生成平面区域特征。

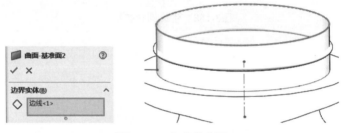

图3-172　生成基准面

Step12 单击【曲面】工具栏中的 【曲面-缝合】按钮，弹出【曲面-缝合3】属性管理器。单击 【选择】选择框，在图形区域中选择2个曲面，如图3-173所示，单击 【确定】按钮，生成缝合曲面特征。

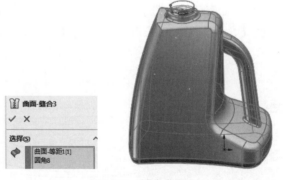

图3-173　缝合曲面

3.12　鼠标

本实例将生成1个方向盘模型，如图3-174所示。

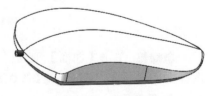

图3-174　鼠标模型

① 底部截面尺寸是渐变的，要用放样特征来实现。

② 上部形状复杂，也要用放样特征来实现。

③ 引线部分用拉伸特征来实现。

④ 辅助部分用圆角特征来完成。如图3-175所示。

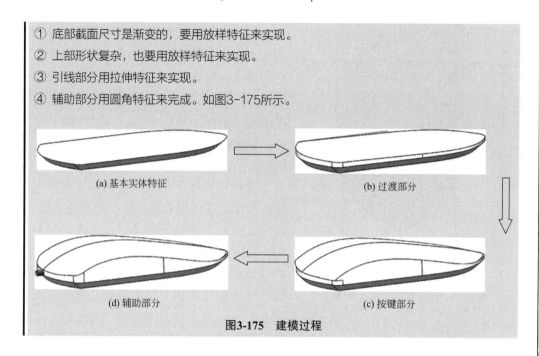

(a) 基本实体特征　　　　　　　　　　(b) 过渡部分

(d) 辅助部分　　　　　　　　　　(c) 按键部分

图3-175　建模过程

【具体步骤】

3.12.1　主体部分

Step01 单击【参考几何体】工具栏中的　【基准面】按钮，弹出【基准面2】属性管理器。在【第一参考】中，在图形区域中选择上视基准面，单击　【距离】按钮，在文本栏中输入5.00mm，如图3-176所示，在图形区域中显示出新建基准面的预览，单击　【确定】按钮，生成基准面。

3.12.1　视频精讲

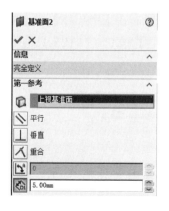

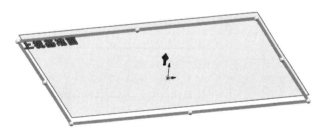

图3-176　生成基准面

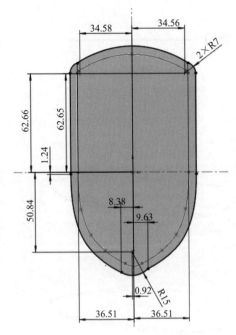

图3-177　绘制草图并标注尺寸

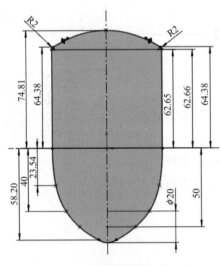

图3-178　绘制草图并标注尺寸

Step02　单击【特征管理器设计树】中的【前视基准面】图标，使其成为草图绘制平面。单击【标准视图】工具栏中的 ↓ 【正视于】按钮，并单击【草图】工具栏中的 ╚ 【草图绘制】按钮，进入草图绘制状态。使用【草图】工具栏中的 ╱ 【直线】、 ⌒ 【圆弧】、 ╱ 【中心线】、 ◆ 【智能尺寸】工具，绘制如图3-177所示的草图。单击 ╚ 【退出草图】按钮，退出草图绘制状态。

Step03　单击【特征管理器设计树】中的【前视基准面】图标，使其成为草图绘制平面。单击【标准视图】工具栏中的 ↓ 【正视于】按钮，并单击【草图】工具栏中的 ╚ 【草图绘制】按钮，进入草图绘制状态。使用【草图】工具栏中的 ╱ 【直线】、 ⌒ 【圆弧】、 ╱ 【中心线】、 ◆ 【智能尺寸】工具，绘制如图3-178所示的草图。单击 ╚ 【退出草图】按钮，退出草图绘制状态。

Step04　单击【特征管理器设计树】中的【前视基准面】图标，使其成为草图绘制平面。单击【标准视图】工具栏中的 ↓ 【正视于】按钮，并单击【草图】工具栏中的 ╚ 【草图绘制】按钮，进入草图绘制状态。使用【草图】工具栏中的 ╱ 【直线】、 ╱ 【中心线】、 ◆ 【智能尺寸】工具，绘制如图3-179所示的草图。单击 ╚ 【退出草图】按钮，退出草图绘制状态。

Step05　选择【插入】—【凸台/基体】—【放样】菜单命令，弹出【放样1】属性管理器。在 ◇ 【轮廓】选项组中，在图形区域中选择刚刚绘制的草图2和草图1，在【引导线】中选择草图3，单击 ✔ 【确定】按钮，如图3-180所示，生成放样特征。

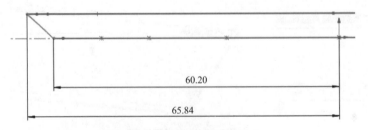

图3-179　绘制草图并标注尺寸

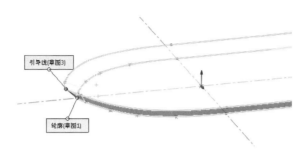

图3-180　生成放样特征

Step06 单击【特征】工具栏中的 【圆角】按钮，弹出【圆角1】属性管理器。在【要圆角化的项目】选项组中，单击 【边线、面、特征和环】选择框，在图形区域中选择面<1>，设置 【半径】为1.00mm，单击 【确定】按钮，生成圆角特征，如图3-181所示。

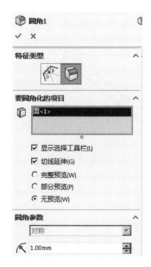

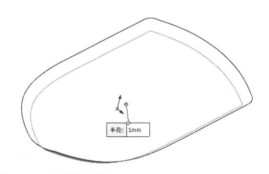

图3-181　生成圆角特征

Step07 单击【特征管理器设计树】中的【前视基准面】图标，使其成为草图绘制平面。单击【标准视图】工具栏中的 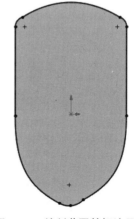【正视于】按钮，并单击【草图】工具栏中的 【草图绘制】按钮，进入草图绘制状态。使用【草图】工具栏中的 【转换实体引用】，绘制如图3-182所示的草图。单击 【退出草图】按钮，退出草图绘制状态。

Step08 单击【特征】工具栏中的 【拉伸凸台/基体】按钮，弹出【凸台-拉伸1】属性设置。在【方向1】选项组中，设置 【终止条件】为【给定深度】，【深度】为4.00mm，单击 【确定】按钮，生成拉伸特征，如图3-183所示。

图3-182　绘制草图并标注尺寸

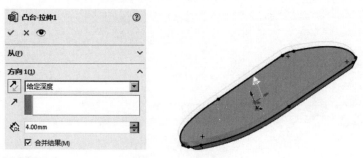

图3-183　拉伸特征

Step09 单击【参考几何体】工具栏中的 【基准面】按钮，弹出【基准面3】属性管理器。在【第一参考】中，在图形区域中选择面<1>，单击 【距离】按钮，在文本栏中输入0.00mm，如图3-184所示，在图形区域中显示出新建基准面的预览，单击 【确定】按钮，生成基准面。

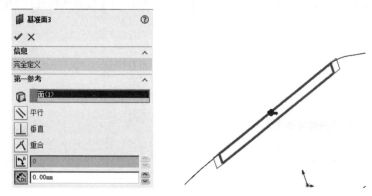

图3-184　生成基准面

Step10 单击【参考几何体】工具栏中的 【基准面】按钮，弹出【基准面4】属性管理器。在【第一参考】中，在图形区域中选择面<1>，单击 【距离】按钮，在文本栏中输入0.00mm，如图3-185所示，在图形区域中显示出新建基准面的预览，单击 【确定】按钮，生成基准面。

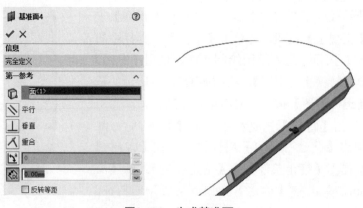

图3-185　生成基准面

Step11 单击【特征管理器设计树】中的【前视基准面】图标，使其成为草图绘制平面。单击【标准视图】工具栏中的 ☷【正视于】按钮，并单击【草图】工具栏中的 ☷【草图绘制】按钮，进入草图绘制状态。使用【草图】工具栏中的 ╱【直线】、╱【中心线】、✎【智能尺寸】工具，绘制如图3-186所示的草图。单击 ☷【退出草图】按钮，退出草图绘制状态。

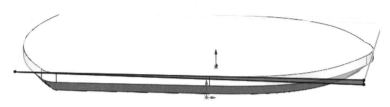

图3-186　绘制草图并标注尺寸

Step12 单击【特征】工具栏中的 ☷【切除-拉伸】按钮，弹出【切除-拉伸1】属性管理器。在【方向1】选项组中，设置【终止条件】为【完全贯穿】，单击 ✅【确定】按钮，生成拉伸切除特征，如图3-187所示。

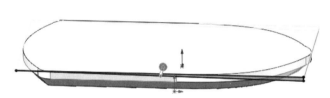

图3-187　拉伸切除特征

Step13 单击【特征管理器设计树】中的【前视基准面】图标，使其成为草图绘制平面。单击【标准视图】工具栏中的 ☷【正视于】按钮，并单击【草图】工具栏中的 ☷【草图绘制】按钮，进入草图绘制状态。使用【草图】工具栏中的 ╱【直线】、╱【中心线】、〰【样条曲线】、✎【智能尺寸】工具，绘制如图3-188所示的草图。单击 ☷【退出草图】按钮，退出草图绘制状态。

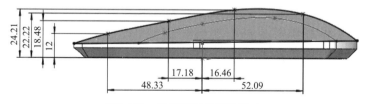

图3-188　绘制草图并标注尺寸

Step14 单击【特征管理器设计树】中的【前视基准面】图标，使其成为草图绘制平面。单击【标准视图】工具栏中的 ☷【正视于】按钮，并单击【草图】工具栏中的 ☷【草图绘制】按钮，进入草图绘制状态。使用【草图】工具栏中的 ╱【直线】、╱

【中心线】、ℕ【样条曲线】、≪【智能尺寸】工具，绘制如图3-189所示的草图。单击 ▣【退出草图】按钮，退出草图绘制状态。

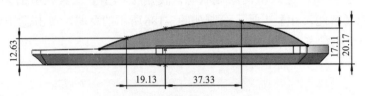

图3-189　绘制草图并标注尺寸

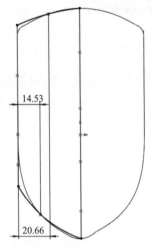

图3-190　绘制草图并标注尺寸

Step15 单击【特征管理器设计树】中的【前视基准面】图标，使其成为草图绘制平面。单击【标准视图】工具栏中的 ⊥【正视于】按钮，并单击【草图】工具栏中的 ▣【草图绘制】按钮，进入草图绘制状态。使用【草图】工具栏中的 ╱【直线】、╱【中心线】、ℕ【样条曲线】、≪【智能尺寸】工具，绘制如图3-190所示的草图。单击 ▣【退出草图】按钮，退出草图绘制状态。

Step16 选择【插入】—【凸台/基体】—【放样】菜单命令，弹出【放样3】属性管理器。在 ◇【轮廓】选项组中，在图形区域中选择草图15和草图6，在【引导线】中选择开环<1>和开环<2>，单击 ✔【确定】按钮，如图3-191所示，生成放样特征。

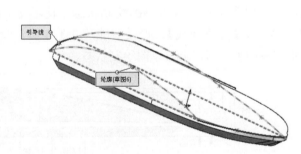

图3-191　生成放样特征

Step17 单击【特征】工具栏中的 ▥【镜向】按钮，弹出【镜向2】属性管理器。在【镜向面/基准面】选项组中，单击 ▥【镜向面/基准面】选择框，在绘图区中选择右视基准面；在【要镜向的特征】选项组中，单击 ▣【要镜向的特征】选择框，在绘图区中选择放样3，单击 ✔【确定】按钮，生成镜向特征，如图3-192所示。

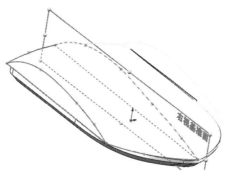

图3-192　生成镜向特征

3.12.2　辅助部分

Step01 单击【特征管理器设计树】中的【前视基准面】图标，使其成为草图绘制平面。单击【标准视图】工具栏中的⤓【正视于】按钮，并单击【草图】工具栏中的⤵【草图绘制】按钮，进入草图绘制状态。使用【草图】工具栏中的✐【直线】、⤴【中心线】、⬡【转换实体引用】、✎【智能尺寸】工具，绘制如图3-193所示的草图。单击⤵【退出草图】按钮，退出草图绘制状态。

3.12.2　视频精讲

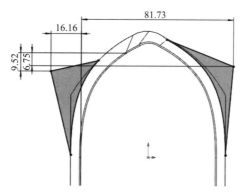

图3-193　绘制草图并标注尺寸

Step02 单击【特征】工具栏中的⬚【切除-拉伸】按钮，弹出【切除-拉伸9】属性管理器。在【方向1】选项组中，设置【终止条件】为【完全贯穿】，单击✅【确定】按钮，生成拉伸切除特征，如图3-194所示。

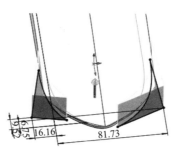

图3-194　拉伸切除特征

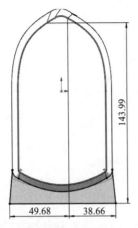

图3-195　绘制草图并标注尺寸

Step03 单击【特征管理器设计树】中的【前视基准面】图标，使其成为草图绘制平面。单击【标准视图】工具栏中的↓【正视于】按钮，并单击【草图】工具栏中的▣【草图绘制】按钮，进入草图绘制状态。使用【草图】工具栏中的✐【直线】、✐【中心线】、▣【转换实体引用】、✍【智能尺寸】工具，绘制如图3-195所示的草图。单击▣【退出草图】按钮，退出草图绘制状态。

Step04 单击【特征】工具栏中的▣【切除-拉伸】按钮，弹出【切除-拉伸10】属性管理器。在【方向1】选项组中，设置【终止条件】为【完全贯穿】，单击✅【确定】按钮，生成拉伸切除特征，如图3-196所示。

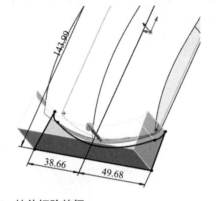

图3-196　拉伸切除特征

Step05 单击【参考几何体】工具栏中的▣【基准面】按钮，弹出【基准面5】属性管理器。在【第一参考】中，在图形区域中选择前视基准面，单击🔲【距离】按钮，在文本栏中输入80.00mm，如图3-197所示，在图形区域中显示出新建基准面的预览，单击✅【确定】按钮，生成基准面。

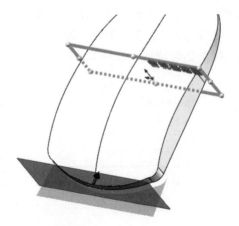

图3-197　生成基准面

Step06 单击【特征管理器设计树】中的【前视基准面】图标，使其成为草图绘制平面。单击【标准视图】工具栏中的 ⬇【正视于】按钮，并单击【草图】工具栏中的 ⬚【草图绘制】按钮，进入草图绘制状态。使用【草图】工具栏中的 ⊙【圆】、✎【智能尺寸】工具，绘制如图3-198所示的草图。单击 ⬚【退出草图】按钮，退出草图绘制状态。

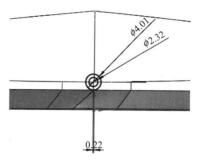

图3-198 绘制草图并标注尺寸

Step07 单击【特征】工具栏中的 🗐【拉伸凸台/基体】按钮，弹出【凸台-拉伸2】属性设置。在【方向1】选项组中，设置 ↗【终止条件】为【给定深度】， ⬙【深度】为5.00mm，单击 ✓【确定】按钮，生成拉伸特征，如图3-199所示。

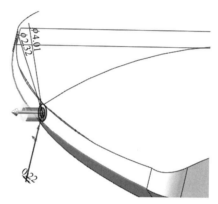

图3-199 拉伸特征

3.13 旋钮

本实例将生成1个旋钮模型，如图3-200所示。

图3-200 旋钮模型

---【**建模思路分析**】---

① 外轮廓部分是轴对称结构，要用草图圆周阵列和拉伸特征来实现。

② 中间的圆柱部分可以用拉伸特征来实现。

③ 螺纹部分用螺旋线特征来实现。如图3-201所示。

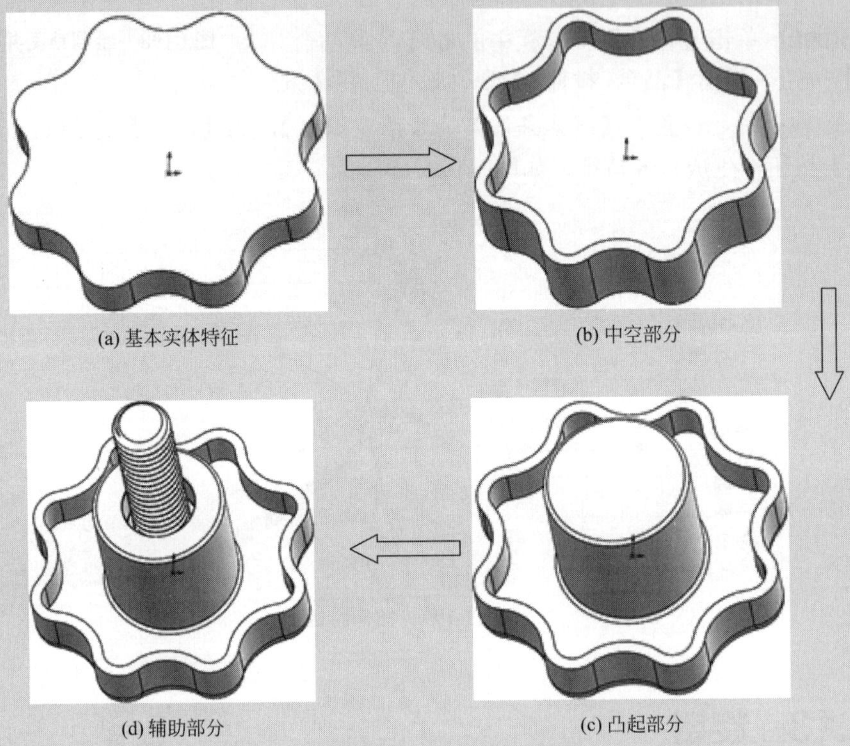

(a) 基本实体特征

(b) 中空部分

(d) 辅助部分

(c) 凸起部分

图3-201　建模过程

---【**具体步骤**】---

3.13.1　主体部分

3.13.1　视频精讲

Step01　单击【特征管理器设计树】中的【前视基准面】图标，使其成为草图绘制平面。单击【标准视图】工具栏中的 ⊥【正视于】按钮，并单击【草图】工具栏中的 ⊏【草图绘制】按钮，进入草图绘制状态。使用【草图】工具栏中的 ⌒【圆弧】、 ✎【智能尺寸】工具，绘制如图3-202所示的草图。单击 ⊏【退出草图】按钮，退出草图绘制状态。

Step02　单击【特征】工具栏中的 ⬡【拉伸凸台/基体】按钮，弹出【凸台-拉伸1】属性设置。在【方向1】选项组中，设置 ⬀【终止条件】为【给定深度】，⬢【深度】为5.00mm，单击 ✅【确定】按钮，生成拉伸特征，如图3-203所示。

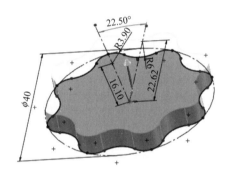

图3-202　绘制草图并标注尺寸

图3-203　拉伸特征

Step03　单击【特征管理器设计树】中的【前视基准面】图标，使其成为草图绘制平面。单击【标准视图】工具栏中的↓【正视于】按钮，并单击【草图】工具栏中的⬚【草图绘制】按钮，进入草图绘制状态。使用【草图】工具栏中的⬚【等距曲线】，绘制如图3-204所示的草图。单击⬚【退出草图】按钮，退出草图绘制状态。

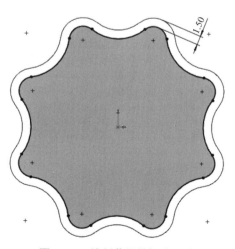

图3-204　绘制草图并标注尺寸

Step04 单击【特征】工具栏中的  【切除-拉伸】按钮，弹出【切除-拉伸1】属性管理器。在【方向1】选项组中，设置【终止条件】为【成形到下一面】，单击 ✅【确定】按钮，生成拉伸切除特征，如图3-205所示。

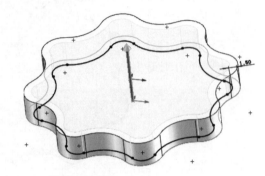

图3-205　拉伸切除特征

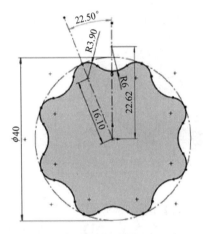

图3-206　绘制草图并标注尺寸

Step05 单击【特征管理器设计树】中的【前视基准面】图标，使其成为草图绘制平面。单击【标准视图】工具栏中的 ⊥【正视于】按钮，并单击【草图】工具栏中的 ✎【草图绘制】按钮，进入草图绘制状态。使用【草图】工具栏中的 ⌒【圆弧】、❖【智能尺寸】工具，绘制如图3-206所示的草图。单击 ✎【退出草图】按钮，退出草图绘制状态。

Step06 单击【特征】工具栏中的 ⬚【拉伸凸台/基体】按钮，弹出【凸台-拉伸2】属性设置。在【方向1】选项组中，设置 ↗【终止条件】为【给定深度】，⟷【深度】为5.00mm，单击 ✅【确定】按钮，生成拉伸特征，如图3-207所示。

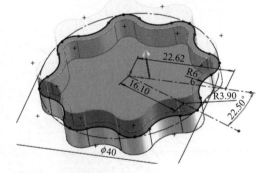

图3-207　拉伸特征

Step07 单击【参考几何体】工具栏中的 ⟋【基准轴】按钮，弹出【基准轴1】属性管理器。在 ⬚【参考实体】选择框中选择右视基准面和上视基准面，单击 ⊠【两平面】按钮，如图3-208所示，单击 ✅【确定】按钮，生成基准轴1。

 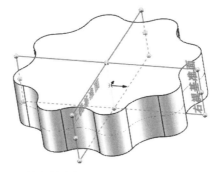

图3-208　基准轴特征

Step08　单击【特征管理器设计树】中的【前视基准面】图标，使其成为草图绘制平面。单击【标准视图】工具栏中的 ⊥【正视于】按钮，并单击【草图】工具栏中的 ⬚【草图绘制】按钮，进入草图绘制状态。使用【草图】工具栏中的 ✏【直线】、⤸【圆弧】、⬭【智能尺寸】工具，绘制如图3-209所示的草图。单击 ⬚【退出草图】按钮，退出草图绘制状态。

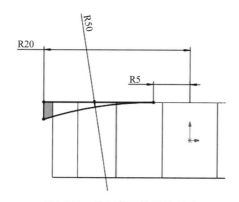

图3-209　绘制草图并标注尺寸

Step09　单击【特征】工具栏中的 ⚙【切除-旋转】按钮，弹出【切除-旋转1】属性管理器。在【旋转轴】选项组中，选择基准轴1为旋转轴，单击 ✅【确定】按钮，生成切除旋转特征，如图3-210所示。

 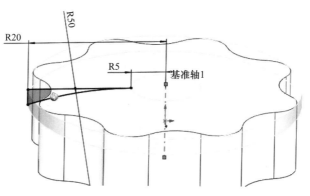

图3-210　切除旋转特征

Step10 单击【特征】工具栏中的 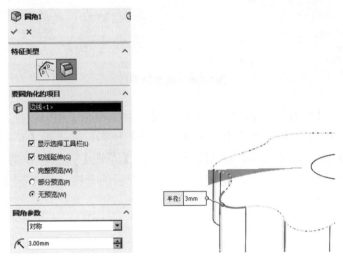【圆角】按钮，弹出【圆角1】属性管理器。在【要圆角化的项目】选项组中，单击 【边线、面、特征和环】选择框，在图形区域中选择模型的1条边线，设置 【半径】为3.00mm，单击 【确定】按钮，生成圆角特征，如图3-211所示。

图3-211　生成圆角特征

3.13.2　辅助部分

Step01 单击【特征管理器设计树】中的【前视基准面】图标，使其成为草图绘制平面。单击【标准视图】工具栏中的 【正视于】按钮，并单击【草图】工具栏中的 【草图绘制】按钮，进入草图绘制状态。使用【草图】工具栏中的 【圆】、【智能尺寸】工具，绘制如图3-212所示的草图。单击 【退出草图】按钮，退出草图绘制状态。

3.13.2　视频精讲

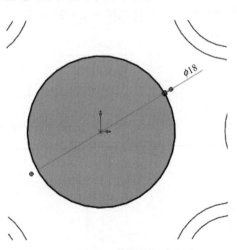

图3-212　绘制草图并标注尺寸

Step02 单击【特征】工具栏中的 【拉伸凸台/基体】按钮，弹出【凸台-拉伸3】属性设置。在【方向1】选项组中，设置 【终止条件】为【给定深度】，【深度】为17.00mm，单击 ✅【确定】按钮，生成拉伸特征，如图3-213所示。

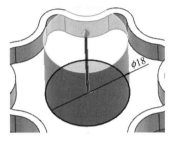

图3-213　拉伸特征

Step03 单击【特征】工具栏中的 【圆角】按钮，弹出【圆角2】属性管理器。在【要圆角化的项目】选项组中，单击 【边线、面、特征和环】选择框，在图形区域中选择模型的2条边线，设置 【半径】为0.50mm，单击 ✅【确定】按钮，生成圆角特征，如图3-214所示。

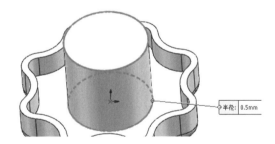

图3-214　生成圆角特征

Step04 单击【特征管理器设计树】中的【前视基准面】图标，使其成为草图绘制平面。单击【标准视图】工具栏中的 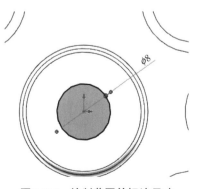【正视于】按钮，并单击【草图】工具栏中的 【草图绘制】按钮，进入草图绘制状态。使用【草图】工具栏中的 【圆】、【智能尺寸】工具，绘制如图3-215所示的草图。单击 【退出草图】按钮，退出草图绘制状态。

Step05 单击【特征】工具栏中的 【拉伸凸台/基体】按钮，弹出【凸台-拉伸4】属性设置。在

图3-215　绘制草图并标注尺寸

【方向1】选项组中，设置【终止条件】为【给定深度】，【深度】为20.00mm，单击【确定】按钮，生成拉伸特征，如图3-216所示。

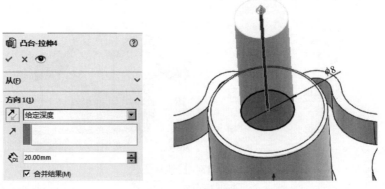

图3-216　拉伸特征

Step06 选择【插入】—【特征】—【倒角】菜单命令，弹出【倒角1】属性管理器。在【要倒角化的项目】选项组中，单击【边线和面或顶点】选择框，在绘图区域中选择边线<1>，在【倒角参数】选项组中设置【距离】为1.00mm，【角度】为45.00度，单击【确定】按钮，生成倒角特征，如图3-217所示。

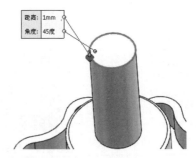

图3-217　生成倒角特征

Step07 单击【特征管理器设计树】中的【前视基准面】图标，使其成为草图绘制平面。单击【标准视图】工具栏中的【正视于】按钮，并单击【草图】工具栏中的【草图绘制】按钮，进入草图绘制状态。使用【草图】工具栏中的【转换实体引用】，绘制如图3-218所示的草图。单击【退出草图】按钮，退出草图绘制状态。

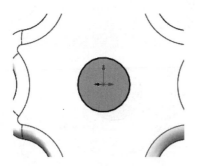

图3-218　绘制草图并标注尺寸

Step08 单击【特征】工具栏中的【切除-拉

伸】按钮，弹出【切除-拉伸2】属性管理器。在【方向1】选项组中，设置 🔼【终止条件】为【给定深度】，🔩【深度】为0.50mm，单击 ✅【确定】按钮，生成拉伸切除特征，如图3-219所示。

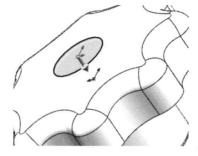

图3-219　拉伸切除特征

Step09 单击【特征】工具栏中的 🔘【圆角】按钮，弹出【圆角3】属性管理器。在【圆角项目】选项组中，单击 🔘【边线、面、特征和环】选择框，在图形区域中选择模型的2条边线，设置 🔾【半径】为0.10mm，单击 ✅【确定】按钮，生成圆角特征，如图3-220所示。

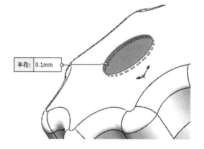

图3-220　生成圆角特征

Step10 单击【特征管理器设计树】中的【前视基准面】图标，使其成为草图绘制平面。单击【标准视图】工具栏中的 🔾【正视于】按钮，并单击【草图】工具栏中的 🔾【草图绘制】按钮，进入草图绘制状态。使用【草图】工具栏中的 ⊙【圆】、🖉【智能尺寸】工具，绘制如图3-221所示的草图。单击 🔾【退出草图】按钮，退出草图绘制状态。

Step11 单击【特征】工具栏中的 🔘【切除-拉伸】

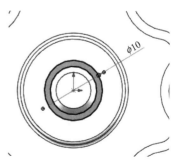

图3-221　绘制草图并标注尺寸

按钮，弹出【切除-拉伸3】属性管理器。在【方向1】选项组中，设置 ↗【终止条件】为【给定深度】， ⟷【深度】为5.00mm，单击 ✅【确定】按钮，生成拉伸切除特征，如图3-222所示。

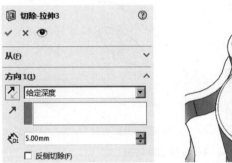

图3-222　拉伸切除特征

Step12 单击【特征】工具栏中的 ⬜【圆角】按钮，弹出【圆角4】属性管理器。在【要圆角化的项目】选项组中，单击 ⬜【边线、面、特征和环】选择框，在图形区域中选择模型的2条边线，设置 ⟦【半径】为0.10mm，单击 ✅【确定】按钮，生成圆角特征，如图3-223所示。

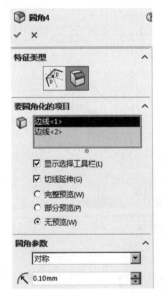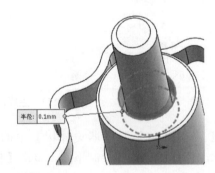

图3-223　生成圆角特征

Step13 单击【插入】—【特征】—【螺纹线】按钮，弹出【螺纹线1】属性设置。在【螺纹线位置】选项组中，在【圆柱体边线】中选择边线<1>，在【可选起始位置】中选择面<1>，在【等距距离】中输入4.00mm；在【结束条件】选项组中，选择结束条件为依选择而定，在【结束位置】中选择面<2>，如图3-224所示。

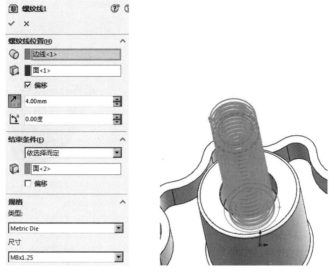

图3-224　建立螺旋线

3.14　剃须刀

本实例将生成1个剃须刀模型，如图3-225所示。

图3-225　剃须刀模型

【建模思路分析】

① 外轮廓部分是曲线轮廓，要用曲面特征来实现。

② 中间的凹槽部分可以用拉伸切除特征来实现。

③ 端盖部分用曲面特征来实现，如图3-226所示。

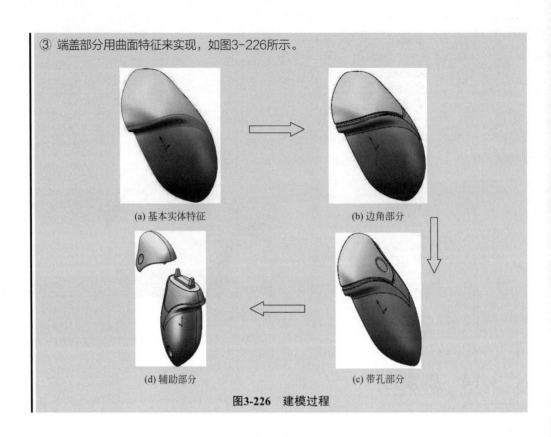

(a) 基本实体特征　　(b) 边角部分

(d) 辅助部分　　(c) 带孔部分

图3-226　建模过程

——————【具体步骤】——————

3.14.1　主体部分

Step01　单击【特征管理器设计树】中的【前视基准面】图标，使其成为草图绘制平面。单击【标准视图】工具栏中的↓【正视于】按钮，并单击【草图】工具栏中的☐【草图绘制】按钮，进入草图绘制状态。

3.14.1　视频精讲

使用【草图】工具栏中的 Ν【样条曲线】、【智能尺寸】工具，绘制如图3-227所示的草图。单击☐【退出草图】按钮，退出草图绘制状态。

Step02　单击【曲面】工具栏中的【拉伸曲面】按钮，弹出【拉伸曲面】属性管理器，在【方向1】选项组中，设置【终止条件】为【给定深度】，【深度】为8.00mm，如图3-228所示，单击【确定】按钮。

Step03　单击【曲面】工具栏中的【填充曲面】按钮，在【修补边界】中选择边线<1>相切-s0-边界，单击【确定】按钮。如图3-229所示。

Step04　单击【特征管理器设计树】中的【前视基准面】图标，使其成为草图绘制平面。单击【草图】工具

尺寸：12.67　14.54　30.39　17.97　27.23　37　24.82　19.60　22.24　35.16　8.89　13.08

图3-227　绘制草图并标注尺寸

栏中的 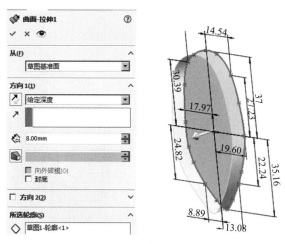【草图绘制】按钮，进入草图绘制状态。使用【草图】工具栏中的 ∿【样条曲线】、✎【智能尺寸】工具，绘制如图3-230所示的草图。单击 ⬔【退出草图】按钮，退出草图绘制状态。

图3-228　生成曲面拉伸特征

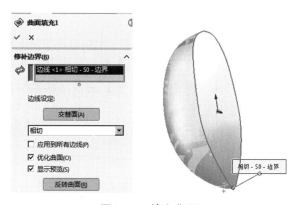

图3-229　填充曲面

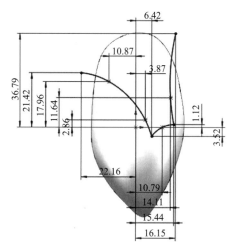

图3-230　绘制草图并标注尺寸

Step05 单击【曲面】工具栏中的 ◈【裁剪曲面】按钮，弹出【裁剪曲面】属性管理器。在【选择】选项组中，在 ◈【裁剪工具】里选择绘图区中草图2，勾选【保留选择】选项，在 ◈【保留的部分】选择曲面填充1-剪裁1，如图3-231所示，单击 ✅【确定】按钮，生成裁剪曲面1特征。

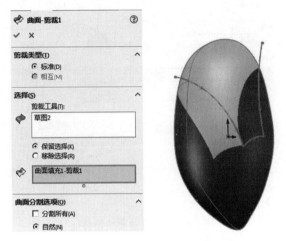

图3-231　生成裁剪曲面特征

Step06 单击【特征管理器设计树】中的【前视基准面】图标，使其成为草图绘制平面。单击【草图】工具栏中的 ⬚【草图绘制】按钮，进入草图绘制状态。使用【草图】工具栏中的 N【样条曲线】、❖【智能尺寸】工具，绘制如图3-232所示的草图。单击 ⬚【退出草图】按钮，退出草图绘制状态。

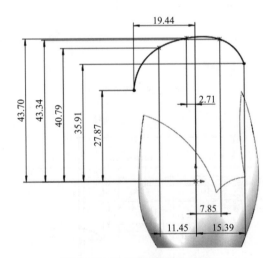

图3-232　绘制草图并标注尺寸

Step07 单击【曲面】工具栏中的 ▲【放样曲面】按钮，在【轮廓】中选择【草图3】和【边线<1>】，单击 ✅【确定】按钮生成曲面放样特征，如图3-233所示。

Step08 单击【特征管理器设计树】中的【前视基准面】图标，使其成为草图绘制平面。单击【草图】工具栏中的 ⬚【草图绘制】按钮，进入草图绘制状态。使用【草图】工具栏中的 ∿【样条曲线】、 ✎【智能尺寸】工具，绘制如图3-234所示的草图。单击 🖫【退出草图】按钮，退出草图绘制状态。

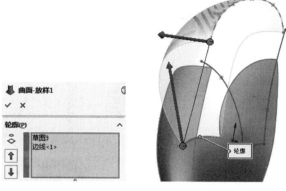

图3-233　放样曲面

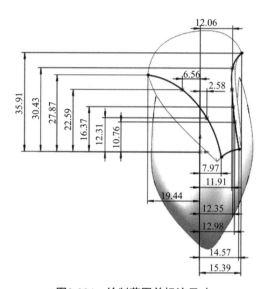

图3-234　绘制草图并标注尺寸

Step09 单击【曲面】工具栏中的 ◈【裁剪曲面】按钮，弹出【裁剪曲面】属性管理器。在【选择】选项组中，在 ◈【裁剪工具】里选择绘图区中草图4，勾选【保留选择】选项，在 ◈【保留的部分】选择曲面-放样1-剪裁2，如图3-235所示，单击 ✅【确定】按钮，生成裁剪曲面1特征。

Step10 单击【特征管理器设计树】中的【前视基准面】图标，使其成为草图绘制平面。单击【草图】工具栏中的 🖫【草图绘制】按钮，进入草图绘制状态。使用【草图】工具栏中的 ∿【样条曲线】、 ✎【智能尺寸】工具，绘制如图3-236所示的草图。单击 🖫【退出草图】按钮，退出草图绘制状态。

Step11 单击【曲面】工具栏中的 🖫【放样曲面】按钮，在【轮廓】中选择【边线<1>】和【边线<2>】，在【引导线】中选择【草图5】、【边线<3>】，单击 ✅【确定】按钮。如图3-237所示。

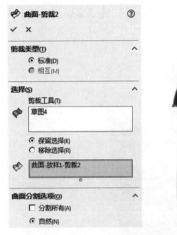
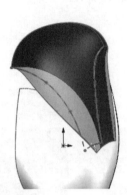

图3-235　生成裁剪曲面特征

图3-236　绘制草图并标注尺寸

Step12　单击【特征管理器设计树】中的【前视基准面】图标，使其成为草图绘制平面。单击【草图】工具栏中的 ┌【草图绘制】按钮，进入草图绘制状态。使用【草图】工具栏中的 N【样条曲线】、 ✎【智能尺寸】工具，绘制如图3-238所示的草图。单击 ┌【退出草图】按钮，退出草图绘制状态。

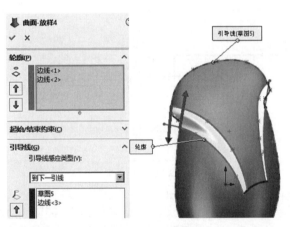

图3-237　放样曲面

图3-238　绘制草图并标注尺寸

Step13　单击【曲面】工具栏中的 ↓【放样曲面】按钮，在【轮廓】中选择【边线<1>】和【边线<2>】，在【引导线】中选择【草图5<4>】、【边线<3>】，单击 ✓【确定】按钮。如图3-239所示。

Step14　单击【曲面】工具栏中的 ▱【平面区域】按钮，弹出【平面区域】属性管理器。单击 ◇【边界实体】选择框，在图形区域中选择4条边线，如图3-240所示，单击 ✓【确定】按钮，生成平面区域特征。

Step15　单击【曲面】工具栏中的 ▨【缝合曲面】按钮，弹出【曲面缝合】属性管理器。单击 ◆【选择】选择框，在图形区域中选择5个曲面，如图3-241所示，单击 ✓【确定】按钮，生成缝合曲面特征。

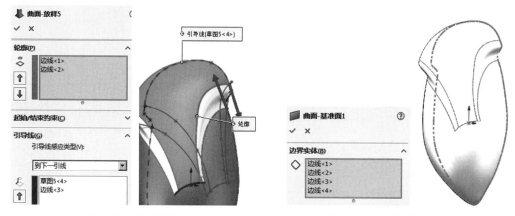

图3-239 放样曲面   图3-240 生成平面区域特征

Step16 单击【曲面】工具栏中的 【等距曲面】按钮，在 【要等距的面】中选择面<1>，在 【等距距离】中输入0.00mm，单击 【确定】按钮。如图3-242所示。

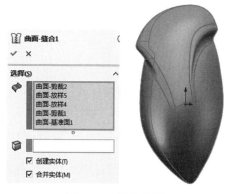

图3-241 缝合曲面

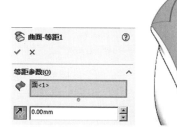

图3-242 等距曲面

3.14.2 辅助部分

Step01 单击【特征管理器设计树】中的【前视基准面】图标，使其成为草图绘制平面。单击【草图】工具栏中的 【草图绘制】按钮，进入草图绘制状态。使用【草图】工具栏中的 【样条曲线】、 【智能尺寸】工具，绘制如图3-243所示的草图。单击 【退出草图】按钮，退出草图绘制状态。

3.14.2 视频精讲

Step02 单击【曲面】工具栏中的 【裁剪曲面】按钮，弹出【裁剪曲面】属性管理器。在【选择】选项组中，在 【裁剪工具】里选择绘图区中草图6，勾选【保留选择】选项，在 【保留的部分】选择曲面-等距1-剪裁1，如图3-244所示，单击 【确定】按钮，生成裁剪曲面1特征。

Step03 选择【插入】|【特征】|【移动/复制】菜单命令，弹出【移动/复制】属性管理器。单击 【要移动实体】选择框，在图形区域中选择曲面-剪裁3，如图3-245所示，单击 【确定】按钮，生成移动实体特征。

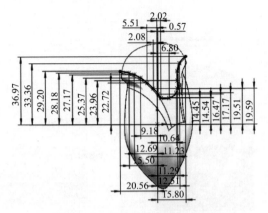

图3-243 绘制草图并标注尺寸

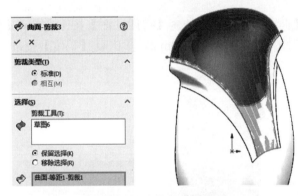

图3-244 生成裁剪曲面特征

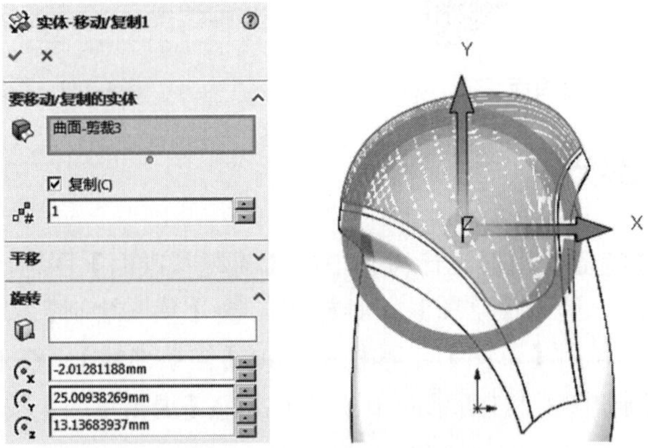

图3-245 生成移动实体特征

Step04 单击【特征管理器设计树】中的【前视基准面】图标，使其成为草图绘制平面。单击【草图】工具栏中的 🖉【草图绘制】按钮，进入草图绘制状态。使用【草图】工具栏中的 N【样条曲线】、✎【智能尺寸】工具，绘制如图3-246所示的草图。单击 🖉【退出草图】按钮，退出草图绘制状态。

Step05 单击【曲面】工具栏中的 🖋【裁剪曲面】按钮，弹出【裁剪曲面】属性管理器。在【选择】选项组中，在 🖋【裁剪工具】里选择绘图区中草图7，勾选【保留选择】选项，在 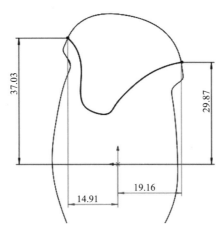 【保留的部分】选择实体-移动/复制1-剪裁0，如图3-247所示，单击
✅【确定】按钮，生成裁剪曲面1特征。

图3-246　绘制草图并标注尺寸

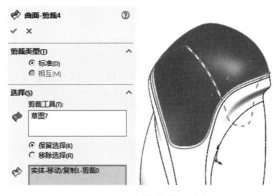

图3-247　生成裁剪曲面特征

Step06 单击下拉菜单【插入】|【凸台/基体】|【加厚】按钮，在【加厚参数】选
项组中，在 ◆【要加厚的曲面】中选择曲面-剪裁3，在 ⬡（厚度）中输入0.80mm，单
击 ✅【确定】按钮，加厚曲面，如图3-248所示。

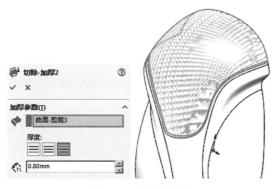

图3-248　加厚曲面

Step07 单击【特征】工具栏中的⬡【圆角】按钮，弹出【圆角】属性管理器。在【圆角项目】选项组中，单击⬡【边线、面、特征和环】选择框，在图形区域中选择模型的1条边线，设置⬠【半径】为0.50mm，单击✅【确定】按钮，生成圆角特征，如图3-249所示。

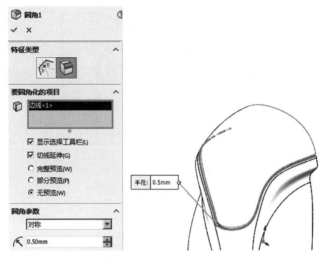

图3-249　生成圆角特征

Step08 单击下拉菜单【插入】|【凸台/基体】|【加厚】按钮，在【加厚参数】选项组中，在⬠【要加厚的曲面】中选择曲面-剪裁4，在⬡（厚度）中输入0.80mm，单击✅【确定】按钮，加厚曲面，如图3-250所示。

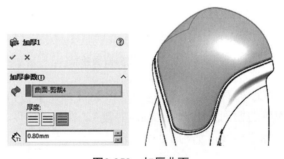

图3-250　加厚曲面

Step09 单击【特征】工具栏中的⬡【圆角】按钮，弹出【圆角】属性管理器。在【圆角项目】选项组中，单击⬡【边线、面、特征和环】选择框，在图形区域中选择模型的1条边线，设置⬠【半径】为0.50mm，单击✅【确定】按钮，生成圆角特征，如图3-251所示。

Step10 单击模型的底面，使其成为草图绘制平面。单击【标准视图】工具栏中的⬥【正视于】按钮，并单击【草图】工具栏中的⬡【草图绘制】按钮，进入草图绘制状态。使用【草图】工具栏中的✏【直线】、⬡【智能尺寸】工具，绘制如图3-252所示的草图。单击⬡【退出草图】按钮，退出草图绘制状态。

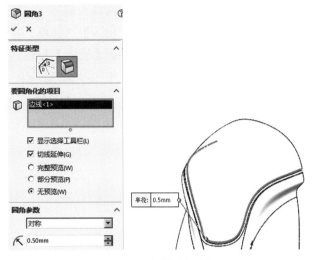

图3-251 生成圆角特征

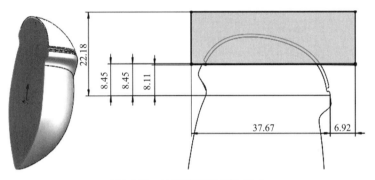

图3-252 绘制草图并标注尺寸

Step11 单击【特征】工具栏中的 Ⓒ【切除-拉伸】按钮,弹出【切除-拉伸】属性管理器。在【方向1】和【方向2】选项组中,设置【终止条件】为【完全贯穿】,单击 ✅【确定】按钮,生成拉伸切除特征,如图3-253所示。

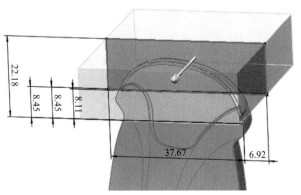

图3-253 拉伸切除特征

Step12 单击【特征】工具栏中的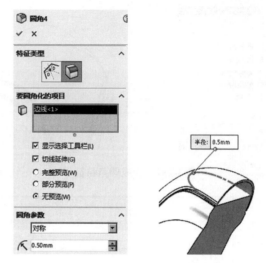【圆角】按钮，弹出【圆角】属性管理器。在【圆角项目】选项组中，单击【边线、面、特征和环】选择框，在图形区域中选择模型的1条边线，设置【半径】为0.50mm，单击【确定】按钮，生成圆角特征，如图3-254所示。

图3-254 生成圆角特征

Step13 单击【插入】|【特征】|【缩放比例】菜单命令，弹出【缩放比例】属性管理器。在【要缩放比例的实体】中选择圆角4和圆角3，在【比例缩放点】中选择【原点】，在【Z】中输入0.5，如图3-255所示，单击【确定】按钮，生成缩放比例特征。

Step14 单击模型的底面，使其成为草图绘制平面。单击【草图】工具栏中的【草图绘制】按钮，进入草图绘制状态。使用【草图】工具栏中的【椭圆】、【智能尺寸】工具，绘制如图3-256所示的草图。单击【退出草图】按钮，退出草图绘制状态。

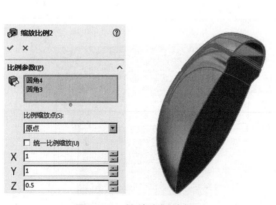

图3-255 缩放比例特征

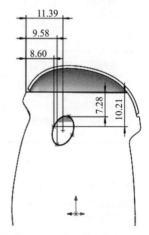

图3-256 绘制草图并标注尺寸

Step15 选择【插入】|【曲线】|【分割线】菜单命令，在 ⌐【要投影的草图】中选择【草图9】，在 ⬡【要投影的面】中选择模型的面<1>，如图3-257所示，单击 ✓【确定】按钮。

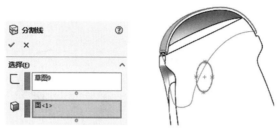

图3-257　生成分割线特征

Step16 单击【曲面】工具栏中的 ◈【等距曲面】按钮，在 ◈【要等距的面】中选择面<1>，在 ↗【等距距离】中输入0.00mm，单击 ✓【确定】按钮。如图3-258所示。

Step17 单击下拉菜单【插入】|【凸台/基体】|【加厚】按钮，在【加厚参数】选项组中，在 ◈【要加厚的曲面】中选择曲面-等距2，在 ⬡（厚度）中输入0.10mm，单击 ✓【确定】按钮，加厚曲面，如图3-259所示。

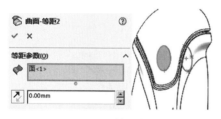

图3-258　等距曲面

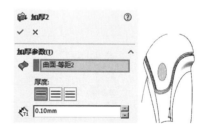

图3-259　加厚曲面

Step18 选择【插入】|【特征】|【倒角】菜单命令，弹出【倒角】属性管理器。在【倒角参数】选项组中，单击 ⬡【边线和面或顶点】选择框，在绘图区域中选择边线<1>，设置 ⬡【距离1】为0.40mm，⬡【距离2】为0.10mm，单击 ✓【确定】按钮，生成倒角特征，如图3-260所示。

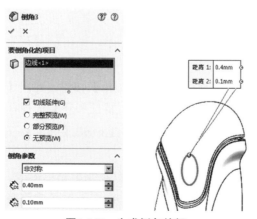

图3-260　生成倒角特征

Step19 单击【曲面】工具栏中的 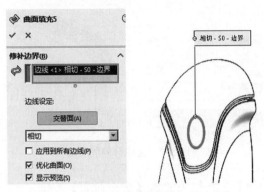 【填充曲面】按钮，在【修补边界】中选择边线<1>相切-s0-边界，单击 ✅【确定】按钮。如图3-261所示。

图3-261　填充曲面

Step20 单击【曲面】工具栏中的 🐝【延伸曲面】按钮，在 ⬦【所选面】中选择绘图区中的面<1>，在【终止条件】选项组中，勾选【距离】按钮，并设置 🜂【距离】为1.00mm，单击 ✅【确定】按钮，如图3-262所示。

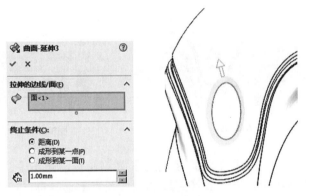

图3-262　延伸曲面

Step21 单击【插入】|【切除】|【使用曲面】菜单命令，弹出【使用曲面切除】属性管理器。在【曲面切除参数】选项组中，选择曲面-延伸3，在【特征范围】中勾选【所选实体】，选择分割线1，如图3-263所示，单击 ✅【确定】按钮，生成使用曲面切除特征。

Step22 单击【特征】工具栏中的 🔲【圆角】按钮，弹出【圆角】属性管理器。在【圆角项目】选项组中，单击 🔲【边线、面、特征和环】选择框，在图形区域中选择模型的1条边线，设置 🗹【半径】为0.10mm，单击 ✅【确定】按钮，生成圆角特征，如图3-264所示。

Step23 选择【插入】|【特征】|【移动/复制】菜单命令，弹出【移动/复制】属性管理器。单击 🖗【要移动实体】选择框，在图形区域中选择曲面-拉伸1和曲面-延伸3，如图3-265所示，单击 ✅【确定】按钮，生成移动实体特征。

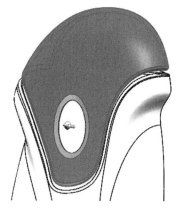

图3-263 使用曲面切除特征

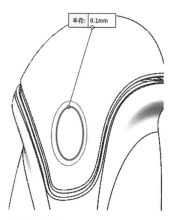

图3-264 生成圆角特征

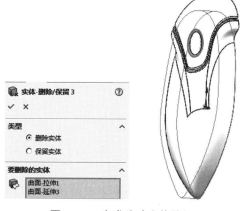

图3-265 生成移动实体特征

Step24 选择【插入】|【特征】|【移动/复制】菜单命令，弹出【移动/复制】属性管理器。单击 🐾【要移动实体】选择框，在图形区域中选择圆角5，如图3-266所示，

单击 【确定】按钮，生成移动实体特征。

Step25 单击模型的底面，使其成为草图绘制平面。单击【草图】工具栏中的 【草图绘制】按钮，进入草图绘制状态。使用【草图】工具栏中的 【椭圆】、 【智能尺寸】工具，绘制如图3-267所示的草图。单击 【退出草图】按钮，退出草图绘制状态。

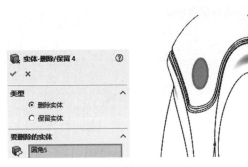

图3-266　生成移动实体特征

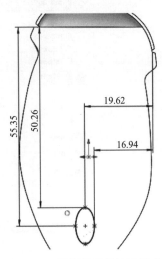

图3-267　绘制草图并标注尺寸

Step26 选择【插入】|【曲线】|【分割线】菜单命令，在 【要投影的草图】中选择【草图12】，在 【要投影的面】中选择面<1>，如图3-268所示，单击 【确定】按钮。

Step27 单击模型的底面，使其成为草图绘制平面。单击【草图】工具栏中的 【草图绘制】按钮，进入草图绘制状态。使用【草图】工具栏中的 【圆】、 【智能尺寸】工具，绘制如图3-269所示的草图。单击 【退出草图】按钮，退出草图绘制状态。

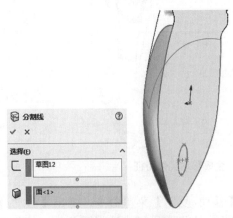

图3-268　生成分割线特征

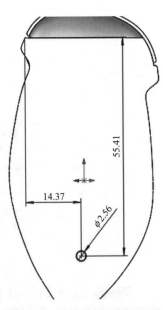

图3-269　绘制草图并标注尺寸

Step28 单击【特征】工具栏中的 🔳【切除-拉伸】按钮，弹出【切除-拉伸】属性管理器。在【方向1】选项组中，设置【终止条件】为【给定深度】，🔩【深度】为6.00mm，单击 ✅【确定】按钮，生成拉伸切除特征，如图3-270所示。

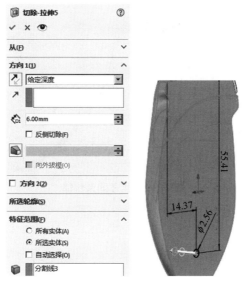

图3-270 拉伸切除特征

Step29 选择【插入】|【凸台/基体】|【放样】菜单命令，弹出【放样】属性管理器。在 ◇【轮廓】选项组中，在图形区域中选择边线<1>和边线<2>，单击 ✅【确定】按钮，如图3-271所示，生成放样特征。

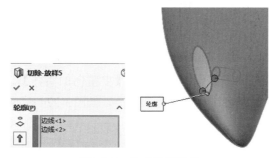

图3-271 生成放样特征

Step30 单击【特征】工具栏中的 🔲【圆角】按钮，弹出【圆角】属性管理器。在【圆角项目】选项组中，单击 🔲【边线、面、特征和环】选择框，在图形区域中选择模型的1条边线，设置 ⌒【半径】为0.50mm，单击 ✅【确定】按钮，生成圆角特征，如图3-272所示。

Step31 单击【特征】工具栏中的 🔲【镜向】按钮，弹出【镜向】属性管理器。在【镜向面/基准面】选项组中，单击 🔲【镜向面/基准面】选择框，在绘图区中选择面<1>；在【要镜向的实体】选项组中，单击 🔲【要镜向的实体】选择框，在绘图区中选择使用曲面切除3，单击 ✅【确定】按钮，生成镜向特征，如图3-273所示。

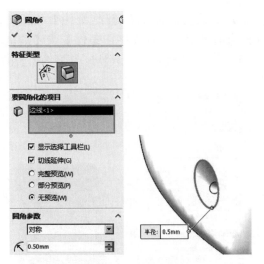

图3-272　生成圆角特征

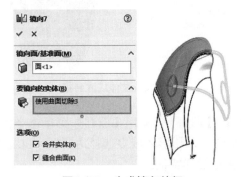

图3-273　生成镜向特征

Step32 单击【特征】工具栏中的 **⊔** 【镜向】按钮，弹出【镜向】属性管理器。在【镜向面/基准面】选项组中，单击 ⊡ 【镜向面/基准面】选择框，在绘图区中选择面<1>；在【要镜向的实体】选项组中，单击 **⊗** 【要镜向的实体】选择框，在绘图区中选择圆角6，单击 ✅ 【确定】按钮，生成镜向特征，如图3-274所示。

图3-274　生成镜向特征

Step33 选择【插入】|【特征】|【移动/复制】菜单命令,弹出【移动/复制】属性管理器。单击 ⚙ 【要移动实体】选择框,在图形区域中选择镜向7,如图3-275所示,单击 ✅ 【确定】按钮,生成移动实体特征。

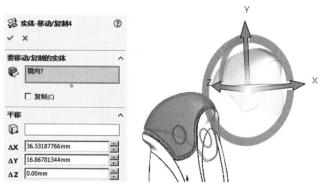

图3-275 生成移动实体特征

Step34 单击模型的上表面,使其成为草图绘制平面。单击【标准视图】工具栏中的 ⚓ 【正视于】按钮,并单击【草图】工具栏中的 🖉 【草图绘制】按钮,进入草图绘制状态。使用【草图】工具栏中的 ✎ 【直线】、✎ 【智能尺寸】工具,绘制如图3-276所示的草图。单击 🖉 【退出草图】按钮,退出草图绘制状态。

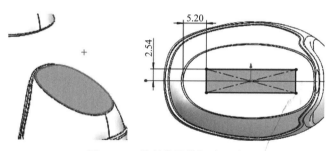

图3-276 绘制草图并标注尺寸

Step35 单击【特征】工具栏中的 ⚙ 【拉伸凸台/基体】按钮,弹出【凸台-拉伸】属性管理器。在【方向1】选项组中,设置 ↗ 【终止条件】为【给定深度】,⚙ 【深度】为2.00mm,单击 ✅ 【确定】按钮,生成拉伸特征,如图3-277所示。

Step36 单击【特征管理器设计树】中的【右视基准面】图标,使其成为草图绘制平面。单击【标准视图】工具栏中的 ⚓ 【正视于】按钮,并单击【草图】工具栏中的 🖉 【草图绘制】按钮,进入草图绘制状态。使用【草图】工具栏中的 ✎ 【直线】、✎ 【智能尺寸】工具,绘制如图3-278所示的草图。单击 🖉 【退出草图】按钮,退出草图绘制状态。

Step37 单击【特征】工具栏中的 ⚙ 【拉伸凸台/基体】按钮,弹出【凸台-拉伸】属性管理器。在【方向1】选项组中,设置 ↗ 【终止条件】为【成形到一面】,在绘图区中选择面<1>;在【方向2】选项组中,设置 ↗ 【终止条件】为【成形到一面】,在绘图区中选择面<2>,单击 ✅ 【确定】按钮,生成拉伸特征,如图3-279所示。

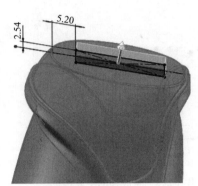

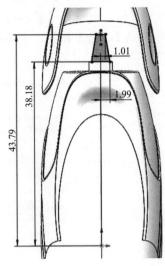

图3-277 拉伸特征　　　　　　　　　　　　　图3-278 绘制草图并标注尺寸

Step38 单击【特征管理器设计树】中的【前视基准面】图标，使其成为草图绘制平面。单击【标准视图】工具栏中的 ⊥ 【正视于】按钮，并单击【草图】工具栏中的 ⏚ 【草图绘制】按钮，进入草图绘制状态。使用【草图】工具栏中的 ╱ 【直线】、⟍ 【智能尺寸】工具，绘制如图3-280所示的草图。单击 ⏚ 【退出草图】按钮，退出草图绘制状态。

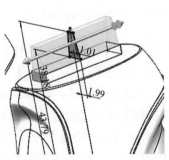

图3-279 拉伸特征　　　　　　　　　　　　　图3-280 绘制草图并标注尺寸

Step39 单击【特征】工具栏中的 🔲 【切除-拉伸】按钮，弹出【切除-拉伸】属性管理器。在【方向1】和【方向2】选项组中，设置【终止条件】为【完全贯穿】，单击 ✅ 【确定】按钮，生成拉伸切除特征，如图3-281所示。

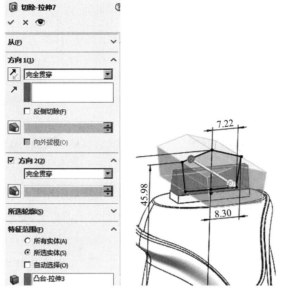

图3-281　拉伸切除特征

3.15　储水桶

本实例将生成1个储水桶模型，如图3-282所示。

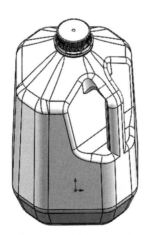

图3-282　储水桶模型

【建模思路分析】

① 外轮廓部分用拉伸特征来实现。

② 中间的部分可以用拉伸和圆角特征来实现。

③ 螺纹部分用螺旋线特征来实现，如图3-283所示。

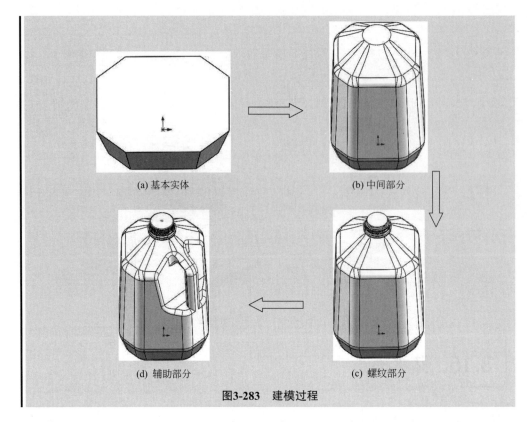

(a) 基本实体	(b) 中间部分
(d) 辅助部分	(c) 螺纹部分

图3-283　建模过程

———【具体步骤】———

3.15.1　主体部分

3.15.1　视频精讲

Step01 单击【参考几何体】工具栏中的 ◪【基准面】按钮，弹出【基准面】属性管理器。在【第一参考】中，在图形区域中选择上视基准面，单击 ◪【距离】按钮，在文本栏中输入7.75mm，如图3-284所示，在图形区域中显示出新建基准面的预览，单击 ✅【确定】按钮，生成基准面。

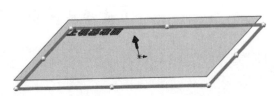

图3-284　生成基准面

Step02 单击【参考几何体】工具栏中的 🔲【基准面】按钮，弹出【基准面】属性管理器。在【第一参考】中，在图形区域中选择基准面1，单击 🔲【距离】按钮，在文本栏中输入1.50mm，如图3-285所示，在图形区域中显示出新建基准面的预览，单击 ✅【确定】按钮，生成基准面。

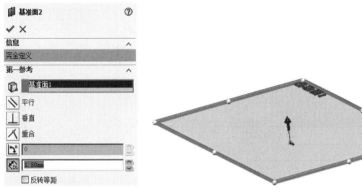

图3-285　生成基准面

Step03 单击【参考几何体】工具栏中的 🔲【基准面】按钮，弹出【基准面】属性管理器。在【第一参考】中，在图形区域中选择上视基准面，单击 🔲【距离】按钮，在文本栏中输入1.50mm，如图3-286所示，在图形区域中显示出新建基准面的预览，单击 ✅【确定】按钮，生成基准面。

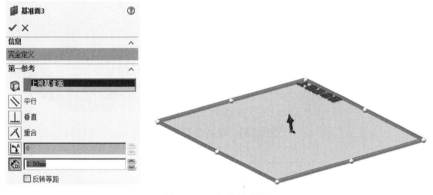

图3-286　生成基准面

Step04 单击【特征管理器设计树】中的【基准面3】图标，使其成为草图绘制平面。单击【标准视图】工具栏中的 ⬦【正视于】按钮，并单击【草图】工具栏中的 🔲【草图绘制】按钮，进入草图绘制状态。使用【草图】工具栏中的 ╱【直线】、 ╱【中心线】、 ⬦【智能尺寸】工具，绘制如图3-287所示的草图。单击 🔲【退出草图】按钮，退出草图绘制状态。

Step05 单击【特征管理器设计树】中的【前视基准面】图标，使其成为草图绘制平面。单击【标准视图】工具栏中的 ⬦【正视于】按钮，并单击【草图】工具栏中的 🔲【草图绘制】按钮，进入草图绘制状态。使用【草图】工具栏中的 🔲【等距曲线】，绘制如图3-288所示的草图。单击 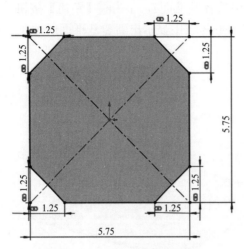 【退出草图】按钮，退出草图绘制状态。

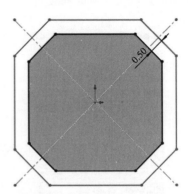

图3-287　绘制草图并标注尺寸　　　　图3-288　绘制草图并标注尺寸

Step06 选择【插入】|【凸台/基体】|【放样】菜单命令，弹出【放样】属性管理器。在 【轮廓】选项组中，在图形区域中选择草图2和草图1，单击 【确定】按钮，如图3-289所示，生成放样特征。

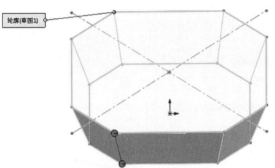

图3-289　生成放样特征

Step07 单击【特征管理器设计树】中的【基准面1】图标，使其成为草图绘制平面。单击【标准视图】工具栏中的 【正视于】按钮，并单击【草图】工具栏中的 【草图绘制】按钮，进入草图绘制状态。使用【草图】工具栏中的 【等距曲线】，绘制如图3-290所示的草图。单击 【退出草图】按钮，退出草图绘制状态。

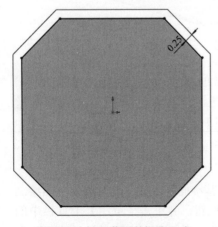

图3-290　绘制草图并标注尺寸

Step08 选择【插入】|【凸台/基体】|【放样】菜单命令，弹出【放样】属性管理器。在 【轮廓】选项组中，在图形区域中选择草图1<3>和草图3，单击 【确定】按钮，如图3-291所示，生

成放样特征。

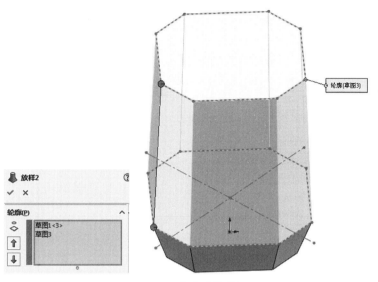

图3-291　生成放样特征

Step09 单击【特征管理器设计树】中的【基准面2】图标，使其成为草图绘制平面。单击【标准视图】工具栏中的 ⏚【正视于】按钮，并单击【草图】工具栏中的 🗂【草图绘制】按钮，进入草图绘制状态。使用【草图】工具栏中的 ⊙【圆】、👌【智能尺寸】工具，绘制如图3-292所示的草图。单击 🗂【退出草图】按钮，退出草图绘制状态。

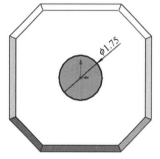

图3-292　绘制草图并标注尺寸

Step10 选择【插入】|【凸台/基体】|【放样】菜单命令，弹出【放样】属性管理器。在 ⬦【轮廓】选项组中，在图形区域中选择草图 3<3>和草图4，单击 ✅【确定】按钮，如图3-293所示，生成放样特征。

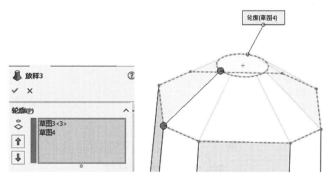

图3-293　生成放样特征

Step11 单击【特征】工具栏中的 🔲【圆角】按钮，弹出【圆角】属性管理器。在

【圆角项目】选项组中，单击 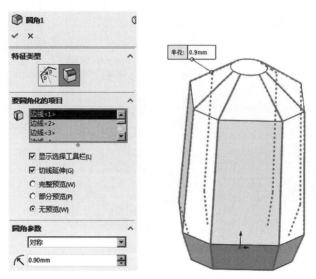【边线、面、特征和环】选择框，在图形区域中选择模型的外侧边线，设置 【半径】为0.90mm，单击 【确定】按钮，生成圆角特征，如图3-294所示。

图3-294　生成圆角特征

Step12 单击【特征】工具栏中的 【圆角】按钮，弹出【圆角】属性管理器。在【圆角项目】选项组中，单击 【边线、面、特征和环】选择框，在图形区域中选择模型的1条边线，设置 【半径】为0.75mm，单击 【确定】按钮，生成圆角特征，如图3-295所示。

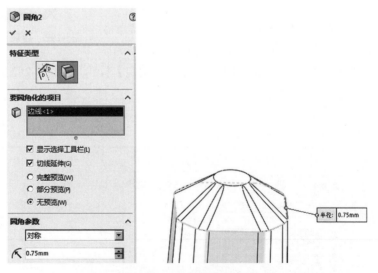

图3-295　生成圆角特征

Step13 单击【特征】工具栏中的 【圆角】按钮，弹出【圆角】属性管理器。在【圆角项目】选项组中，单击 【边线、面、特征和环】选择框，在图形区域中选择模型的1条边线，设置 $\bigwedge$ 【半径】为0.75mm，单击 $\checkmark$ 【确定】按钮，生成圆角特征，如图3-296所示。

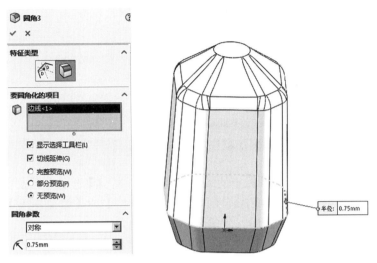

图3-296　生成圆角特征

Step14　单击【特征】工具栏中的 $\bigcirc$ 【圆角】按钮，弹出【圆角】属性管理器。在【圆角项目】选项组中，单击 $\bigcirc$ 【边线、面、特征和环】选择框，在图形区域中选择模型的1条边线，设置 $\bigwedge$ 【半径】为0.60mm，单击 $\checkmark$ 【确定】按钮，生成圆角特征，如图3-297所示。

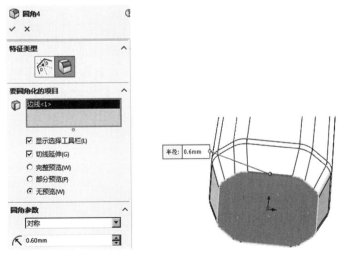

图3-297　生成圆角特征

Step15　单击模型的上表面，使其成为草图绘制平面。单击【标准视图】工具栏中的 $\downarrow$ 【正视于】按钮，并单击【草图】工具栏中的 $\bigcirc$ 【草图绘制】按钮，进入草图绘制状态。使用【草图】工具栏中的 $\bigcirc$ 【圆】、 $\swarrow$ 【智能尺寸】工具，绘制如图3-298所示的草图。单击 $\bigcirc$ 【退出草图】按钮，退出草图绘制状态。

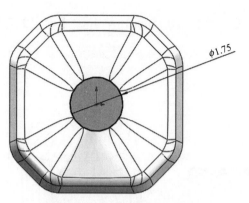

图3-298　绘制草图并标注尺寸

Step16 单击【特征】工具栏中的 🗐【拉伸凸台/基体】按钮，弹出【凸台-拉伸】属性设置。在【方向1】选项组中，设置 🗷【终止条件】为【给定深度】，🗟【深度】为0.10mm，单击 ✅【确定】按钮，生成拉伸特征，如图3-299所示。

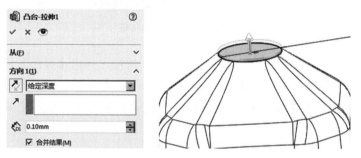

图3-299　拉伸特征

Step17 选择【插入】|【特征】|【倒角】菜单命令，弹出【倒角】属性管理器。在【倒角参数】选项组中，单击 🗇【边线和面或顶点】选择框，在绘图区域中选择模型的1条边线，设置 🗟【距离】为0.05mm，🗠【角度】为45.00度，单击 ✅【确定】按钮，生成倒角特征，如图3-300所示。

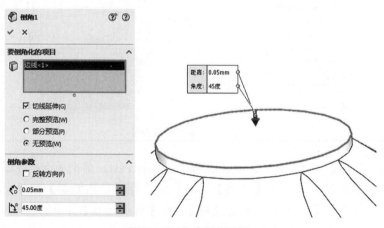

图3-300　生成倒角特征

Step18 单击零件的上表面，使其成为草图绘制平面。单击【标准视图】工具栏中的⚓【正视于】按钮，并单击【草图】工具栏中的🖉【草图绘制】按钮，进入草图绘制状态。使用【草图】工具栏中的⬡【转换实体引用】，绘制如图3-301所示的草图。单击🖉【退出草图】按钮，退出草图绘制状态。

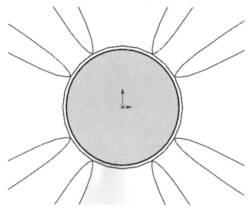

图3-301　绘制草图并标注尺寸

Step19 单击【特征】工具栏中的🔲【拉伸凸台/基体】按钮，弹出【凸台-拉伸】属性设置。在【方向1】选项组中，设置🔼【终止条件】为【给定深度】，🔽【深度】为0.20mm，单击✅【确定】按钮，生成拉伸特征，如图3-302所示。

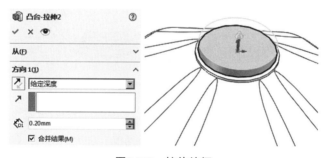

图3-302　拉伸特征

3.15.2　辅助部分

Step01 单击零件的上表面，使其成为草图绘制平面。单击【标准视图】工具栏中的⚓【正视于】按钮，并单击【草图】工具栏中的🖉【草图绘制】按钮，进入草图绘制状态。使用【草图】工具栏中的✏【直线】、🔵【圆弧】、📏【中心线】、📐【智能尺寸】工具，绘制如图3-303所示的草图。单击🖉【退出草图】按钮，退出草图绘制状态。

Step02 单击【特征】工具栏中的🔲【拉伸凸台/基体】按钮，弹出【凸台-拉伸】属性设置。在【方向1】选项组中，设置🔼【终止条件】为【给定深度】，🔽【深度】

3.15.2　视频精讲

为0.10mm，单击 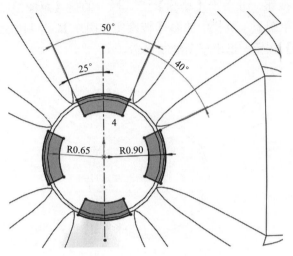 【确定】按钮，生成拉伸特征，如图3-304所示。

图3-303　绘制草图并标注尺寸

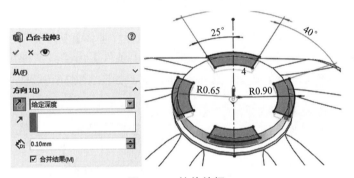

图3-304　拉伸特征

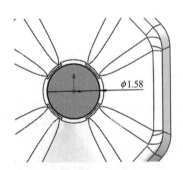

图3-305　绘制草图并标注尺寸

Step03　单击零件的上表面，使其成为草图绘制平面。单击【标准视图】工具栏中的 ⊥ 【正视于】按钮，并单击【草图】工具栏中的 ┏ 【草图绘制】按钮，进入草图绘制状态。使用【草图】工具栏中的 ⊙ 【圆】、 ◇ 【智能尺寸】工具，绘制如图3-305所示的草图。单击 ┗ 【退出草图】按钮，退出草图绘制状态。

Step04　单击【特征】工具栏中的 ⋒ 【拉伸凸台/基体】按钮，弹出【凸台-拉伸】属性设置。在【方向1】选项组中，设置 ↗ 【终止条件】为【给定深度】， ⌂ 【深度】为0.15mm，单击 ✔ 【确定】按钮，生成拉伸特征，如图3-306所示。

Step05　单击【特征】工具栏中的 ⬡ 【圆角】按钮，弹出【圆角】属性管理器。在【圆角项目】选项组中，单击 ⬡ 【边线、面、特征和环】选择框，在图形区域中选择模型的4个面，设置 ⌒ 【半径】为0.05mm，单击 ✔ 【确定】按钮，生成圆角特征，如图3-307所示。

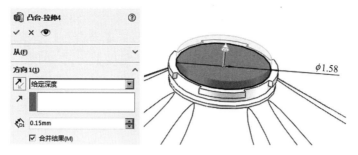

图3-306 拉伸特征

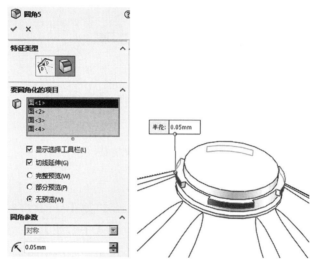

图3-307 生成圆角特征

Step06 单击【特征】工具栏中的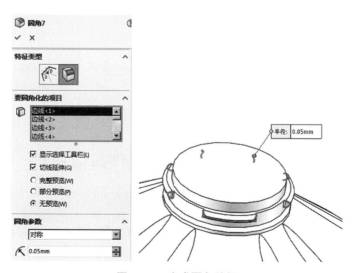【圆角】按钮,弹出【圆角】属性管理器。在【圆角项目】选项组中,单击【边线、面、特征和环】选择框,在图形区域中选择模型的8条边线,设置【半径】为0.05mm,单击【确定】按钮,生成圆角特征,如图3-308所示。

图3-308 生成圆角特征

Step07 选择【插入】|【特征】|【倒角】菜单命令，弹出【倒角】属性管理器。在【倒角参数】选项组中，单击 ⑥【边线和面或顶点】选择框，在绘图区域中选择模型的1条边线，设置 ⑧【距离】为0.035mm，⬚【角度】为30.00度，单击 ✅【确定】按钮，生成倒角特征，如图3-309所示。

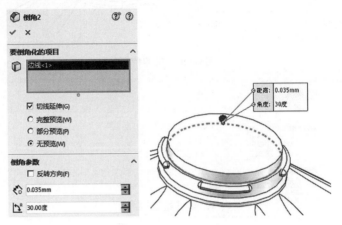

图3-309　生成倒角特征

Step08 单击零件的上表面，使其成为草图绘制平面。单击【标准视图】工具栏中的 ⬇【正视于】按钮，并单击【草图】工具栏中的 ⬒【草图绘制】按钮，进入草图绘制状态。使用【草图】工具栏中的 ✏【直线】、✏【中心线】、✎【智能尺寸】工具，绘制如图3-310所示的草图。单击 ⬒【退出草图】按钮，退出草图绘制状态。

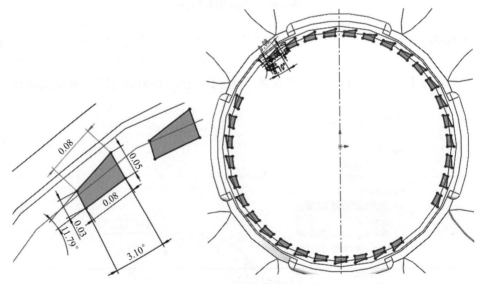

图3-310　绘制草图并标注尺寸

Step09 单击【特征】工具栏中的 ⑩【拉伸凸台/基体】按钮，弹出【凸台-拉伸】属性设置。在【方向1】选项组中，设置 ⬀【终止条件】为【给定深度】，⑥【深度】为0.15mm，单击 ✅【确定】按钮，生成拉伸特征，如图3-311所示。

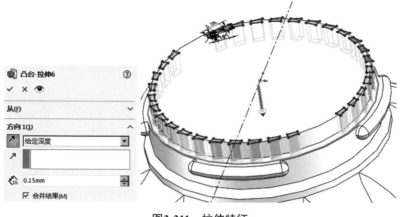

图3-311 拉伸特征

Step10 单击零件的上表面，使其成为草图绘制平面。单击【标准视图】工具栏中的 ⚓【正视于】按钮，并单击【草图】工具栏中的 ⬗【草图绘制】按钮，进入草图绘制状态。使用【草图】工具栏中的 ⊙【圆】、✎【智能尺寸】工具，绘制如图 3-312 所示的草图。单击 ⬗【退出草图】按钮，退出草图绘制状态。

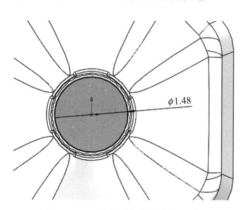

图3-312 绘制草图并标注尺寸

Step11 单击【特征】工具栏中的 ⬚【拉伸凸台/基体】按钮，弹出【凸台-拉伸】属性设置。在【方向1】选项组中，设置 ↗【终止条件】为【给定深度】，⬚【深度】为 0.05mm，单击 ✔【确定】按钮，生成拉伸特征，如图 3-313 所示。

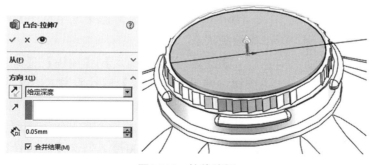

图3-313 拉伸特征

Step12　单击零件的上表面，使其成为草图绘制平面。单击【标准视图】工具栏中的⊥【正视于】按钮，并单击【草图】工具栏中的⌐【草图绘制】按钮，进入草图绘制状态。使用【草图】工具栏中的⊙【圆】、❮【智能尺寸】工具，绘制如图3-314所示的草图。单击⌐【退出草图】按钮，退出草图绘制状态。

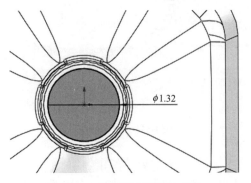

图3-314　绘制草图并标注尺寸

Step13　单击【特征】工具栏中的⌾【拉伸凸台/基体】按钮，弹出【凸台-拉伸】属性设置。在【方向1】选项组中，设置↗【终止条件】为【给定深度】，↕【深度】为0.25mm，单击✅【确定】按钮，生成拉伸特征，如图3-315所示。

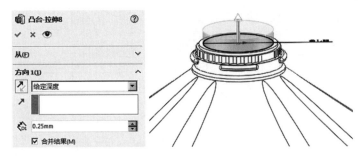

图3-315　拉伸特征

Step14　单击零件的上表面，使其成为草图绘制平面。单击【标准视图】工具栏中的⊥【正视于】按钮，并单击【草图】工具栏中的⌐【草图绘制】按钮，进入草图绘制状态。使用【草图】工具栏中的⊙【圆】、❮【智能尺寸】工具，绘制如图3-316所示的草图。单击⌐【退出草图】按钮，退出草图绘制状态。

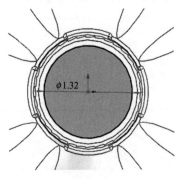

图3-316　绘制草图并标注尺寸

Step15　单击【插入】|【曲线】|【螺旋线\涡状线】按钮，弹出【螺旋线】属性设置。在【定义方式】选项组中，选择【螺距和圈数】；在【参数】选项组中，勾选【恒定螺距】，并输入数据；勾选【反向】；设置【起始角度】为263.00度；勾选【顺时针】，如图3-317所示。

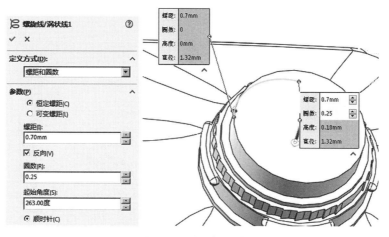

图3-317　建立螺旋线

Step16　单击【参考几何体】工具栏中的 【基准面】按钮，弹出【基准面】属性管理器。在【第一参考】中，在图形区域中选择边线<1>；在【第二参考】中，在图形区域中选择点<1>，如图3-318所示，在图形区域中显示出新建基准面的预览，单击 ✅【确定】按钮，生成基准面。

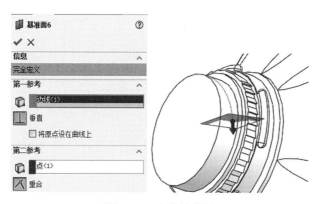

图3-318　生成基准面

Step17　单击【特征管理器设计树】中的【基准面6】图标，使其成为草图绘制平面。单击【标准视图】工具栏中的 ↓【正视于】按钮，并单击【草图】工具栏中的 ⊏【草图绘制】按钮，进入草图绘制状态。使用【草图】工具栏中的 ⊙【圆】、〈【智能尺寸】工具，绘制如图3-319所示的草图。单击 ⊏【退出草图】按钮，退出草图绘制状态。

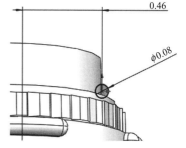

图3-319　绘制草图并标注尺寸

Step18　选择【插入】|【凸台/基体】|【扫描】菜单命令，弹出【扫描】属性管理器。在【轮廓和路径】选项组中，单击 ⊂⁰【轮廓】按钮，在图形区域中选择草图15，单击 ⊂【路径】按钮，在图形区域中选择草图中的螺旋线；在【选项】选项组中，设置【方向/扭转控制】为

【随路径变化】，单击 ✅【确定】按钮，如图3-320所示。

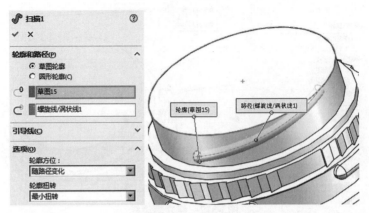

图3-320　扫描特征

Step19　单击【特征】工具栏中的 🔩【圆周阵列】按钮，弹出【圆周阵列】属性管理器。在【方向1】选项组中，单击 🔄【阵列轴】选择框，选择边线<1>，设置 ❉【实例数】为5，选择【等间距】选项；在【特征和面】选项组中，单击 🔘【要阵列的特征】选择框，在图形区域中选择扫描1，单击 ✅【确定】按钮，生成特征圆周阵列，如图3-321所示。

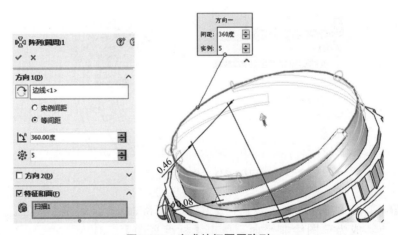

图3-321　生成特征圆周阵列

Step20　单击零件的上表面，使其成为草图绘制平面。单击【标准视图】工具栏中的 ⊥【正视于】按钮，并单击【草图】工具栏中的 ⏝【草图绘制】按钮，进入草图绘制状态。使用【草图】工具栏中的 ⊙【圆】、⬈【智能尺寸】工具，绘制如图3-322所示的草图。单击 ⏝【退出草图】按钮，退出草图绘制状态。

Step21　单击【特征】工具栏中的 🔲【切除-拉伸】按钮，弹出【切除-拉伸】属性管理器。在【方向1】选项组中，设置【终止条件】为【给定深度】，🔲【深度】为1.25mm，单击 ✅【确定】按钮，生成拉伸切除特征，如图3-323所示。

Step22　单击【特征】工具栏中的 🔲【圆角】按钮，弹出【圆角】属性管理器。在【圆

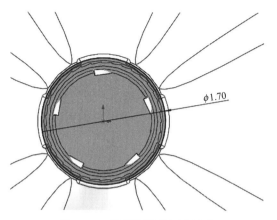

图3-322　绘制草图并标注尺寸

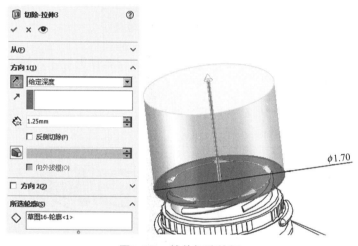

图3-323　拉伸切除特征

角项目】选项组中，单击⬡【边线、面、特征和环】选择框，在图形区域中选择模型的10条边线，设置↖【半径】为0.03mm，单击✅【确定】按钮，生成圆角特征，如图3-324所示。

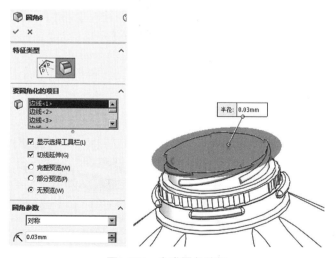

图3-324　生成圆角特征

Step23　单击零件的上表面，使其成为草图绘制平面。单击【标准视图】工具栏中的 ⊥ 【正视于】按钮，并单击【草图】工具栏中的 ⌐ 【草图绘制】按钮，进入草图绘制状态。使用【草图】工具栏中的 ⊙ 【圆】、 ◆ 【智能尺寸】工具，绘制如图3-325所示的草图。单击 ⌐ 【退出草图】按钮，退出草图绘制状态。

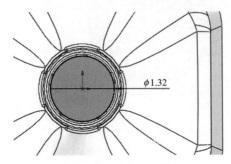

图3-325　绘制草图并标注尺寸

Step24　单击【特征】工具栏中的 ⋒ 【拉伸凸台/基体】按钮，弹出【凸台-拉伸】属性设置。在【方向1】选项组中，设置 ⋈ 【终止条件】为【给定深度】， ⊿ 【深度】为0.025mm，单击 ✔ 【确定】按钮，生成拉伸特征，如图3-326所示。

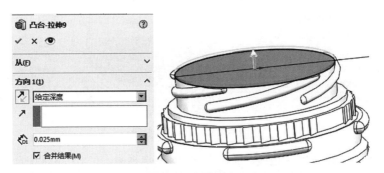

图3-326　拉伸特征

Step25　单击【参考几何体】工具栏中的 ╱ 【基准轴】按钮，弹出【基准轴】属性管理器。在 ⋒ 【参考实体】中选择圆柱面，单击 ⋒ 【圆柱/圆锥面】按钮，单击 ✔ 【确定】按钮，生成基准轴1，如图3-327所示。

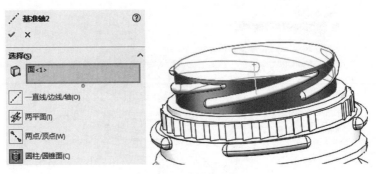

图3-327　基准轴特征

Step26 单击【参考几何体】工具栏中的  【基准面】按钮，弹出【基准面】属性管理器。在【第一参考】中，在图形区域中选择前视基准面，单击 【角度】按钮，在文本栏中输入45.00度；在【第二参考】中，在图形区域中选择基准轴2，如图3-328所示，在图形区域中显示出新建基准面的预览，单击 ✅ 【确定】按钮，生成基准面。

图3-328　生成基准面

Step27 单击【特征管理器设计树】中的【基准面7】图标，使其成为草图绘制平面。单击【标准视图】工具栏中的 【正视于】按钮，并单击【草图】工具栏中的 【草图绘制】按钮，进入草图绘制状态。使用【草图】工具栏中的 【直线】、 【中心线】、 【智能尺寸】工具，绘制如图3-329所示的草图。单击 【退出草图】按钮，退出草图绘制状态。

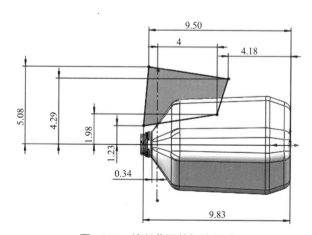

图3-329　绘制草图并标注尺寸

Step28 单击【曲面】工具栏中的 【拉伸曲面】按钮，弹出【拉伸曲面】属性管理器，在【方向1】选项组中，设置 【终止条件】为【给定深度】， 【深度】为

6.00mm；在【方向2】选项组中，设置 ⬈【终止条件】为【给定深度】，⬙【深度】为 6.00mm，如图3-330所示，单击 ✅【确定】按钮。

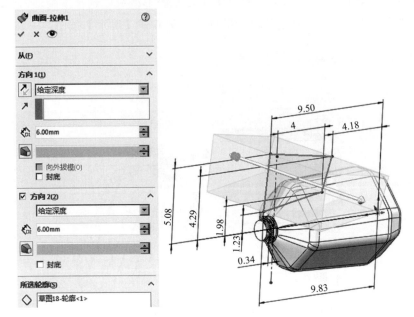

图3-330　生成曲面拉伸特征

Step29　单击和上一个草图中直线重合的平面，使其成为草图绘制平面。单击【标准视图】工具栏中的 ⊥【正视于】按钮，并单击【草图】工具栏中的 ▱【草图绘制】按钮，进入草图绘制状态。使用【草图】工具栏中的 ✐【直线】、✐【中心线】、✐【智能尺寸】工具，绘制如图3-331所示的草图。单击 ▱【退出草图】按钮，退出草图绘制状态。

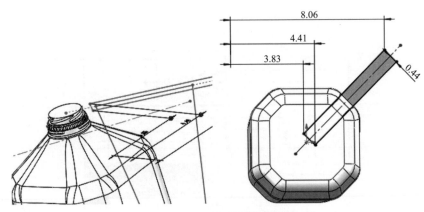

图3-331　绘制草图并标注尺寸

Step30　单击【曲面】工具栏中的 ✎【拉伸曲面】按钮，弹出【拉伸曲面】属性管理器，在【方向1】选项组中，设置 ⬈【终止条件】为【给定深度】，⬙【深度】为 6.00mm，如图3-332所示，单击 ✅【确定】按钮。

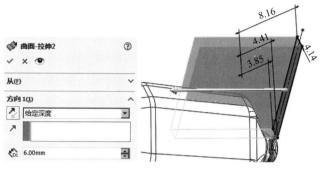

图3-332　生成曲面拉伸特征

Step31　单击【插入】|【特征】|【分割】菜单命令，弹出【分割】属性管理器。在【剪裁工具】选项组中，选择 ⬧【裁剪曲面】为曲面-拉伸1，在【目标实体】选项组中，勾选【选定的实体】选项，并选择凸台-拉伸9，如图3-333所示，单击 ✓【确定】按钮，生成分割特征。

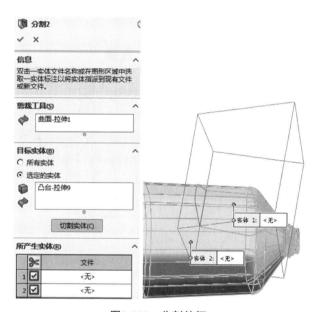

图3-333　分割特征

Step32　单击【插入】|【特征】|【分割】菜单命令，弹出【分割】属性管理器。在【剪裁工具】选项组中，选择 ⬧【裁剪曲面】为曲面-拉伸2，在【目标实体】选项组中，勾选【选定的实体】选项，并选择分割2[1]，如图3-334所示，单击 ✓【确定】按钮，生成分割特征。

Step33　单击模型中手柄的表面，使其成为草图绘制平面。单击【标准视图】工具栏中的 ⬥【正视于】按钮，并单击【草图】工具栏中的 ✎【草图绘制】按钮，进入草图绘制状态。使用【草图】工具栏中的 ╱【直线】、╱【中心线】、⬧【智能尺寸】工具，绘制如图3-335所示的草图。单击 ✎【退出草图】按钮，退出草图绘制状态。

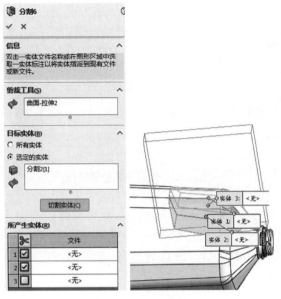

图3-334 分割特征

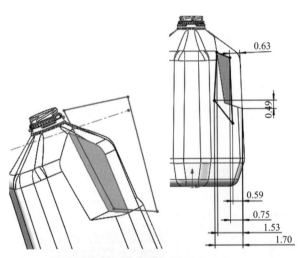

图3-335 绘制草图并标注尺寸

Step34 单击【特征】工具栏中的 ⑥【切除-拉伸】按钮，弹出【切除-拉伸】属性管理器。在【方向1】选项组中，设置【终止条件】为【成形到下一面】，单击 ✅【确定】按钮，生成拉伸切除特征，如图3-336所示。

Step35 单击【插入】|【特征】|【组合】菜单命令，弹出【组合】属性管理器。在【操作类型】选项组中，勾选【添加】；在【要组合的实体】中选择分割2[2]和切除-拉伸4，如图3-337所示，单击 ✅【确定】按钮，生成组合特征。

Step36 单击【特征】工具栏中的 ⑥【圆角】按钮，弹出【圆角】属性管理器。在【圆角项目】选项组中，单击 ⑥【边线、面、特征和环】选择框，在图形区域中选择模型的2条边线，设置 ⬩【半径】为0.50mm，单击 ✅【确定】按钮，生成圆角特征，如图3-338所示。

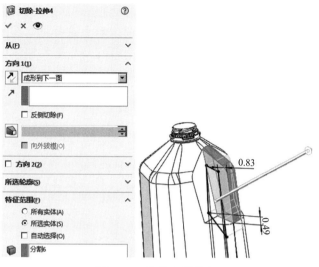

图3-336　拉伸切除特征

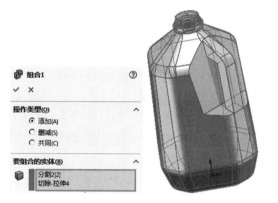

图3-337　组合特征

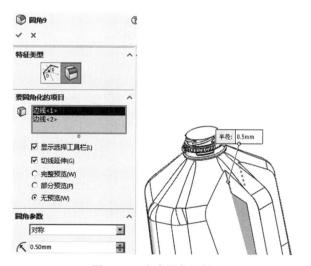

图3-338　生成圆角特征

Step37 单击【特征】工具栏中的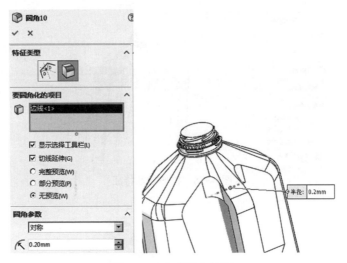【圆角】按钮，弹出【圆角】属性管理器。在【圆角项目】选项组中，单击【边线、面、特征和环】选择框，在图形区域中选择模型的1条边线，设置【半径】为0.20mm，单击【确定】按钮，生成圆角特征，如图3-339所示。

图3-339　生成圆角特征

Step38 单击【特征】工具栏中的【圆角】按钮，弹出【圆角】属性管理器。在【圆角项目】选项组中，单击【边线、面、特征和环】选择框，在图形区域中选择模型的1条边线，设置【半径】为0.60mm，单击【确定】按钮，生成圆角特征，如图3-340所示。

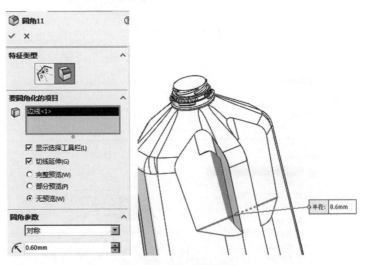

图3-340　生成圆角特征

Step39 单击【特征】工具栏中的【圆角】按钮，弹出【圆角】属性管理器。在【圆角项目】选项组中，单击【边线、面、特征和环】选择框，在图形区域中选择模型的2条边线，设置【半径】为0.30mm，单击 【确定】按钮，生成圆角特征，如图3-341所示。

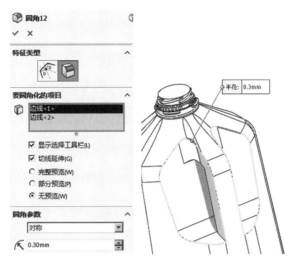

图3-341　生成圆角特征

Step40 单击【特征】工具栏中的 【圆角】按钮，弹出【圆角】属性管理器。在【圆角项目】选项组中，单击 【边线、面、特征和环】选择框，在图形区域中选择模型的2条边线，设置 【半径】为0.30mm，单击 【确定】按钮，生成圆角特征，如图3-342所示。

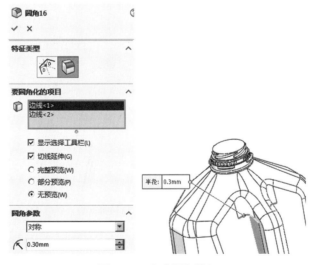

图3-342　生成圆角特征

Step41 单击【特征】工具栏中的 【圆角】按钮，弹出【圆角】属性管理器。在【圆角项目】选项组中，单击 【边线、面、特征和环】选择框，在图形区域中选择模型的2条边线，设置 【半径】为0.25mm，单击 【确定】按钮，生成圆角特征，如图3-343所示。

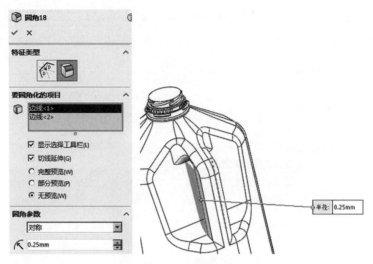

图3-343　生成圆角特征

Step42 单击【特征】工具栏中的⚙【圆角】按钮，弹出【圆角】属性管理器。在【圆角项目】选项组中，单击⚙【边线、面、特征和环】选择框，在图形区域中选择模型的1条边线，设置⚙【半径】为0.25mm，单击✔【确定】按钮，生成圆角特征，如图3-344所示。

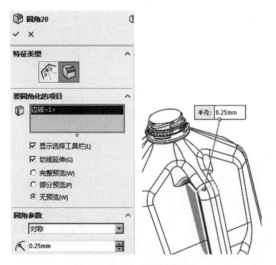

图3-344　生成圆角特征

Step43 选择【插入】|【特征】|【抽壳】菜单命令，弹出【抽壳】属性管理器。在【参数】选项组中，设置⚙【厚度】为0.01mm，在⚙【移除的面】选项中，选择绘图区中模型的顶面，单击✔【确定】按钮，生成抽壳特征，如图3-345所示。

Step44 单击【特征】工具栏中的⚙【圆角】按钮，弹出【圆角】属性管理器。在【圆角项目】选项组中，单击⚙【边线、面、特征和环】选择框，在图形区域中选择模型的7条边线，设置⚙【半径】为0.005mm，单击✔【确定】按钮，生成圆角特征，如图3-346所示。

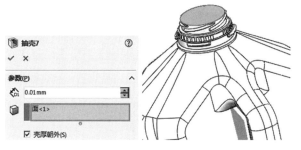

图3-345 生成抽壳特征

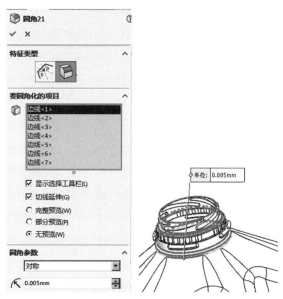

图3-346 生成圆角特征

Step45 单击【特征管理器设计树】中的【前视基准面】图标，使其成为草图绘制平面。单击【标准视图】工具栏中的 ⬐【正视于】按钮，并单击【草图】工具栏中的 ⬐【草图绘制】按钮，进入草图绘制状态。使用【草图】工具栏中的 ╱【直线】、╱【中心线】、⬐【智能尺寸】工具，绘制如图3-347所示的草图。单击 ⬐【退出草图】按钮，退出草图绘制状态。

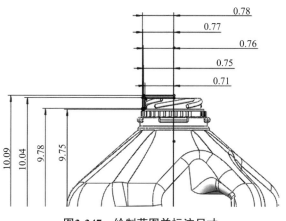

图3-347 绘制草图并标注尺寸

SolidWorks2018基础教程　机械实例版

Step46 单击【特征】工具栏中的 ⑤ 【旋转凸台/基体】按钮，弹出【旋转】属性管理器。在【旋转参数】选项组中，单击 ∕ 【旋转轴】选择框，在图形区域中选择草图中的直线1，设置 ⊙ 【终止条件】为【给定深度】，⬚ 【角度】为360.00度，单击 ✅ 【确定】按钮，生成旋转特征，如图3-348所示。

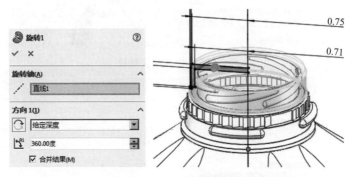

图3-348　生成旋转特征

Step47 单击【特征】工具栏中的 ⑩ 【圆角】按钮，弹出【圆角】属性管理器。在【圆角项目】选项组中，单击 ⑪ 【边线、面、特征和环】选择框，在图形区域中选择模型的2条边线，设置 ⼊ 【半径】为0.05mm，单击 ✅ 【确定】按钮，生成圆角特征，如图3-349所示。

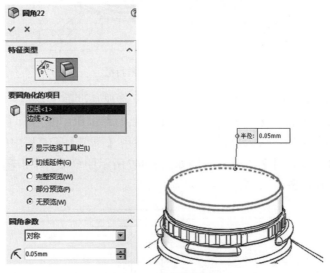

图3-349　生成圆角特征

Step48 单击【特征管理器设计树】中的【前视基准面】图标，使其成为草图绘制平面。单击【标准视图】工具栏中的 ⊥ 【正视于】按钮，并单击【草图】工具栏中的 ⼁ 【草图绘制】按钮，进入草图绘制状态。使用【草图】工具栏中的 ∕ 【直线】、∕ 【中心线】、⟨ 【智能尺寸】工具，绘制如图3-350所示的草图。单击 ⼁ 【退出草图】按钮，退出草图绘制状态。

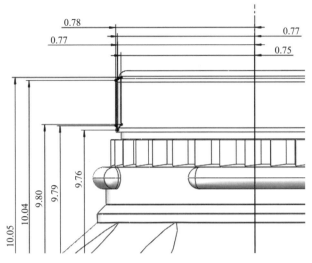

图3-350　绘制草图并标注尺寸

Step49　单击【特征】工具栏中的 🍥【旋转凸台/基体】按钮，弹出【旋转】属性管理器。在【旋转参数】选项组中，单击 ⟋【旋转轴】选择框，在图形区域中选择草图中的直线1，在【方向1】选项组中，设置 ⟳【终止条件】为【给定深度】，🡔【角度】为5.00度；在【方向2】选项组中，设置 ⟳【终止条件】为【给定深度】，🡔【角度】为5.00度，单击 ✅【确定】按钮，生成旋转特征，如图3-351所示。

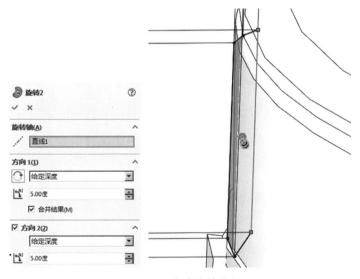

图3-351　生成旋转特征

Step50　单击【特征】工具栏中的 🦎【圆周阵列】按钮，弹出【圆周阵列】属性管理器。在【方向1】选项组中，单击 ⟳【阵列轴】选择框，选择边线<1>，设置 🦎【实例数】为75，选择【等间距】选项；在【特征和面】选项组中，单击 📦【要阵列的特征】选择框，在图形区域中选择旋转2，单击 ✅【确定】按钮，生成特征圆周阵列，如图3-352所示。

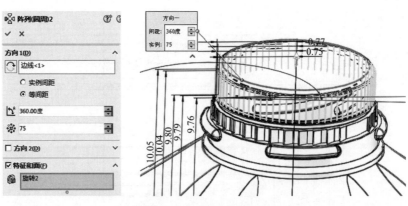

图3-352　生成特征圆周阵列

Step51　单击模型的上表面，使其成为草图绘制平面。单击【标准视图】工具栏中的 ⊥【正视于】按钮，并单击【草图】工具栏中的 ⌒【草图绘制】按钮，进入草图绘制状态。使用【草图】工具栏中的 ⊙【圆】、【智能尺寸】工具，绘制如图3-353所示的草图。单击 ⌒【退出草图】按钮，退出草图绘制状态。

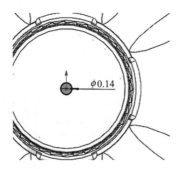

图3-353　绘制草图并标注尺寸

Step52　单击【特征】工具栏中的 ⊡【切除-拉伸】按钮，弹出【切除-拉伸】属性管理器。在【方向1】选项组中，设置【终止条件】为【给定深度】，【深度】为0.005mm，单击 ✔【确定】按钮，生成拉伸切除特征，如图3-354所示。

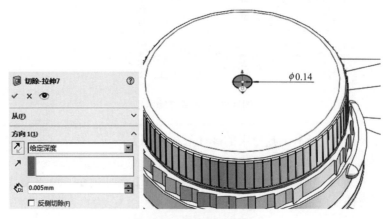

图3-354　拉伸切除特征

Step53 单击【特征】工具栏中的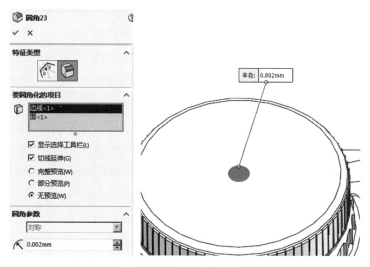【圆角】按钮，弹出【圆角】属性管理器。在【圆角项目】选项组中，单击【边线、面、特征和环】选择框，在图形区域中选择模型的1条边线和1个面，设置【半径】为0.002mm，单击【确定】按钮，生成圆角特征，如图3-355所示。

图3-355 生成圆角特征

04

第4章

装配体设计

本章通过几个典型的机械装配实例来熟悉装配体的使用方法。装配体中经常使用的功能有插入零件、添加配合、装配体评估等。

4.1 插入零件

单击【装配体】工具栏中的 【插入零部件】按钮,弹出【插入零部件】属性管理器,即可在装配体中插入一个新的零件。

实例 4.1

① 新建一个装配体文件。

② 单击【装配体】工具栏中的 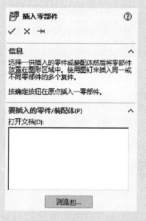【插入零部件】按钮,弹出【插入零部件】属性管理器。

③ 单击【浏览】按钮,从硬盘的文件夹中选择 SolidWorks模型文件,单击【确定】按钮即可插入一个零件,如图4-1所示。

图4-1 【插入零部件】属性设置

4.2 添加配合

单击【装配体】工具栏中的 【配合】按钮,弹出【配合】属性管理器,即可在装配体的零件之间添加配合关系。

实例 4.2

① 打开实例文件,如图4-2所示。

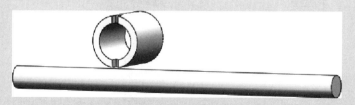

图4-2 打开装配体

② 单击【装配体】工具栏中的 【配合】按钮或执行【插入】—【配合】命令,系统

弹出【配合】属性管理器。如图4-3所示。

　　③ 分别单击两个模型的外圆柱面，系统会自动识别为【同轴心】配合关系，单击 ✅【确定】按钮，完成同轴心配合，如图4-4所示。

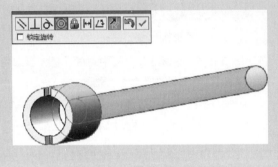

图4-3　【配合】属性管理器　　　　　　　　　　　　图4-4　添加配合

4.3　装配体评估

　　在装配体窗口中，选择【工具】—【评估】—【性能评估】菜单命令，弹出【性能评估】属性管理器，可以显示出装配体的性能参数。

实例 4.3

　　① 打开实例素材文件，如图4-5所示。

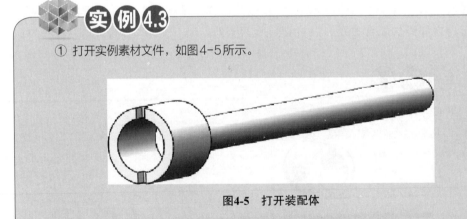

图4-5　打开装配体

　　② 单击【工具】—【评估】—【性能评估】按钮，系统弹出【性能评估】属性管理器，如图4-6所示。

　　③ 在【性能评估】属性管理器中，列出了装配体的所有相关统计信息。

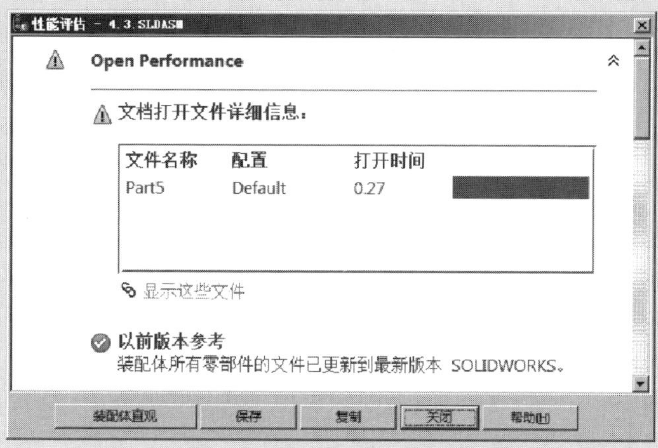

图4-6 【性能评估】属性管理器

4.4 绞肉机装配实例

本实例通过装配体的建立方法来完成绞肉机模型的装配，装配模型如图4-7所示。

图4-7 绞肉机模型

【主要步骤】

① 装配机身部分。

② 装配辅助部分。

━━━━━━━━ 【具体步骤】 ━━━━━━━━

4.4.1　装配机身部分

Step01 启动中文版SolidWorks，单击【标准】工具栏中的 🗋【新建】按钮，弹出【新建SolidWorks文件】对话框，单击【装配体】按钮，如图4-8所示，单击【确定】按钮。

4.4.1　视频精讲

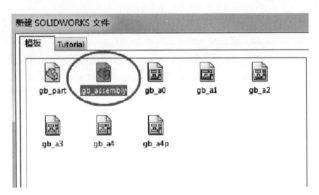

图4-8　新建装配体窗体

Step02 弹出【开始装配体】对话框，单击【浏览】按钮，选择【机身】零件，单击【打开】按钮，如图4-9所示，单击 ✅【确定】按钮。

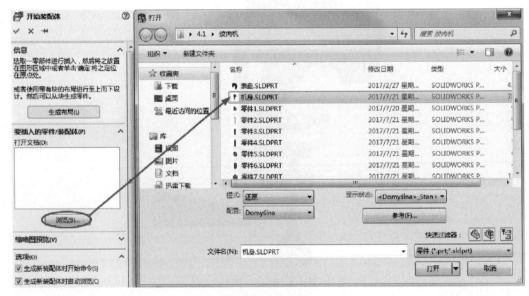

图4-9　插入零件

Step03 右击零件【机身】，在快捷菜单中选择【浮动】命令，此时零件由固定状态变为浮动，【机身】前出现（-）图标，如图4-10所示。

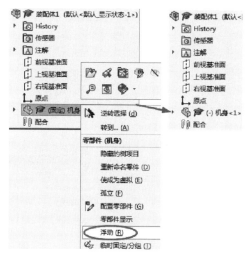

图4-10　浮动基体零件

Step04 单击【装配体】工具栏中的 【配合】按钮，弹出【配合】的属性设置。激活【标准配合】选项下的 【重合】按钮。单击 图标，展开特征树，如图4-11所示，在 【要配合的实体】文本框中，选择如图4-12所示的上视基准面和面<1>@机身-1，其他保持默认，单击 【确定】按钮，完成重合的配合。

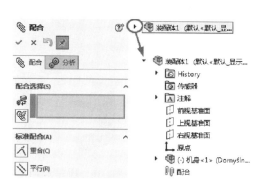

图4-11　展开特征树

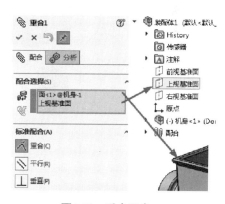

图4-12　重合配合

Step05 单击【装配体】工具栏中的 【插入零部件】按钮，弹出【插入零部件】的属性设置。单击【浏览】按钮，选择子零件【零件15】，单击【打开】按钮，插入【零件15】，在视图区域合适位置单击，如图4-13所示。

Step06 单击【装配体】工具栏中的 【配合】按钮，弹出【配合】的属性设置。激活【标准配合】选项下的 【重合】按钮。在 【要配合的实体】文本框中，选择如

图4-14所示的面，其他保持默认，单击 ✅【确定】按钮，完成重合的配合。

图4-13　插入零件15

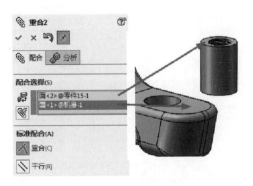

图4-14　重合配合

Step07 在【配合】的属性设置下，激活【标准配合】选项下的⊚【同轴心】按钮。在 🔩【要配合的实体】文本框中，选择如图4-15所示的两个圆形边线，其他保持默认，单击 ✅【确定】按钮，完成同轴心的配合。

Step08 单击【装配体】工具栏中的 📌【插入零部件】按钮，弹出【插入零部件】的属性设置。单击【浏览】按钮，选择【零件13】，单击【打开】按钮，插入【零件13】，在视图区域合适位置单击，如图4-16所示。

图4-15　同轴心配合

图4-16　插入零件13

Step09 在【配合】的属性设置下，激活【机械配合】选项下的 🔩【螺旋】按钮，选择【圈数/mm】，并在【距离/圈数】文本框中输入"1"。在 🔩【要配合的实体】文本框中，选择如图4-17所示的面，其他保持默认，单击 ✅【确定】按钮，完成螺旋的配合。

Step10 单击【装配体】工具栏中的 📌【插入零部件】按钮，弹出【插入零部件】的属性设置。单击【浏览】按钮，选择【零件14】，单击【打开】按钮，插入【零件14】，在视图区域合适位置单击，如图4-18所示。

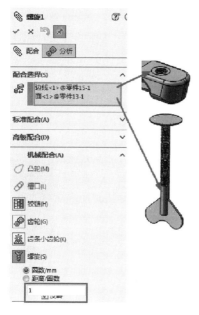

图4-17 螺旋配合

图4-18 插入零件14

Step11 单击【装配体】工具栏中的 ✎【配合】按钮，弹出【配合】的属性设置。激活【标准配合】选项下的 ⊼【重合】按钮。在 ✍【要配合的实体】文本框中，选择如图4-19所示的面，其他保持默认，单击 ✅【确定】按钮，完成重合的配合。

Step12 激活【标准配合】选项下的 ◎【同轴心】按钮。在 ✍【要配合的实体】文本框中，选择如图4-20所示的两个圆形边线，其他保持默认，单击 ✅【确定】按钮，完成同轴心的配合。

图4-19 重合配合

图4-20 同轴心配合

4.4.2 装配辅助部分

Step01 单击【装配体】工具栏中的 ✎【插入零部件】按钮，弹出【插入零部件】的属性设置。单击【浏览】按钮，选择子装配体【摇

4.4.2 视频精讲

杆】，单击【打开】按钮，插入【摇杆】，在视图区域合适位置单击，如图4-21所示。

Step02 单击【装配体】工具栏中的 ◈【配合】按钮，弹出【配合】的属性设置。激活【标准配合】选项下的 ☒【重合】按钮。在 ☒【要配合的实体】文本框中，选择如图4-22所示的面，其他保持默认，单击 ✅【确定】按钮，完成重合的配合。

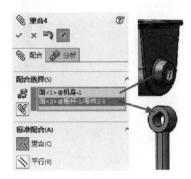

图4-21　插入摇杆　　　　　　　　　　　　　　　　　　图4-22　重合配合

Step03 激活【标准配合】选项下的 ◎【同轴心】按钮。在 ☒【要配合的实体】文本框中，选择如图4-23所示的两个圆形边线，其他保持默认，单击 ✅【确定】按钮，完成同轴心的配合。

Step04 单击【装配体】工具栏中的 ☞【插入零部件】按钮，弹出【插入零部件】的属性设置。单击【浏览】按钮，选择【零件16】，单击【打开】按钮，插入【零件16】，在视图区域合适位置单击，如图4-24所示。

图4-23　同轴心配合　　　　　　　　　　　　　　　　　图4-24　插入零件16

Step05 单击【装配体】工具栏中的 ◈【配合】按钮，弹出【配合】的属性设置。激活【标准配合】选项下的 ☒【重合】按钮。在 ☒【要配合的实体】文本框中，选择如图4-25所示的面，其他保持默认，单击 ✅【确定】按钮，完成重合的配合。

Step06 单击【装配体】工具栏中的 🔗【配合】按钮，弹出【配合】的属性设置。激活【标准配合】选项下的 🔨【重合】按钮。在 🔗【要配合的实体】文本框中，选择如图4-26所示的面，其他保持默认，单击 ✅【确定】按钮，完成重合的配合。

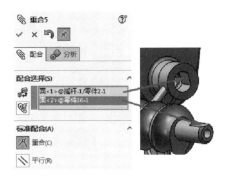

图4-25　重合配合

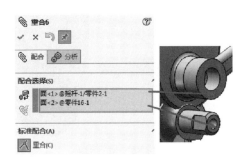

图4-26　重合配合

Step07 激活【标准配合】选项下的 ◎【同轴心】按钮。在 🔗【要配合的实体】文本框中，选择如图4-27所示的两个面，其他保持默认，单击 ✅【确定】按钮，完成同轴心的配合。

Step08 单击【装配体】工具栏中的 🔗【插入零部件】按钮，弹出【插入零部件】的属性设置。单击【浏览】按钮，选择【零件1】，单击【打开】按钮，插入【零件1】，在视图区域合适位置单击，如图4-28所示。

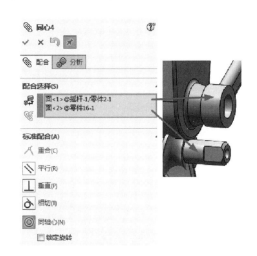

图4-27　同轴心配合

图4-28　插入零件1

Step09 单击【装配体】工具栏中的 🔗【配合】按钮，弹出【配合】的属性设置。激活【标准配合】选项下的 🔨【重合】按钮。在 🔗【要配合的实体】文本框中，选择如图4-29所示的两个圆形边线，其他保持默认，单击 ✅【确定】按钮，完成重合的配合。

Step10 单击【装配体】工具栏中的 🔗【插入零部件】按钮，弹出【插入零部件】的属性设置。单击【浏览】按钮，选择【零件7】，单击【打开】按钮，插入【零件7】，在视图区域合适位置单击，如图4-30所示。

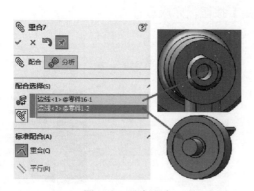

图4-29　重合配合

图4-30　插入零件7

Step11 单击【装配体】工具栏中的 【配合】按钮，弹出【配合】的属性设置。激活【标准配合】选项下的 ◎【同轴心】按钮。在 🔧【要配合的实体】文本框中，选择如图4-31所示的两个面，其他保持默认，单击 ✓【确定】按钮，完成同轴心的配合。

图4-31　同轴心配合

Step12 激活【标准配合】选项下的 ◎【同轴心】按钮。在 🔧【要配合的实体】文本框中，选择如图4-32所示的两个面，其他保持默认，单击 ✓【确定】按钮，完成同轴心的配合。

Step13 激活【标准配合】选项下的 ∧【重合】按钮。在 🔧【要配合的实体】文本框中，选择如图4-33所示的两个圆弧线，其他保持默认，单击 ✓【确定】按钮，完成重合的配合。

Step14 单击【装配体】工具栏中的 📌【插入零部件】按钮，弹出【插入零部件】的属性设置。单击【浏览】按钮，选择零件【零件17】，单击【打开】按钮，插入【零件17】，在视图区域合适位置单击，重复上述步骤，再次插入零件【零件17】，如图4-34所示。

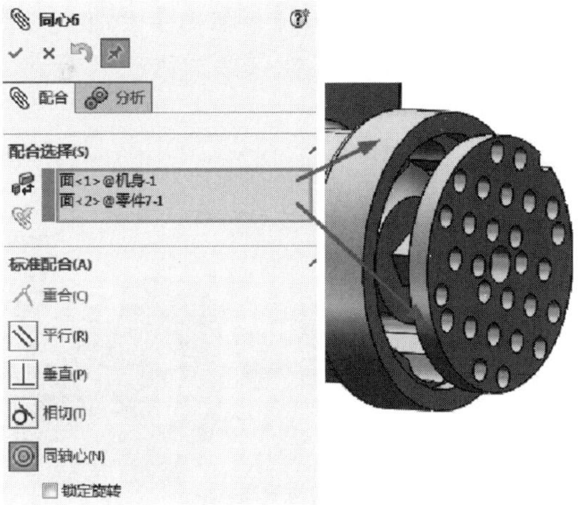

图4-32 同轴心配合

图4-34 插入零件17

图4-33 重合配合

Step15 单击【装配体】工具栏中的 ⚙ 【配合】按钮，弹出【配合】的属性设置。激活【标准配合】选项下的 ⟋ 【重合】按钮。在 ⬛ 【要配合的实体】文本框中，选择如图4-35所示的两个圆形边线，其他保持默认，单击 ✅ 【确定】按钮，完成重合的配合。

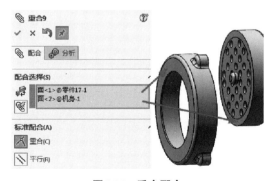

图4-35 重合配合

Step16 激活【标准配合】选项下的【同轴心】按钮。在【要配合的实体】文本框中，选择如图4-36所示的两个面，其他保持默认，单击【确定】按钮，完成同轴心的配合。

同心8
配合
分析
配合选择(S)
面<3>@零件17-1
面<4>@机身-1
标准配合(A)
重合(C)
平行(R)
垂直(P)
相切(T)
同轴心(N)
锁定旋转

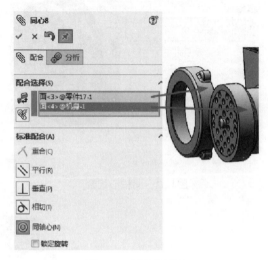

图4-36 同轴心配合

Step17 现在查看装配体的约束情况，在装配体的特征树中单击【配合】前的图标▸，可以查看如图4-37所示的配合类型。

Step18 装配体配合完成如图4-38所示。

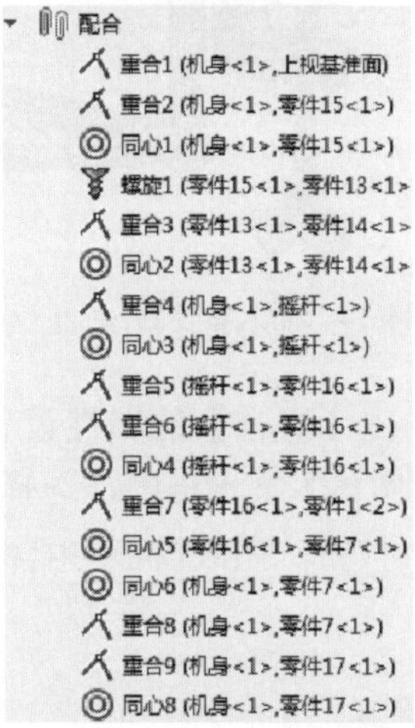

配合
重合1 (机身<1>,上视基准面)
重合2 (机身<1>,零件15<1>)
同心1 (机身<1>,零件15<1>)
螺旋1 (零件15<1>,零件13<1>
重合3 (零件13<1>,零件14<1>
同心2 (零件13<1>,零件14<1>
重合4 (机身<1>,摇杆<1>)
同心3 (机身<1>,摇杆<1>)
重合5 (摇杆<1>,零件16<1>)
重合6 (摇杆<1>,零件16<1>)
同心4 (摇杆<1>,零件16<1>)
重合7 (零件16<1>,零件1<2>)
同心5 (零件16<1>,零件7<1>)
同心6 (机身<1>,零件7<1>)
重合8 (机身<1>,零件7<1>)
重合9 (机身<1>,零件17<1>)
同心8 (机身<1>,零件17<1>)

图4-37 看装配体配合

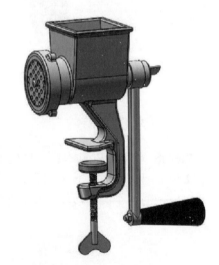

图4-38 完成装配体配合

4.5 虎钳装配体实例

本实例通过装配体的建立方法来完成虎钳模型的装配，装配模型如图4-39所示。

图4-39 虎钳装配体模型

—————— 【主要步骤】 ——————

① 装配主体部分。
② 装配辅助部分。

—————— 【具体步骤】 ——————

4.5.1 装配主体部分

4.5.1 视频精讲

Step01 启动中文版SolidWorks，单击【标准】工具栏中的 📄【新建】按钮，弹出【新建SolidWorks文件】对话框，单击【装配体】按钮，单击【确定】按钮。

Step02 弹出【开始装配体】对话框，单击【浏览】按钮，选择【part1】零件，单击【打开】按钮，单击 ✅【确定】按钮。

Step03 右击零件【part1】，在快捷菜单中选择【浮动】命令，此时零件由固定状态变为浮动，【part1】前出现（-）图标，如图4-40所示。

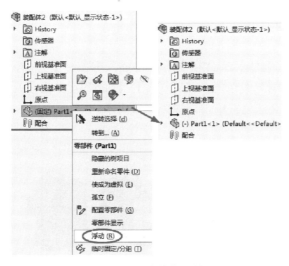

图4-40 浮动基体零件

Step04 单击【装配体】工具栏中的 ✎【配合】按钮，弹出【配合】的属性设置。激活【标准配合】选项下的 ⊿【重合】按钮。单击 ▶ 图标，展开特征树，如图4-41所示，在 🔒【要配合的实体】文本框中，选择如图4-42所示的上视基准面和零件底面，其他保持默认，单击 ✅【确定】按钮，完成重合的配合。

图4-41　展开特征树

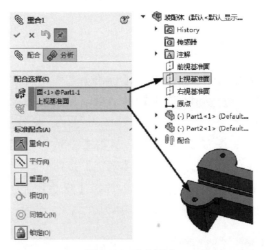

图4-42　重合配合

Step05 单击【装配体】工具栏中的 🔧【插入零部件】按钮，弹出【插入零部件】的属性设置。单击【浏览】按钮，选择子零件【part2】，单击【打开】按钮，插入零件【part2】，在视图区域合适位置单击，如图4-43所示。

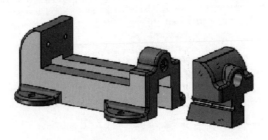

图4-43　插入part2

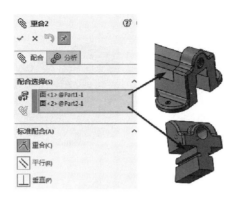

图4-44 重合配合

Step06 单击【装配体】工具栏中的 ◎【配合】按钮，弹出【配合】的属性设置。激活【标准配合】选项下的 ⬈【重合】按钮。在 ⬚【要配合的实体】文本框中，选择如图4-44所示的面，其他保持默认，单击 ✅【确定】按钮，完成重合的配合。

Step07 在【配合】的属性设置下，激活【高级配合】选项中的 ⬗【宽度】按钮，【约束】选择"中心"。在 ⬚【宽度选择】文本框中，选择如图4-45所示的零件【part1】的两侧面，在【薄片选择】文本框中选择如图4-45所示的零件【part2】的两侧面，其他保持默认，单击 ✅【确定】按钮，完成宽度的配合。

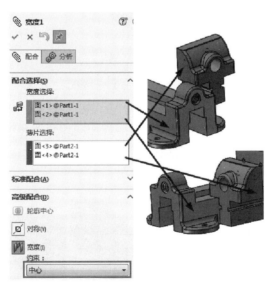

图4-45 宽度配合

Step08 在【配合】的属性设置下，激活【标准配合】选项中的 ⬊【平行】按钮，在 ⬚【要配合的实体】文本框中，选择如图4-46所示的两个面，单击 ✅【确定】按钮，完成平行的配合。

Step09 单击【装配体】工具栏中的 ⬗【插入零部件】按钮，弹出【插入零部件】的属性设置。单击【浏览】按钮，选择零件【part9】，单击【打开】按钮，插入【part9】，在视图区域合适位置单击，如图4-47所示。

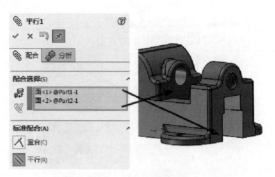

图4-46　平行配合

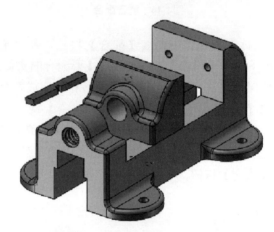

图4-47　插入part9

Step10 在【配合】的属性设置下，激活【高级配合】选项中的 ﹂ 【宽度】按钮，【约束】选择"中心"。在 ﹂ 【宽度选择】文本框中，选择如图所示的零件【part9】中间凹槽的两侧面，在【薄片选择】文本框中选择如图4-48所示的零件【part2】的圆弧面，其他保持默认，单击 ✅ 【确定】按钮，完成宽度的配合。

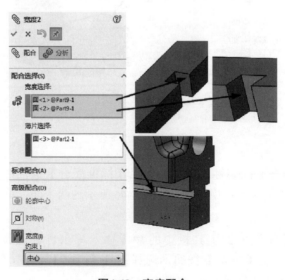

图4-48　宽度配合

Step11 继续进行约束，激活【标准配合】选项下的 ⦸【重合】按钮。在 🔩【要配合的实体】文本框中，选择如图4-49所示的面，其他保持默认，单击 ✅【确定】按钮，完成重合的配合。

图4-49　重合配合

Step12 再次点击【标准配合】选项下的 ⦸【重合】按钮。在 🔩【要配合的实体】文本框中，选择如图4-50所示的面，其他保持默认，单击 ✅【确定】按钮，完成重合的配合。

图4-50　重合配合

Step13 单击【装配体】工具栏中的 ▦【参考几何体】 ▾下拉按钮，选择 ▦【基准面】命令，弹出【基准面】的属性设置。在 ⬚【参考实体】文本框中，选择如图4-51所示的零件【part2】的两侧面，其他保持默认，单击 ✅【确定】按钮，生成基准面，如图4-52所示。

Step14 单击【装配体】工具栏中的 ▦▦【线性零部件阵列】 ▾下拉按钮，选择 ▦▦【镜向零部件】命令，弹出【镜向零部件】的属性设置。单击 ▸图标，展开特征树，在【镜向基准面】文本框中，选择特征树下的【基准面1】，在【要镜向的零件】文本框中选择零件【part9】，如图4-53所示，单击 ✅【确定】按钮，完成镜像。

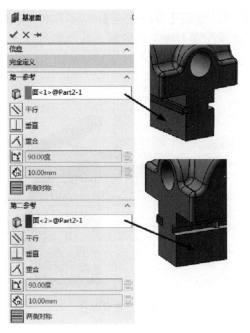

图4-51　建立基准面

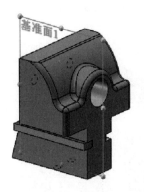

图4-52　基准面1

图4-53　完成镜向

Step15 单击【装配体】工具栏中的 ❏【插入零部件】按钮，弹出【插入零部件】的属性设置。单击【浏览】按钮，选择零件【part4】，单击【打开】按钮，插入【part4】，在视图区域合适位置单击，如图4-54所示。

图4-54　插入part4

Step16 单击【装配体】工具栏中的 📎【配合】按钮，弹出【配合】的属性设置。激活【标准配合】选项下的【重合】按钮。在【要配合的实体】文本框中，选择如图4-55所示的面，其他保持默认，单击 ✅【确定】按钮，完成重合的配合。

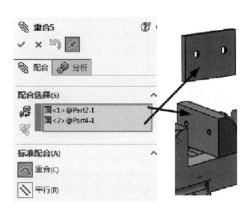

图4-55 重合配合

Step17 激活【标准配合】选项下的【重合】按钮。在【要配合的实体】文本框中，选择如图4-56所示的面，其他保持默认，单击 ✅【确定】按钮，完成重合的配合。

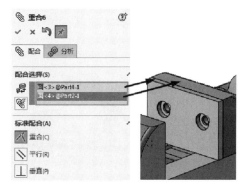

图4-56 重合配合

Step18 激活【标准配合】选项下的【重合】按钮。在【要配合的实体】文本框中，选择如图4-57所示的面，其他保持默认，单击 ✅【确定】按钮，完成重合的配合。

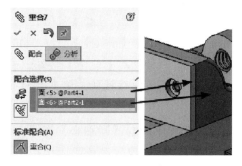

图4-57 重合配合

Step19 再次插入零件【part4】，将新插入的零件【part4】与零件【part1】按照上述步骤进行配合，配合完成如图4-58所示。

图4-58　完成配合

Step20 单击【装配体】工具栏中的 📌【插入零部件】按钮，弹出【插入零部件】的属性设置。单击【浏览】按钮，选择零件【part5】，单击【打开】按钮，插入【part5】，在视图区域合适位置单击，如图4-59所示。

图4-59　插入part5

Step21 单击【装配体】工具栏中的 🖉【配合】按钮，弹出【配合】的属性设置。激活【标准配合】选项下的 ⟍【平行】按钮。在 🔧【要配合的实体】文本框中，选择如图4-60所示的面，其他保持默认，单击 ✅【确定】按钮，完成平行的配合。

Step22 激活【标准配合】选项下的 🗡【重合】按钮。在 🔧【要配合的实体】文本框中，选择如图4-61所示的面，其他保持默认，单击 ✅【确定】按钮，完成重合的配合。

Step23 激活【标准配合】选项下的 ◎【同轴心】按钮。在 🔧【要配合的实体】文本框中，选择如图4-62所示的两个圆形边线，其他保持默认，单击 ✅【确定】按钮，完成同轴心的配合。

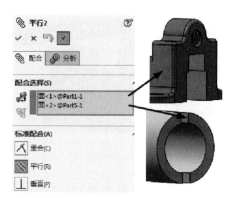

图4-60　平行配合

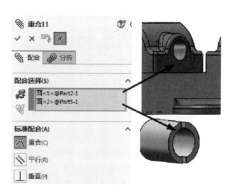

图4-61　重合配合

图4-62　同轴心配合

4.5.2　装配辅助部分

Step01 单击【装配体】工具栏中的 ![icon] 【插入零部件】按钮，弹出【插入零部件】的属性设置。单击【浏览】按钮，选择零件【part3】，单击【打开】按钮，插入【part3】，在视图区域合适位置单击，如图4-63所示。

图4-63　插入part3

Step02 单击【装配体】工具栏中的 ◎【配合】按钮，弹出【配合】的属性设置。激活【标准配合】选项下的 ✗【重合】按钮。在 ⬚【要配合的实体】文本框中，选择如图4-64所示的面，其他保持默认，单击 ✓【确定】按钮，完成重合的配合。

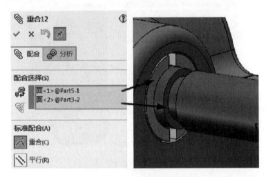

图4-64　重合配合

Step03 激活【机械配合】选项下的 ☷【螺旋】按钮，选择【距离/圈数】，并在【距离/圈数】文本框中输入"3.5mm"。在 ⬚【要配合的实体】文本框中，选择如图4-65所示的面，其他保持默认，单击 ✓【确定】按钮，完成螺旋的配合。

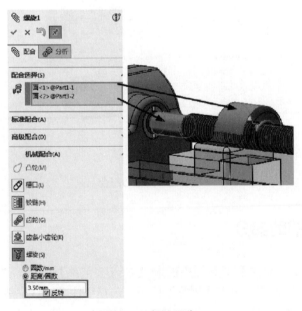

图4-65　螺旋配合

Step04 单击【装配体】工具栏中的 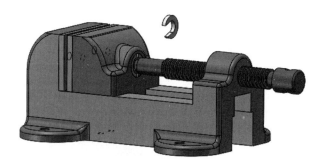 【插入零部件】按钮，弹出【插入零部件】的属性设置。单击【浏览】按钮，选择零件【part7】，单击【打开】按钮，插入【part7】，在视图区域合适位置单击，如图4-66所示。

图4-66　插入part7

Step05 单击【装配体】工具栏中的 【配合】按钮，弹出【配合】的属性设置。激活【标准配合】选项下的 【平行】按钮。在 【要配合的实体】文本框中，选择如图4-67所示的面，其他保持默认，单击 【确定】按钮，完成平行的配合。

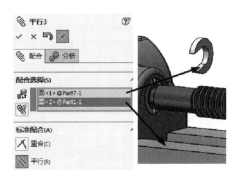

图4-67　平行配合

Step06 激活【标准配合】选项下的 【重合】按钮。在 【要配合的实体】文本框中，选择如图4-68所示的面，其他保持默认，单击 【确定】按钮，完成重合的配合。

图4-68　重合配合

Step07 激活【标准配合】选项下的◎【同轴心】按钮。在🔩【要配合的实体】文本框中，选择如图4-69所示的两个圆形边线，其他保持默认，单击✔️【确定】按钮，完成同轴心的配合。

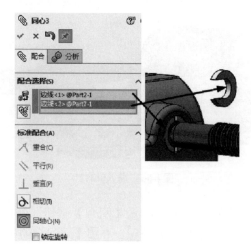

图4-69　同轴心配合

Step08 单击【装配体】工具栏中的🔩【插入零部件】按钮，弹出【插入零部件】的属性设置。单击【浏览】按钮，选择零件【part7】，单击【打开】按钮，插入【part7】，在视图区域合适位置单击，如图4-70所示。

图4-70　插入part7

Step09 单击【装配体】工具栏中的🔗【配合】按钮，弹出【配合】的属性设置。激活【标准配合】选项下的◎【同轴心】按钮。在🔩【要配合的实体】文本框中，选择如图4-71所示的两个面，其他保持默认，单击✔️【确定】按钮，完成同轴心的配合。

Step10 单击【装配体】工具栏中的🔩【插入零部件】按钮，弹出【插入零部件】的属性设置。单击【浏览】按钮，选择零件【part8】，单击【打开】按钮，插入【part8】，在视图区域合适位置单击，重复上述步骤，再次插入零件【part8】，如图4-72所示。

Step11 单击【装配体】工具栏中的🔗【配合】按钮，弹出【配合】的属性设置。激活【标准配合】选项下的⊼【重合】按钮。在🔩【要配合的实体】文本框中，选择如图4-73所示的两个边线，其他保持默认，单击✔️【确定】按钮，完成重合的配合。

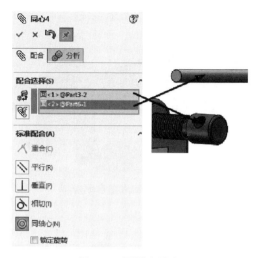

图4-71　同轴心配合

图4-72　插入part8

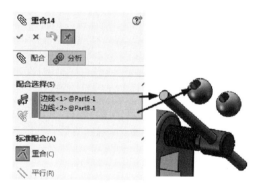

图4-73　重合配合

Step12 用同样的步骤将零件【part8-2】与零件【part6】的另一端进行重合配合，配合完成如图4-74所示。

Step13 激活【标准配合】选项下的 ⟶ 【相切】按钮。在 ⟶ 【要配合的实体】文本框中，选择如图4-75所示的两个面，单击 ✓ 【确定】按钮，完成相切的配合。

Step14 现在查看装配体的约束情况，在装配体的特征树中单击【配合】前的图标 ▸，可以查看如图4-76所示的配合类型。

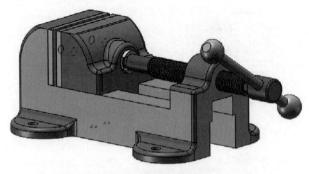

图4-74　完成重合配合

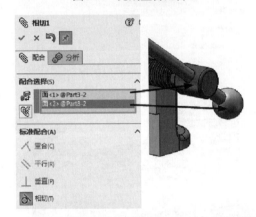

相切1
配合
分析
配合选择(S)
面<1>@Part3-2
面<2>@Part8-2
标准配合(A)
重合(C)
平行(R)
垂直(P)
相切(T)

图4-75　相切配合

配合
(固定) 重合1 (Part1<1>,上视基准面)
重合2 (Part1<1>,Part2<1>)
宽度1 (Part1<1> ,Part2<1>)
平行1 (Part1<1>,Part2<1>)
宽度2 (Part9<1> ,Part2<1>)
重合3 (Part2<1>,Part9<1>)
重合4 (Part2<1>,Part9<1>)
重合5 (Part2<1>,Part4<1>)
重合6 (Part2<1>,Part4<1>)
重合7 (Part2<1>,Part4<1>)
重合8 (Part1<1>,Part4<2>)
重合9 (Part1<1>,Part4<2>)
重合10 (Part1<1>,Part4<2>)
平行2 (Part1<1>,Part5<1>)
重合11 (Part2<1>,Part5<1>)
同心1 (Part2<1>,Part5<1>)
重合12 (Part5<1>,Part3<2>)
螺旋1 (Part1<1>,Part3<2>)
平行3 (Part1<1>,Part7<1>)
重合13 (Part2<1>,Part7<1>)
同心3 (Part2<1>,Part7<1>)
同心4 (Part6<1>,Part3<2>)
重合14 (Part6<1>,Part8<1>)
重合15 (Part6<1>,Part8<2>)
相切1 (Part3<2>,Part8<2>)

图4-76　看装配体配合

Step15 装配体配合完成如图4-77所示。

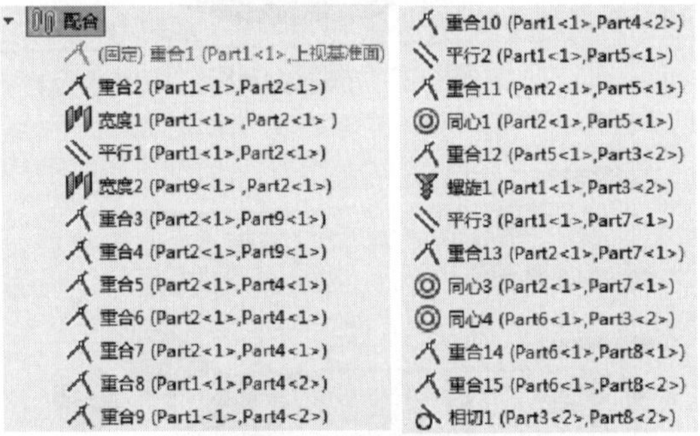

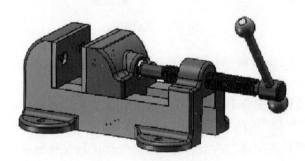

图4-77　完成装配体配合

4.6 机械手装配体实例

本实例通过装配体的建立方法来完成机械手模型的装配，装配模型如图4-78所示。

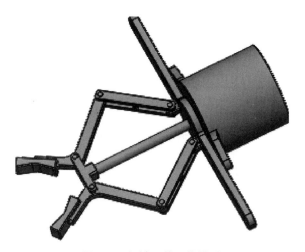

图4-78 机械手装配体模型

———— 【主要步骤】 ————

① 装配基座部分。
② 装配手部分。

———— 【具体步骤】 ————

4.6.1 装配基座部分

4.6.1 视频精讲

Step01 启动中文版SolidWorks，单击【标准】工具栏中的 📄【新建】按钮，弹出【新建SolidWorks文件】对话框，单击【装配体】按钮，单击【确定】按钮。

Step02 弹出【开始装配体】对话框，单击【浏览】按钮，选择零件【Motor System】，单击【打开】按钮，单击 ✅【确定】按钮。

Step03 右击零件【Motor System】，在快捷菜单中选择【浮动】命令，此时零件由固定状态变为浮动，【Motor System】前出现（-）图标，如图4-79所示。

Step04 单击【装配体】工具栏中的 🔗【配合】按钮，弹出【配合】的属性设置。激活【标准配合】选项下的 🔲【重合】按钮。单击 ▶图标，展开特征树，如图4-80所示，在 🔧【要配合的实体】文本框中，选择如图4-81所示的上视基准面和零件底面，其他保持默认，单击 ✅【确定】按钮，完成重合的配合。

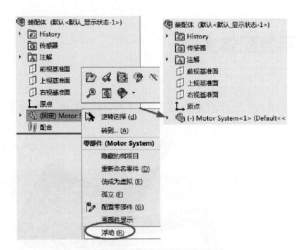

图4-79 浮动基体零件

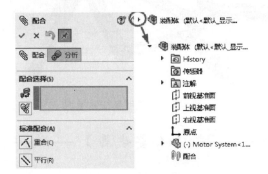

图4-80 展开特征树

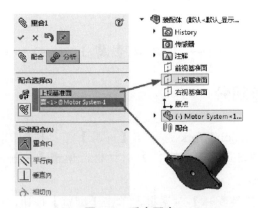

图4-81 重合配合

Step05 单击【装配体】工具栏中的 【插入零部件】按钮，弹出【插入零部件】的属性设置。单击【浏览】按钮，选择子零件【Motor Base】，单击【打开】按钮，插入零件【Motor Base】，在视图区域合适位置单击，如图4-82所示。

Step06 单击【装配体】工具栏中的 【配合】按钮，弹出【配合】的属性设置。激活【标准配合】选项下的 【同轴心】按钮。在 【要配合的实体】文本框中，选择如图4-83所示的两个面，其他保持默认，单击 【确定】按钮，完成同轴心的配合。

图4-82　插入Motor Base

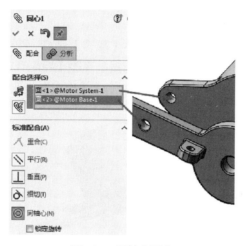

图4-83　同轴心配合

Step07 再次激活【标准配合】选项下的◎【同轴心】按钮。在🔧【要配合的实体】文本框中，选择零件【Motor System】与零件【Motor Base】另一侧的两个孔，如图4-84所示，其他保持默认，单击✅【确定】按钮，完成同轴心的配合。

图4-84　同轴心配合

Step08 激活【标准配合】选项下的 ⟨人⟩【重合】按钮。在 🔗【要配合的实体】文本框中，选择如图4-85所示的面，其他保持默认，单击 ✅【确定】按钮，完成重合的配合。

4.6.2 装配手部分

4.6.2 视频精讲

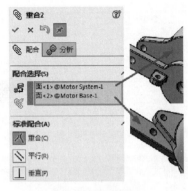

图4-85 重合配合

Step01 单击【装配体】工具栏中的 📥【插入零部件】按钮，弹出【插入零部件】的属性设置。单击【浏览】按钮，选择零件【Arm 1】，单击【打开】按钮，插入【Arm 1】，在视图区域合适位置单击，如图4-86所示。

Step02 单击【装配体】工具栏中的 📎【配合】按钮，弹出【配合】的属性设置。激活【标准配合】选项下的 ◎【同轴心】按钮。在 🔗【要配合的实体】文本框中，选择如图4-87所示的两个面，其他保持默认，单击 ✅【确定】按钮，完成同轴心的配合。

图4-86 插入Arm 1

图4-87 同轴心配合

Step03 继续进行约束，激活【标准配合】选项下的⚒【重合】按钮。在🔩【要配合的实体】文本框中，选择如图4-88所示的面，其他保持默认，单击✅【确定】按钮，完成重合的配合。

Step04 单击【装配体】工具栏中的🔧【插入零部件】按钮，弹出【插入零部件】的属性设置。单击【浏览】按钮，选择零件【Arm 2】，单击【打开】按钮，插入【Arm 2】，在视图区域合适位置单击，如图4-89所示。

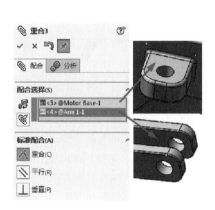

图4-88　重合配合

图4-89　插入Arm 2

Step05 单击【装配体】工具栏中的📎【配合】按钮，弹出【配合】的属性设置。激活【标准配合】选项下的◎【同轴心】按钮。在🔩【要配合的实体】文本框中，选择如图4-90所示的两个面，其他保持默认，单击✅【确定】按钮，完成同轴心的配合。

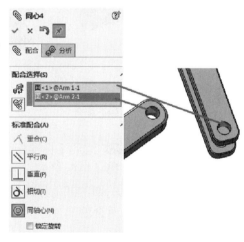

图4-90　同轴心配合

Step06 激活【标准配合】选项下的⚒【重合】按钮。在🔩【要配合的实体】文本框中，选择如图4-91所示的面，其他保持默认，单击✅【确定】按钮，完成重合的配合。

Step07 单击【装配体】工具栏中的🔧【插入零部件】按钮，弹出【插入零部件】的属性设置。单击【浏览】按钮，选择零件【part9】，单击【打开】按钮，插入

【part9】，在视图区域合适位置单击，如图4-92所示。

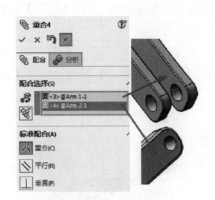

图4-91　重合配合

图4-92　插入part9

Step08 单击【装配体】工具栏中的 ⊘【配合】按钮，弹出【配合】的属性设置。激活【标准配合】选项下的◎【同轴心】按钮。在 ⧉【要配合的实体】文本框中，选择如图4-93所示的两个面，其他保持默认，单击 ✓【确定】按钮，完成同轴心的配合。

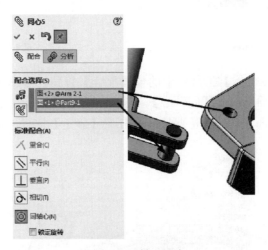

图4-93　同轴心配合

图4-94　重合配合

Step09 激活【标准配合】选项下的 人【重合】按钮。在 ⧉【要配合的实体】文本框中，选择如图4-94所示的面，其他保持默认，单击 ✓【确定】按钮，完成重合的配合。

Step10 激活【标准配合】选项下的◎【同轴心】按钮。在 ⧉【要配合的实体】文本框中，选择如图4-95所示的两个面，其他保持默认，单击 ✓【确定】按钮，完成同轴心的配合。

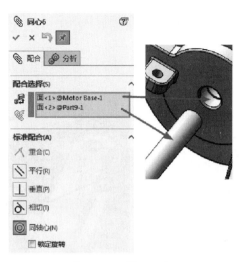

图4-95 同轴心配合

Step11 单击【装配体】工具栏中的 🔧【插入零部件】按钮，弹出【插入零部件】的属性设置。单击【浏览】按钮，选择零件【Shaft】，单击【打开】按钮，在视图区域合适位置单击，插入【Shaft】，重复上述步骤，再插入一个零件【Shaft】，如图4-96所示。

Step12 单击【装配体】工具栏中的 🔗【配合】按钮，弹出【配合】的属性设置。激活【高级配合】选项中的 🔢【宽度】按钮，【约束】选择"中心"。在 🔧【宽度选择】文本框中，选择如图所示的零件【Arm 1】的两个表面，在【薄片选择】文本框中选择如图4-97所示的零件【Shaft】的上下两表面，其他保持默认，单击 ✅【确定】按钮，完成宽度的配合。

图4-96 插入Shaft

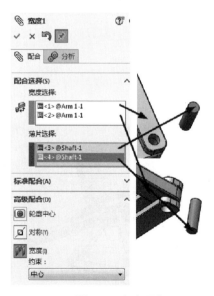

图4-97 宽度配合

Step13 激活【标准配合】选项下的 ◎【同轴心】按钮。在 🔧【要配合的实体】文本框中，选择如图4-98所示的两个面，其他保持默认，单击✅【确定】按钮，完成同轴心的配合。

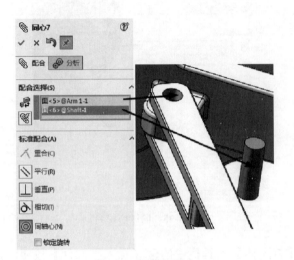

图4-98　同轴心配合

Step14 重复上述步骤将另一个零件【Shaft】与零件【Arm 1】上另一个孔进行配合，配合完成如图4-99所示。

Step15 单击【装配体】工具栏中的🔧【参考几何体】▼下拉按钮，选择📐【基准面】命令，弹出【基准面】的属性设置。在🔲【参考实体】文本框中，选择如图4-99所示的零件【part9】的两侧面，其他保持默认，单击✅【确定】按钮，生成基准面，如图4-100所示。

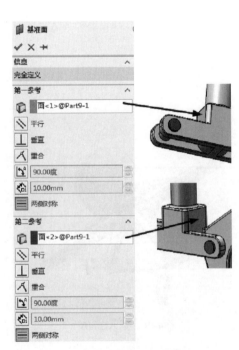

图4-99　完成零件Shaft的配合

图4-100　建立基准面

Step16 单击【装配体】工具栏中的 ⊞ 【线性零部件阵列】 ▼ 下拉按钮，选择 ⊞ 【镜向零部件】命令，弹出【镜向零部件】的属性设置。单击 ▶ 图标，展开特征树，在【镜向基准面】文本框中，选择特征树下的【基准面1】，在【要镜向的零件】文本框中选择零件【Arm 1】、【Arm 2】、【Shaft<1>】、【Shaft<2>】，如图4-101所示，单击 ✅ 【确定】按钮，完成镜向如图4-102所示。

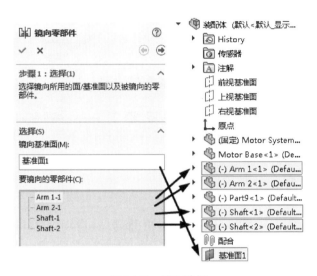

图4-101　镜向选择

Step17 现在查看装配体的约束情况，在装配体的特征树中单击【配合】前的图标 ▶，可以查看如图4-103所示的配合类型。

图4-102　完成镜向

图4-103　看装配体配合

4.7 扳手装配实例

本实例通过装配体的建立方法来完成扳手模型的装配，装配模型如图4-104所示。

图4-104　扳手装配模型

———————【主要步骤】———————

① 装配主体部分。
② 装配辅助部分。

———————【具体步骤】———————

4.7.1　装配主体部分

Step01 启动中文版SolidWorks，单击【标准】工具栏中的 📄【新建】按钮，弹出【新建SolidWorks文件】对话框，单击【装配体】按钮，单击【确定】按钮。

4.7.1　视频精讲

Step02 弹出【开始装配体】对话框，单击【浏览】按钮，选择【Wrench】零件，单击【打开】按钮，单击 ✅【确定】按钮。

Step03 右击零件【Wrench】，在快捷菜单中选择【浮动】命令，此时零件由固定状态变为浮动，【Wrench】前出现（-）图标，如图4-105所示。

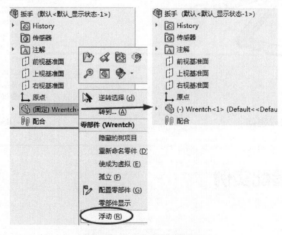

图4-105　浮动基体零件

Step04 单击【装配体】工具栏中的◎【配合】按钮，弹出【配合】的属性设置。激活【标准配合】选项下的⚙【重合】按钮。单击▶图标，展开特征树，如图4-106所示，在◎【要配合的实体】文本框中，选择如图4-107所示的上视基准面和零件表面，其他保持默认，单击✔【确定】按钮，完成重合的配合。

图4-106　展开特征树

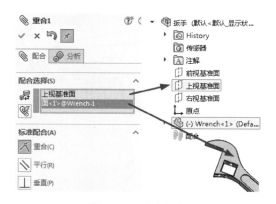

图4-107　重合配合

Step05 单击【装配体】工具栏中的◎【插入零部件】按钮，弹出【插入零部件】的属性设置。单击【浏览】按钮，选择子零件【Wrench 2】，单击【打开】按钮，插入零件【Wrench 2】，在视图区域合适位置单击，如图4-108所示。

图4-108　插入零件Wrench 2

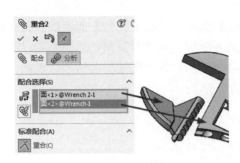

图4-109　重合配合

Step06 单击【装配体】工具栏中的【配合】按钮，弹出【配合】的属性设置。激活【标准配合】选项下的【重合】按钮。在【要配合的实体】文本框中，选择如图4-109所示的面，其他保持默认，单击【确定】按钮，完成重合的配合。

Step07 在【配合】的属性设置下，激活【标准配合】选项下的【相切】按钮。在【要配合的实体】文本框中，选择如图4-110所示的两个圆弧面，其他保持默认，单击【确定】按钮，完成相切的配合。

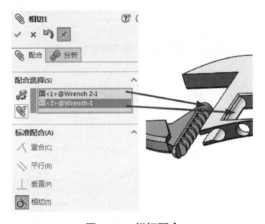

图4-110　相切配合

4.7.2　装配辅助部分

Step01 单击【装配体】工具栏中的【插入零部件】按钮，弹出【插入零部件】的属性设置。单击【浏览】按钮，选择零件【Wrench 3】，单击【打开】按钮，插入零件【Wrench 3】，在视图区域合适位置单击，如图4-111所示。

4.7.2　视频精讲

图4-111　插入零件Wrench 3

Step02 在【配合】的属性设置下，激活【标准配合】选项下的◎【同轴心】按钮。在🔩【要配合的实体】文本框中，选择如图4-112所示的两个圆形边线，其他保持默认，单击✅【确定】按钮，完成同轴心的配合。

图4-112　同轴心配合

Step03 在【配合】的属性设置下，激活【标准配合】选项下的♂【相切】按钮。在🔩【要配合的实体】文本框中，选择如图4-113所示的两个面，其他保持默认，单击✅【确定】按钮，完成相切的配合。

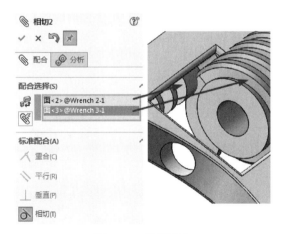

图4-113　相切配合

Step04 单击【装配体】工具栏中的◎【配合】按钮，弹出【配合】的属性设置。激活【标准配合】选项下的人【重合】按钮。在🔩【要配合的实体】文本框中，选择如图4-114所示的面，其他保持默认，单击✅【确定】按钮，完成重合的配合。

Step05 单击【装配体】工具栏中的🔧【插入零部件】按钮，弹出【插入零部件】

的属性设置。单击【浏览】按钮，选择零件【Wrench 4】，单击【打开】按钮，插入零件【Wrench 4】，在视图区域合适位置单击，如图4-115所示。

图4-114 重合配合

图4-115 插入零件Wrench 4

Step06 单击【装配体】工具栏中的 ⊘【配合】按钮，弹出【配合】的属性设置。激活【标准配合】选项下的 ◎【同轴心】按钮。在 🔧【要配合的实体】文本框中，选择如图4-116所示的两个面，其他保持默认，单击 ✅【确定】按钮，完成同轴心的配合。

Step07 激活【标准配合】选项下的 ⋏【重合】按钮。在 🔧【要配合的实体】文本框中，选择如图4-117所示的面，其他保持默认，单击 ✅【确定】按钮，完成重合的配合。

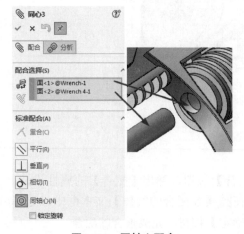

图4-116 同轴心配合

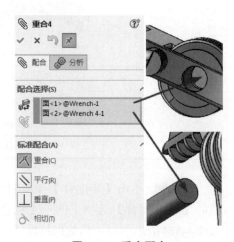

图4-117 重合配合

4.8 内燃机装配实例

本实例通过装配体的建立方法来完成内燃机模型的装配，装配模型如图4-118所示。

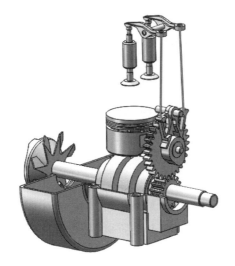

图4-118 内燃机装配模型

———— 【主要步骤】 ————

① 装配曲柄部分。
② 装配凸轮部分。
③ 装配进排气部分。

———— 【具体步骤】 ————

4.8.1 装配曲柄部分

4.8.1 视频精讲

Step01 启动中文版SolidWorks，单击【标准】工具栏中的 🗋 【新建】按钮，弹出【新建SolidWorks文件】对话框，单击【装配体】按钮，单击【确定】按钮。

Step02 弹出【开始装配体】对话框，单击【浏览】按钮，选择零件【底座】，单击【打开】按钮；单击 ✅ 【确定】按钮。

Step03 右击零件【底座】，在快捷菜单中选择【浮动】命令，此时零件由固定状态变为浮动，零件【底座】前出现（-）图标，如图4-119所示。

Step04 单击【装配体】工具栏中的 🔗 【配合】按钮，弹出【配合】的属性设置。激活【标准配合】选项下的 🛠 【重合】按钮。单击 ▶ 图标，展开特征树，如图4-120所示，在 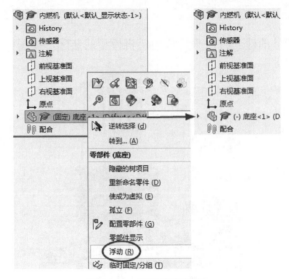【要配合的实体】文本框中，选择如图4-121所示的前视基准面和零件表面，其他保持默认，单击 ✅【确定】按钮，完成重合的配合。

图4-119　浮动基体零件

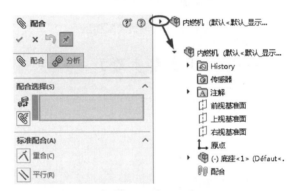

图4-120　展开特征树

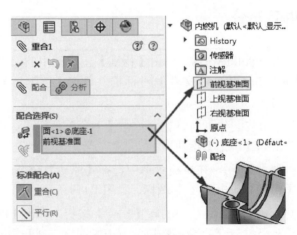

图4-121　重合配合

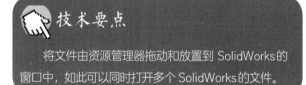

图4-122　固定基体零件

Step05 右击零件【底座】，在快捷菜单中选择【固定】命令，此时零件由浮动状态变为固定，零件【底座】前出现"固定"，如图4-122所示。

Step06 单击【装配体】工具栏中的 🗃【插入零部件】按钮，弹出【插入零部件】的属性设置。单击【浏览】按钮，选择零件【轴承】，单击【打开】按钮，插入零件【轴承】，重复上述操作，再插入一个零件【轴承】，在视图区域合适位置单击，如图4-123所示。

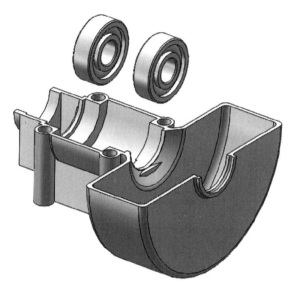

图4-123　　插入零件轴承

技术要点

将文件由资源管理器拖动和放置到 SolidWorks 的窗口中，如此可以同时打开多个 SolidWorks 的文件。

Step07 单击【装配体】工具栏中的 🗞【配合】按钮，弹出【配合】的属性设置。在【配合】的属性设置下，激活【标准配合】选项下的 ◎【同轴心】按钮。在 🗃【要配合的实体】文本框中，选择如图4-124所示的两个面，其他保持默认，单击 ✅【确定】按钮，完成同轴心的配合。

Step08 在【配合】的属性设置下，激活【标准配合】选项下的 🗍【重合】按钮。在 🗃【要配合的实体】文本框中，选择如图4-125所示的面，其他保持默认，单击 ✅【确定】按钮，完成重合的配合。

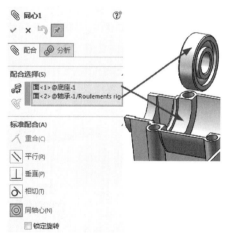

图4-124　同轴心配合

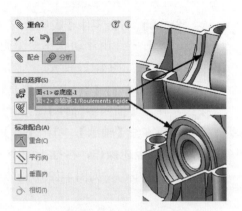

图4-125　重合配合

Step09　重复上述操作，将另一个【轴承】与【底座】另一端进行配合，配合完成如图4-126所示。

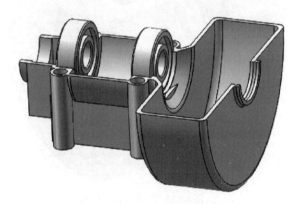

图4-126　完成轴承的配合

Step10　单击【装配体】工具栏中的 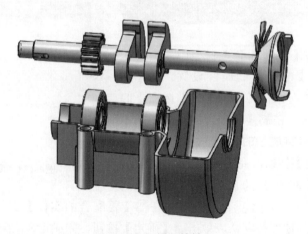【插入零部件】按钮，弹出【插入零部件】的属性设置。单击【浏览】按钮，选择零件【转轴装配】，单击【打开】按钮，插入零件【转轴】，在视图区域合适位置单击，如图4-127所示。

图4-127　插入转轴

Step11 在【配合】的属性设置下，激活【高级配合】选项下的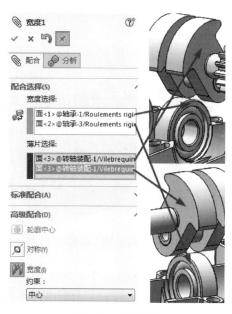【宽度】按钮，【约束】选择"中心"。在【宽度选择】文本框中，选择两个轴承的表面，在【薄片选择】文本框中，选择转轴凸轮上的两个表面，如图4-128所示，单击✅【确定】按钮，完成宽度配合。

图4-128　宽度配合

Step12 激活【标准配合】选项下的◎【同轴心】按钮。在🖼️【要配合的实体】文本框中，选择如图4-129所示的两个面，其他保持默认，单击✅【确定】按钮，完成同轴心的配合。

图4-129　同轴心配合

Step13 单击【装配体】工具栏中的 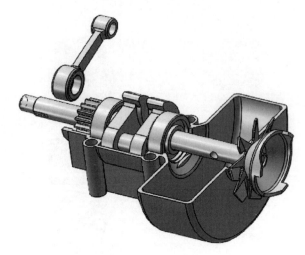 【插入零部件】按钮，弹出【插入零部件】的属性设置。单击【浏览】按钮，选择零件【曲柄】，单击【打开】按钮，插入零件【曲柄】，在视图区域合适位置单击，如图4-130所示。

图4-130　插入曲柄

Step14 在【配合】的属性设置下，激活【高级配合】选项下的 【宽度】按钮，【约束】选择"中心"。在 【要配合的实体】文本框中，选择如图4-131所示的面，单击 【确定】按钮，完成宽度配合。

Step15 激活【标准配合】选项下的 【同轴心】按钮。在 【要配合的实体】文本框中，选择如图4-132所示的两个面，其他保持默认，单击 【确定】按钮，完成同轴心的配合。

图4-131　宽度配合

图4-132　同轴心配合

Step16　单击【装配体】工具栏中的 【插入零部件】按钮，弹出【插入零部件】的属性设置。单击【浏览】按钮，选择零件【活塞】，单击【打开】按钮，插入零件【活塞】，在视图区域合适位置单击，如图4-133所示。

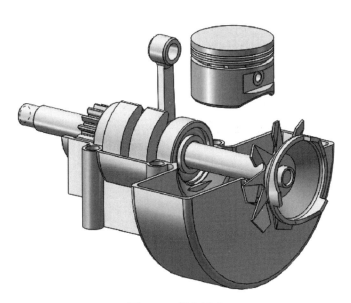

图4-133　插入活塞

Step17　单击【装配体】工具栏中的 【配合】按钮，激活【标准配合】选项下的 【平行】按钮。在 【要配合的实体】文本框中，选择如图4-134所示的面，其他保持默认，单击 【确定】按钮，完成平行的配合。

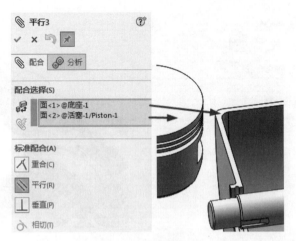

图4-134　平行配合

Step18　在【配合】的属性设置下，激活【高级配合】选项下的 [图] 【宽度】按钮，【约束】选择"中心"。在 [图] 【要配合的实体】文本框中，选择如图4-135所示的面，单击 ✅ 【确定】按钮，完成宽度配合。

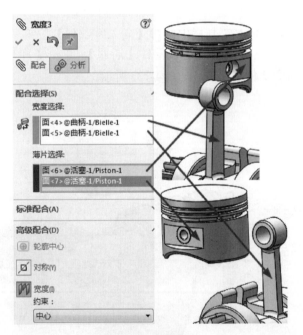

图4-135　宽度配合

Step19　激活【标准配合】选项下的 [◎] 【同轴心】按钮。在 [图] 【要配合的实体】文本框中，选择如图4-136所示的两个面，其他保持默认，单击 ✅ 【确定】按钮，完成同轴心的配合。

Step20　激活【高级配合】选项下的 [图] 【宽度】按钮，【约束】选择"中心"。在 [图] 【要配合的实体】文本框中，选择如图4-137所示的面，单击 ✅ 【确定】按钮，完成宽度配合。

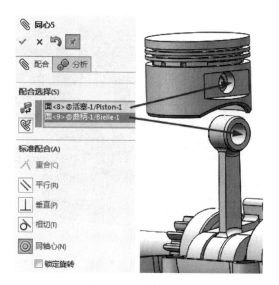

图4-136 同轴心配合

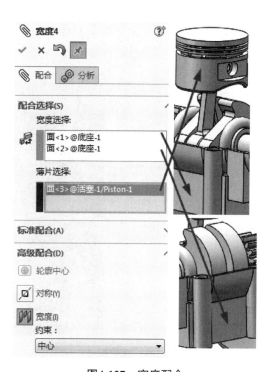

图4-137 宽度配合

4.8.2 装配凸轮部分

Step01 单击【装配体】工具栏中的 【插入零部件】按钮，弹出【插入零部件】的属性设置。单击【浏览】按钮，选择零件【大齿轮】，单击【打开】按钮，插入零件【大齿轮】，在视图区域合适位置单击，如图4-138所示。

4.8.2 视频精讲

图4-138　插入大齿轮

　　Step02　单击【装配体】工具栏中的 🖉【配合】按钮，弹出【配合】的属性设置。激活【标准配合】选项下的 人【重合】按钮。在 🖼【要配合的实体】文本框中，选择如图4-139所示的面，其他保持默认，单击 ✅【确定】按钮，完成重合的配合。

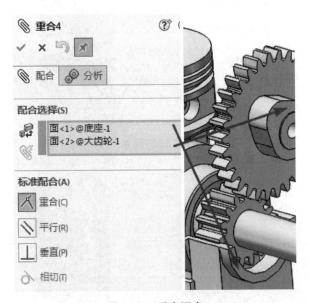

图4-139　重合配合

　　Step03　激活【高级配合】选项下的 🔢【宽度】按钮，【约束】选择"中心"。在 🖼【要配合的实体】文本框中，选择如图4-140所示的面，单击 ✅【确定】按钮，完成宽度配合。

　　Step04　激活【标准配合】选项下的 ↦【距离】按钮，在【距离】文本框中输入"33.75mm"。展开特征树，在 🖼【要配合的实体】文本框中，选择转轴齿轮的中心线与大齿轮的中心线，如图4-141所示，其他保持默认，单击 ✅【确定】按钮，完成距离配合。

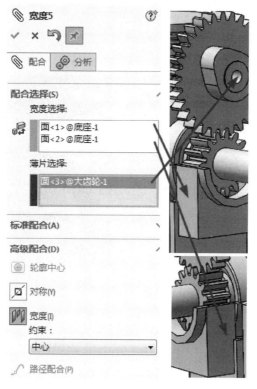

图4-140 宽度配合

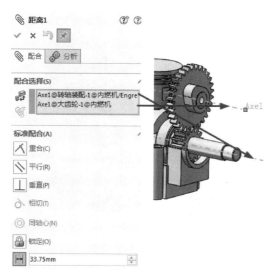

图4-141 距离配合

Step05 激活【机械配合】选项下的 ⚙️【齿轮】按钮。在 🔧【要配合的实体】文本框中，选择转轴齿轮的端面与大齿轮的端面，如图4-142所示，【比率】输出"22.5mm：45mm"，勾选【反转】。单击 ✅【确定】按钮，完成齿轮配合。

Step06 单击【装配体】工具栏中的 🔧【插入零部件】按钮，弹出【插入零部件】

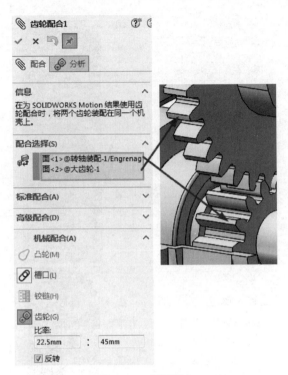

图4-142　齿轮配合

的属性设置。单击【浏览】按钮，选择零件【短轴】，单击【打开】按钮，插入零件【短轴】，在视图区域合适位置单击，如图4-143所示。

图4-143　插入短轴

Step07 单击【装配体】工具栏中的 【配合】按钮，弹出【配合】的属性设置。激活【标准配合】选项下的 【同轴心】按钮。在 【要配合的实体】文本框中，选择如图4-144所示的两个面，其他保持默认，单击 【确定】按钮，完成同轴心的配合。

Step08 激活【标准配合】选项下的 【距离】按钮，在【距离】文本框中输入"4.00mm"。在 【要配合的实体】文本框中，选择如图4-145所示的两个面，其他保持默认，单击 【确定】按钮，完成距离配合。

图4-144　同轴心配合

图4-145　距离配合

Step09　单击【装配体】工具栏中的🔩【插入零部件】按钮，弹出【插入零部件】的属性设置。单击【浏览】按钮，选择零件【Patin】，单击【打开】按钮，插入零件【Patin】，在视图区域合适位置单击，重复上述操作，再插入一个零件【Patin】，在视图合适区域放置，如图4-146所示。

Step10　单击【装配体】工具栏中的🔗【配合】按钮，弹出【配合】的属性设置。激活【标准配合】选项下的◎【同轴心】按钮。在🔧【要配合的实体】文本框中，选择如图4-147所示的两个面，其他保持默认，单击✔【确定】按钮，完成同轴心的配合。

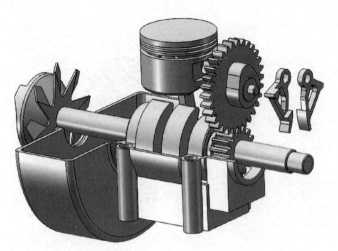

图4-146 插入Patin

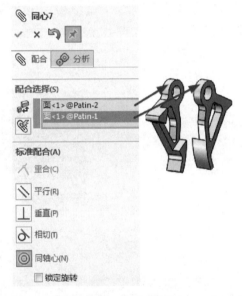

图4-147 同轴心配合

Step11 激活【标准配合】选项下的 ⼈【重合】按钮。在 ⚒【要配合的实体】文本框中，选择如图4-148所示的两个面，其他保持默认，单击 ✅【确定】按钮，完成重合的配合。

Step12 单击【装配体】工具栏中的 ⚒【插入零部件】按钮，弹出【插入零部件】的属性设置。单击【浏览】按钮，选择零件【短轴】，单击【打开】按钮，插入零件【短轴】，在视图区域合适位置单击，如图4-149所示。

Step13 单击【装配体】工具栏中的 ⚒【配合】按钮，弹出【配合】的属性设置。激活【标准配合】选项下的 ◎【同轴心】按钮。在 ⚒【要配合的实体】文本框中，选择如图4-150所示的两个面，其他保持默认，单击 ✅【确定】按钮，完成同轴心的配合。

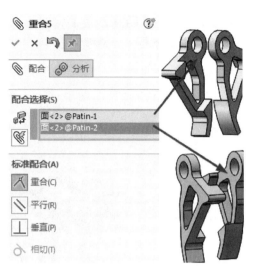

图4-148　重合配合

图4-149　插入短轴

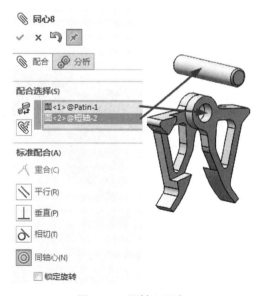

图4-150　同轴心配合

Step14 激活【标准配合】选项下的▸◂【距离】按钮，在【距离】文本框中输入"6.00mm"。在▣【要配合的实体】文本框中，选择如图4-151所示的两个面，其他保持默认，单击✔【确定】按钮，完成距离配合。

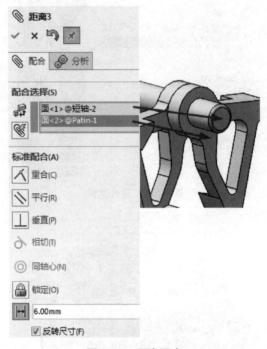

图4-151　距离配合

Step15 激活【标准配合】选项下的▸◂【重合】按钮。在▣【要配合的实体】文本框中，选择如图4-152所示的两个面，其他保持默认，单击✔【确定】按钮，完成重合的配合。

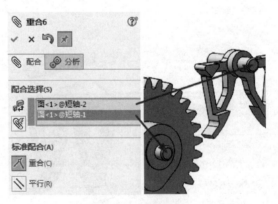

图4-152　重合配合

Step16 激活【高级配合】选项下的▸◂【宽度】按钮，【约束】选择"中心"。在【要配合的实体】文本框中，选择如图4-153所示的面，单击✔【确定】按钮，完成宽度配合。

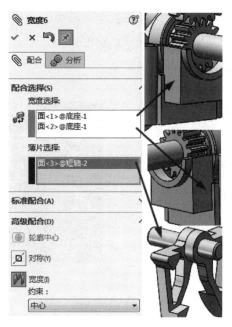

图4-153　宽度配合

Step17 激活【标准配合】选项下的 ⊢ 【距离】按钮,在【距离】文本框中输入 "23.00mm"。在 ⊶ 【要配合的实体】文本框中,选择如图4-154所示的两个圆面,并选择 ⬛ 【最小距离】,单击 ✅ 【确定】按钮,完成距离配合。

图4-154　距离配合

Step18 激活【机械配合】选项下的 ⊘ 【凸轮】按钮。在【凸轮槽】文本框中,选择【大齿轮】的凸轮表面，在【凸轮推杆】文本框中，选择零件【Patin】上的面，如图4-155所示。单击✅【确定】按钮，完成凸轮配合。

图4-155　凸轮配合

Step19 重复上述操作，将【大齿轮】上凸轮与另一边零件【Patin】进行凸轮配合，配合完成如图4-156所示。

图4-156　完成凸轮配合

4.8.3　装配进排气部分

Step01 单击【装配体】工具栏中的👆【插入零部件】按钮，弹出【插入零部件】的属性设置。单击【浏览】按钮，选择零件【axe culbuteur】，单击【打开】按钮，插入零件【axe culbuteur】，在视图区域合适位置单击，如图4-157所示。

4.8.3　视频精讲

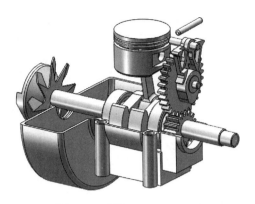

图4-157 插入axe culbuteur

Step02 单击【装配体】工具栏中的 ⚲【配合】按钮，弹出【配合】的属性设置。激活【高级配合】选项下的 【宽度】按钮，【约束】选择"中心"。在【宽度选择】文本框中，选择零件【底座】的两个侧面，在【薄片选择】文本框中，选择零件【axe culbuteur】的两个端面，如图4-158所示，单击 ✅【确定】按钮，完成宽度配合。

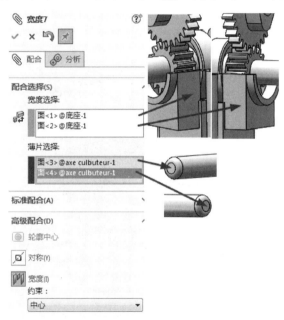

图4-158 宽度配合

Step03 激活【标准配合】选项下的 【距离】按钮，在【距离】文本框中输入"57.00mm"。在 【要配合的实体】文本框中，选择如图4-159所示的两个圆面，并选择 【最小距离】，单击 ✅【确定】按钮，完成距离配合。

Step04 激活【标准配合】选项下的 【距离】按钮，在【距离】文本框中输入"3.00mm"。在 【要配合的实体】文本框中，选择如图4-160所示的两个圆面，并选择 【最小距离】，单击 ✅【确定】按钮，完成距离配合。

Step05 单击【装配体】工具栏中的 【插入零部件】按钮，弹出【插入零部件】的属性设置。单击【浏览】按钮，选择零件【culbuteur】，单击【打开】按钮，插入零件【culbuteur】，在视图区域合适位置单击，如图4-161所示。

图4-159 距离配合

图4-160 距离配合

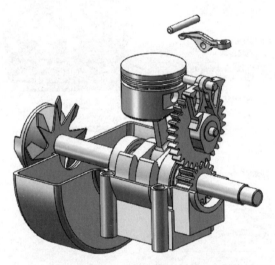

图4-161 插入culbuteur

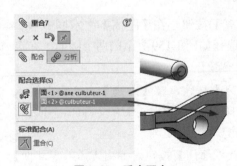

图4-162 重合配合

Step06 单击【装配体】工具栏中的 🔗【配合】按钮，弹出【配合】的属性设置。激活【标准配合】选项下的 🔺【重合】按钮。在 🔗【要配合的实体】文本框中，选择如图4-162所示的两个面，其他保持默认，单击 ✅【确定】按钮，完成重合的配合。

Step07 激活【标准配合】选项下的 ◎【同轴心】按钮。在 🔗【要配合的实体】文本框中，选择如图4-163所示的两个面，其他保持默认，单击 ✅ 【确定】按钮，完成同轴心的配合。

图4-163　同轴心配合

Step08　重复上述操作，再次插入一个零件【culbuteur】，并将它与零件【axe culbuteur】进行配合，配合完成如图4-164所示。

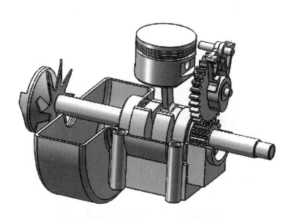

图4-164　完成**culbuteur**的配合

Step09　单击【装配体】工具栏中的 🗗 【插入零部件】按钮，弹出【插入零部件】的属性设置。单击【浏览】按钮，选择零件【tige】，单击【打开】按钮，插入零件【tige】，在视图区域合适位置单击，如图4-165所示。

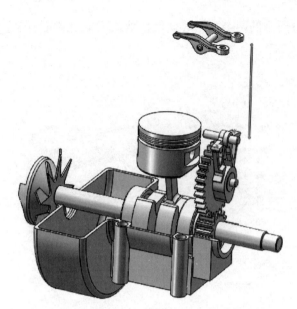

图4-165　插入tige

Step10　单击【装配体】工具栏中的 🖋【配合】按钮，弹出【配合】的属性设置。激活【标准配合】选项下的 ⚒【重合】按钮。展开特征树，在 📇【要配合的实体】文本框中，选择零件【tige】中的草图2的端点与零件【Patin】上3D草图中的点，如图4-166所示，其他保持默认，单击 ✅【确定】按钮，完成重合的配合。

Step11　再次激活【标准配合】选项下的 ⚒【重合】按钮。展开特征树，在 📇【要配合的实体】文本框中，选择零件【tige】中的草图2的另一端点与零件【culbuteur】中草图1中的点，如图4-167所示，其他保持默认，单击 ✅【确定】按钮，完成重合的配合。

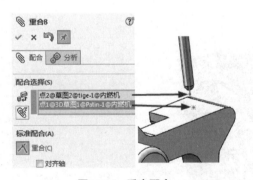

图4-166　重合配合

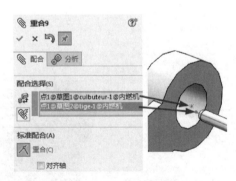

图4-167　重合配合

Step12　重复上述操作，再次插入一个零件【tige】，并将它与另一个零件【culbuteur】进行配合，配合完成如图4-168所示。

Step13　单击【装配体】工具栏中的 🖈【插入零部件】按钮，弹出【插入零部件】的属性设置。单击【浏览】按钮，选择零件【气门】，单击【打开】按钮，插入零件【气门】，在视图区域合适位置单击，如图4-169所示。

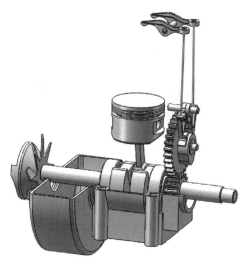

图4-168 完成tige的配合

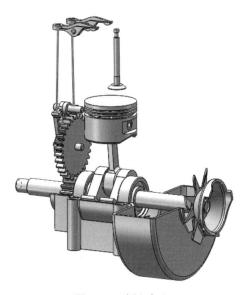

图4-169 插入气门

Step14 单击【装配体】工具栏中的✎【配合】按钮，弹出【配合】的属性设置。激活【标准配合】选项下的👌【相切】按钮。在🔩【要配合的实体】文本框中，选择如图4-170所示的面，其他保持默认，单击✔【确定】按钮，完成相切的配合。

Step15 激活【标准配合】选项下的◥【平行】按钮。在🔩【要配合的实体】文本框中，选择如图4-171所示的面，其他保持默认，单击✔【确定】按钮，完成平行的配合。

Step16 激活【高级配合】选项下的🔩【宽度】按钮，【约束】选择"中心"。在【宽度选择】文本框中，选择零件【底座】的两个侧面，在【薄片选择】文本框中选择【面<5>@气门-1】，如图4-172所示，单击✔【确定】按钮，完成宽度配合。

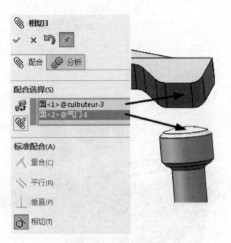

图4-170　相切配合

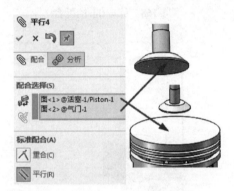

图4-171　平行配合

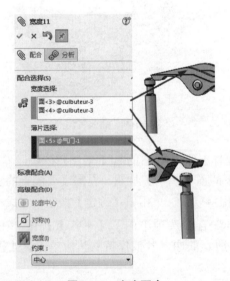

图4-172　宽度配合

Step17　重复上述操作，再次插入一个零件【气门】，并将它与另一个零件
【culbuteur】进行配合，配合完成如图4-173所示。

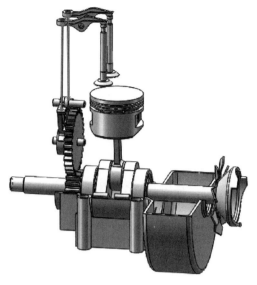

图4-173 完成气门的配合

Step18 单击【装配体】工具栏中的 🐍【插入零部件】按钮，弹出【插入零部件】的属性设置。单击【浏览】按钮，选择零件【套管】，单击【打开】按钮，插入零件【套管】，在视图区域合适位置单击，如图4-174所示。

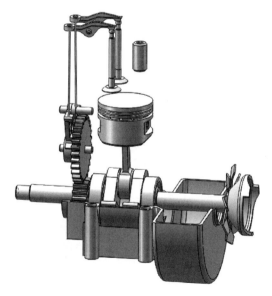

图4-174 插入套管

Step19 单击【装配体】工具栏中的 🐍【配合】按钮，弹出【配合】的属性设置。在【配合】的属性设置下，激活【标准配合】选项下的 ◎【同轴心】按钮。在 ⬚【要配合的实体】文本框中，选择如图4-175所示的两个面，其他保持默认，单击 ✔【确定】按钮，完成同轴心的配合。

Step20 右击零件【套筒】，在快捷菜单中选择【固定】命令，此时零件由浮动状态变为固定。

Step21 重复上述操作，再插入一个零件【套筒】，将它与另一个【气门】进行配合，并固定零件【套筒】，完成配合如图4-176所示。

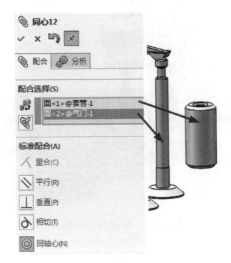

图4-175　同轴心配合

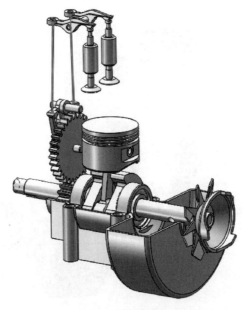

图4-176　完成套筒的配合

4.9　轮系装配实例

轮系模型如图4-177所示。

图4-177　轮系模型

——————【主要步骤】——————

① 插入零件intermittent_ring_20_M10。
② 插入零件intermittent_gear_17_M10。
③ 插入零件shaft。
④ 插入零件stationary。
⑤ 查看约束情况。

——————【具体步骤】——————

4.9.1　插入零件intermittent_ring_20_M10

Step01 启动中文版SolidWorks，单击【标准】工具栏中的 □ 【新建】按钮，弹出【新建SolidWorks文件】对话框，单击【装配体】按钮，如图4-178所示，单击【确定】按钮。

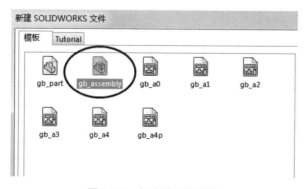

图4-178　新建装配体窗体

Step02 弹出【开始装配体】对话框，单击【浏览】按钮，选择【intermittent_

ring_20_M10】，单击【打开】按钮，如图4-179所示，单击 ✅【确定】按钮。选择【文件】|【另存为】菜单命令，弹出【另存为】对话框，在【文件名】文字框中键入装配体名称"轮系"，单击【保存】按钮。

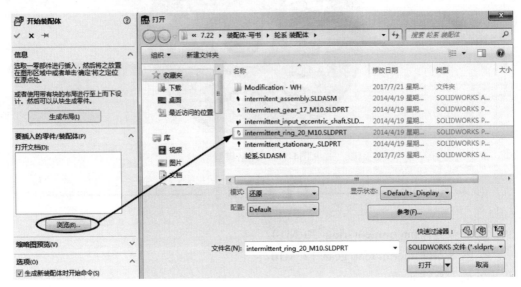

图4-179　插入零件

Step03 右击【intermittent_ring_20_M10】，在快捷菜单中选择【浮动】命令，此时零件由固定状态变为浮动，零件【intermittent_ring_20_M10】前出现（-）图标，如图4-180所示。

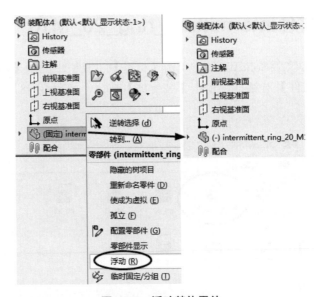

图4-180　浮动基体零件

Step04 单击【装配体】工具栏中的 🖉【配合】按钮，弹出【配合】的属性设置。激活【标准配合】选项下的 ⫝【重合】按钮。单击 ▶ 图标，展开特征树，如图4-181所示，在 【要配合的实体】文本框中，选择如图4-182所示的前视基准面和零件表面，其他保持默认，单击 ✅【确定】按钮，完成重合的配合。

图4-181　展开特征树

图4-182　重合配合

4.9.2　插入零件intermittent_gear_17_M10

Step01　单击【装配体】工具栏中的 🗂 【插入零部件】按钮，弹出【插入零部件】的属性设置。单击【浏览】按钮，选择零件【intermittent_gear_17_M10】，单击【打开】按钮，插入【intermittent_gear_17_M10】，在视图区域合适位置单击，如图4-183所示。

Step02　单击【装配体】工具栏中的 🖇 【配合】按钮，弹出【配合】的属性设置。激活【标准配合】选项下的 🛠【重合】按钮。在 🗂【要配合的实体】文本框中，选择

图4-183　插入零件intermittent_gear_17_M10

如图4-184所示的面，其他保持默认，单击 ✔【确定】按钮，完成重合的配合。

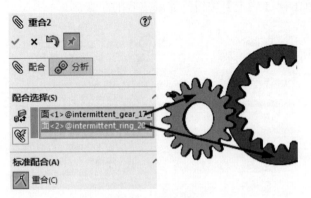

图4-184　重合配合

Step03　在【配合】的属性设置下，激活【标准配合】选项下的 ⊢┤【距离】按钮，输入距离为"15mm"。打开特征树，在 ⟨图标⟩【要配合的实体】文本框中，选择零件【intermittent_ring_20_M10】与零件【intermittent_gear_17_M10】的中心线，如图4-185所示，其他保持默认，单击 ✔【确定】按钮，完成距离的配合。

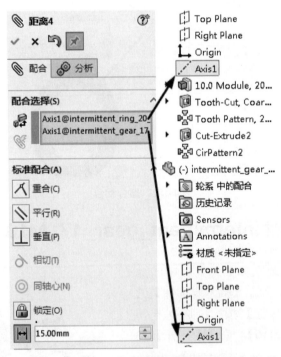

图4-185　距离配合

Step04　在【配合】的属性设置下，激活【机械配合】选项下的 ⟨图标⟩【齿轮】按钮。打开特征树，在 ⟨图标⟩【要配合的实体】文本框中，选择如图4-186所示的线，并在【比率】下输入"17mm∶20mm"，勾选【反转】，单击 ✔【确定】按钮，完成齿轮的配合。

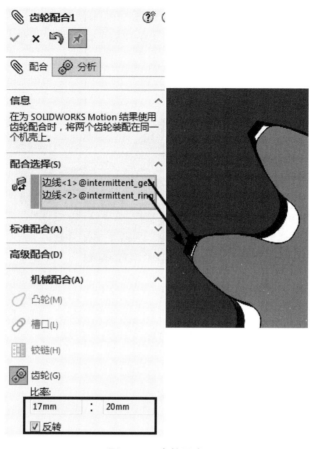

图4-186　齿轮配合

4.9.3　插入零件shaft

Step01　单击【装配体】工具栏中的 ✐【插入零部件】按钮，弹出【插入零部件】的属性设置。单击【浏览】按钮，选择零件【shaft】，单击【打开】按钮，插入零件【shaft】，在视图区域合适位置单击，如图4-187所示。

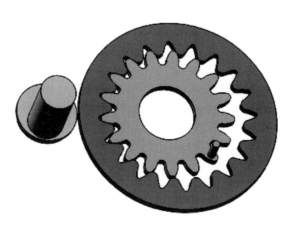

图4-187　插入零件shaft

Step02 在【配合】的属性设置下，激活【标准配合】选项下的⚒【重合】按钮。在🔳【要配合的实体】文本框中，选择如图4-188所示的面，其他保持默认，单击✅【确定】按钮，完成重合的配合。

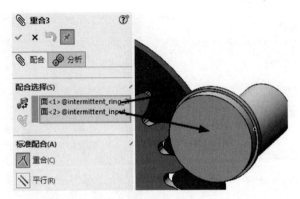

图4-188　重合配合

Step03 激活【标准配合】选项下的◎【同轴心】按钮。在🔳【要配合的实体】文本框中，选择如图4-189所示的两个圆形边线，其他保持默认，单击✅【确定】按钮，完成同轴心的配合。

图4-189　同轴心配合

4.9.4　插入零件stationary

Step01 单击【装配体】工具栏中的🔧【插入零部件】按钮，弹出【插入零部件】的属性设置。单击【浏览】按钮，选择【stationary】，单击【打开】按钮，插入【stationary】，在视图区域合适位置单击，如图4-190所示。

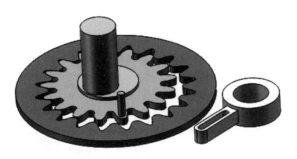

图4-190　插入零件stationary

Step02 在【配合】的属性设置下，激活【标准配合】选项下的🔛【距离】按钮，输入距离为"35mm"，勾选【反转】。在🔳【要配合的实体】文本框中，选择如图4-191所示的两个面，其他保持默认，单击✅【确定】按钮，完成距离的配合。

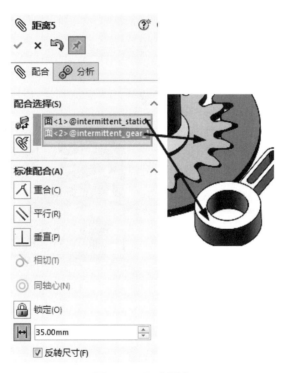

图4-191　距离配合

Step03 单击【装配体】工具栏中的🔗【配合】按钮，激活【标准配合】选项下的◎【同轴心】按钮。在🔳【要配合的实体】文本框中，选择如图4-192所示的两个圆形边线，其他保持默认，单击✅【确定】按钮，完成同轴心的配合。

Step04 单击【装配体】工具栏中的🔗【配合】按钮，激活【标准配合】选项下的♂【相切】按钮。在🔳【要配合的实体】文本框中，选择如图4-193所示的两个面，其他保持默认，单击✅【确定】按钮，完成相切的配合。

Step05 在特征树中右击零件【shaft】，在快捷菜单中选择【固定】命令，此时零件由浮动状态变为固定，零件【shaft】前出现"（固定）"图标，如图4-194所示。

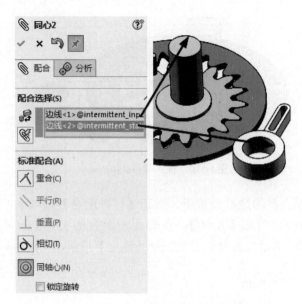

同心2
配合
分析
配合选择(S)
边线<1>@intermittent_inp
边线<2>@intermittent_sta
标准配合(A)
重合(C)
平行(R)
垂直(P)
相切(T)
同轴心(N)
锁定旋转

图4-192　同轴心配合

相切1
配合
分析
配合选择(S)
面<1>@intermittent_gear_
面<2>@intermittent_statio
标准配合(A)
重合(C)
平行(R)
垂直(P)
相切(T)

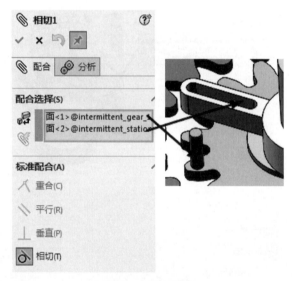

图4-193　相切配合

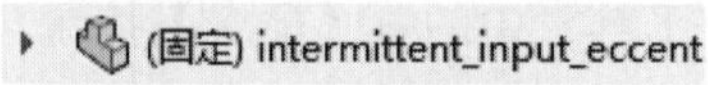

(固定) intermittent_input_eccent

图4-194　固定基体零部件

4.9.5　查看约束情况

Step01 现在查看装配体的约束情况，在装配体的特征树中单击【配合】前的图标▸，可以查看如图4-195所示的配合类型。

图4-195 看装配体配合

Step02 轮系配合完成如图4-196所示。

图4-196 完成轮系配合

05

工程图设计

本章通过几个典型的工程图制作来熟悉工程图的使用方法。工程图设计中主要使用的功能有插入视图、标注尺寸、添加注释等。

5.1 标准三视图

标准三视图可以生成一个默认的正交视图，其中主视图方向为零件或者装配体的前视，投影类型则按照图纸格式设置第一视角或第三视角投影法。

实例 5.1

① 新建立一张A3格式的工程图。

② 单击【工程图】工具栏中的 ⿳（标准三视图）按钮或执行【插入】—【工程视图】—⿳【标准三视图】命令，弹出【标准三视图】窗口，单击【浏览】按钮打开一个零件文件，工程图中将自动生成三视图，如图5-1所示。

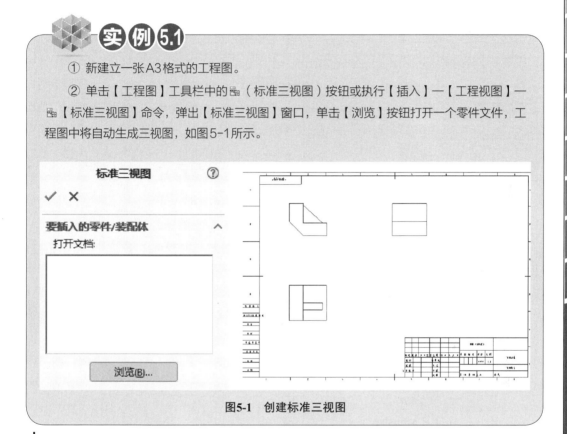

图5-1　创建标准三视图

5.2 投影视图

投影视图是根据已有视图利用正交投影生成的视图。投影视图的投影类型是根据在【图纸属性】属性管理器中所设置的第一视角或第三视角投影类型而确定。

实例 5.2

① 打开实例文件，如图5-2所示。

② 单击【工程图】工具栏中的 ⿳【投影视图】按钮或执行【插入】—【工程视图】—⿳【投影视图】命令，出现【投影视图】窗口，单击要投影的视图，移动光标到视图适当位置，

然后单击左键放置，如图5-3所示。

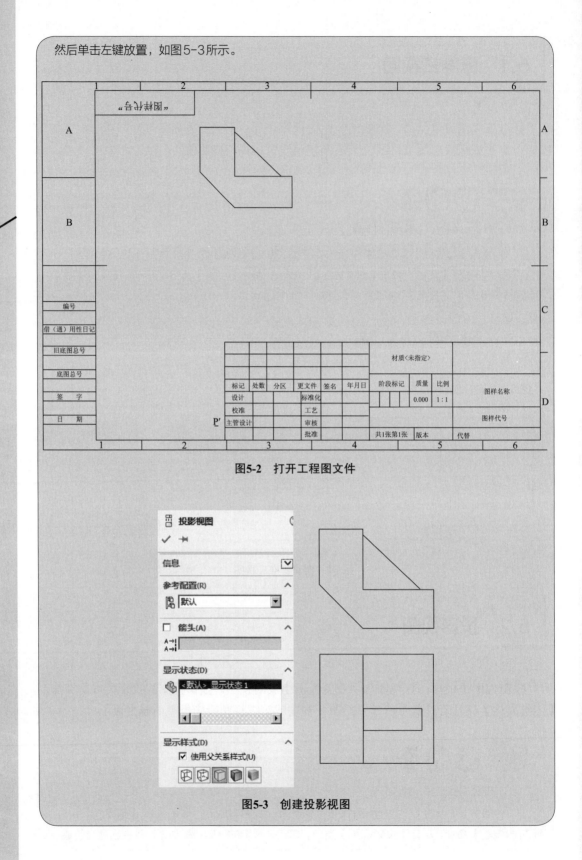

图5-2　打开工程图文件

图5-3　创建投影视图

5.3 辅助视图

辅助视图类似于投影视图，它的投影方向垂直于所选视图的参考边线，但参考边线一般不能为水平或垂直，否则生成的就是投影视图。辅助视图相当于技术制图表达方法中的斜视图，可以用来表达零件的倾斜结构。

实例5.3

① 打开实例文件，如图5-4所示。

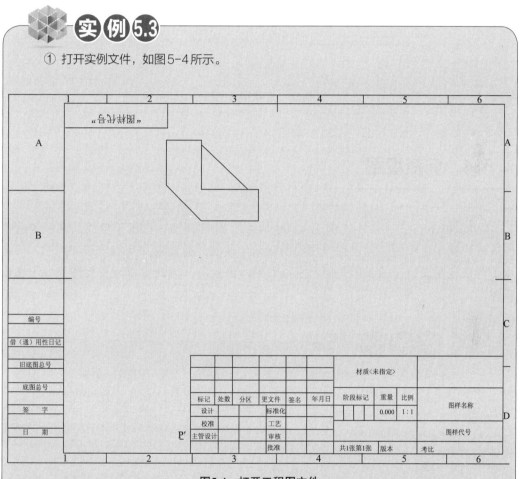

图5-4　打开工程图文件

② 单击【工程图】工具栏中的 ❀（辅助视图）按钮或执行【插入】—【工程视图】—❀【辅助视图】命令，出现【辅助视图】窗口，然后单击参考视图的边线（参考边线不可以是水平或垂直的边线，否则生成的就是标准投影视图），移动光标到视图适当位置，然后单击左键放置，如图5-5所示。

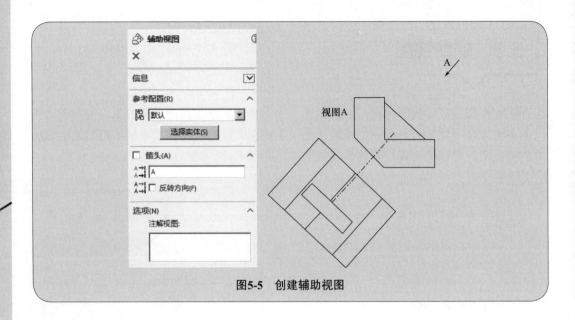

图5-5　创建辅助视图

5.4　剪裁视图

在SolidWorks工程图中，剪裁视图是由除了局部视图、已用于生成局部视图的视图或爆炸视图之外的任何工程视图经剪裁而生成的。剪裁视图类似于局部视图，但是由于剪裁视图没有生成新的视图，也没有放大原视图，因此可以减少视图生成的操作步骤。

实例5.4

① 打开实例文件。使用草图绘制工具，在视图上绘制一个矩形，如图5-6所示。

② 单击【工程图】工具栏中的 ☑ 【剪裁视图】按钮或执行【插入】—【工程视图】— ☑ 【剪裁视图】命令，得到剪裁视图，如图5-7所示。

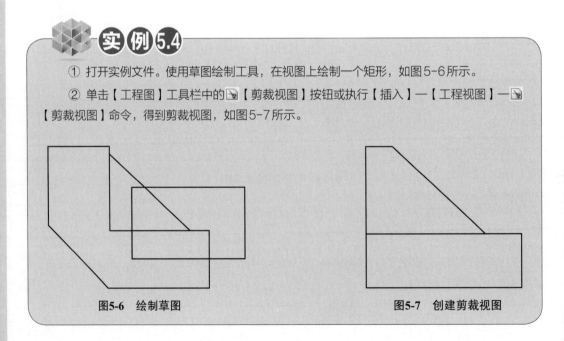

图5-6　绘制草图　　　　　　　　　　　　　　图5-7　创建剪裁视图

5.5 局部视图

局部视图是一种派生视图，可以用来显示父视图的某一局部形状，通常采用放大比例显示。局部视图的父视图可以是正交视图、空间（等轴测）视图、剖面视图、裁剪视图、爆炸装配体视图或另一局部视图，但不能在透视图中生成模型的局部视图。

① 打开实例文件。

② 单击【工程图】工具栏中的 【局部视图】按钮或执行【插入】—【工程视图】—【局部视图】命令，在需要出局部图的位置绘制一个圆，出现【局部视图】属性管理器，在【比例】选项组中可以选择不同的缩放比例，选择"2：1"放大比例，如图5-8所示。

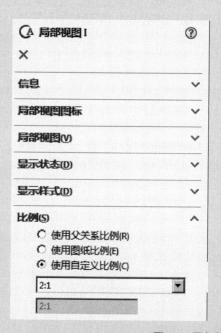
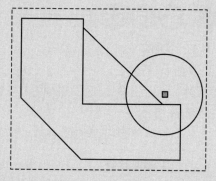

图5-8 局部视图属性设置

③ 移动光标，放置视图到适当位置，得到局部视图，如图5-9所示。

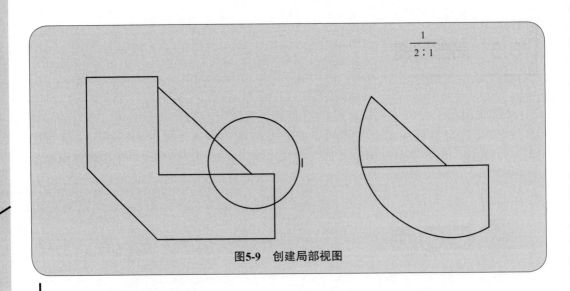

$$\frac{1}{2:1}$$

图5-9　创建局部视图

5.6　剖面视图

剖面视图是通过1条剖切线切割父视图而生成，属于派生视图，可以显示模型内部的形状和尺寸。剖面视图可以是剖切面或是用阶梯剖切线定义的等距剖面视图，并可以生成半剖视图。

① 打开实例文件。

② 单击【工程图】工具栏中的 ↕【剖面视图】按钮或执行【插入】—【工程视图】—↕【剖面视图】命令，出现【剖面视图辅助】属性管理器，在需要剖切的位置放置一条直线，如图5-10所示。

③ 移动光标，放置视图到适当位置，得到剖面视图，如图5-11所示。

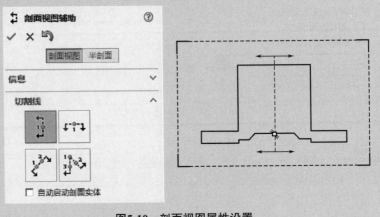

图5-10　剖面视图属性设置

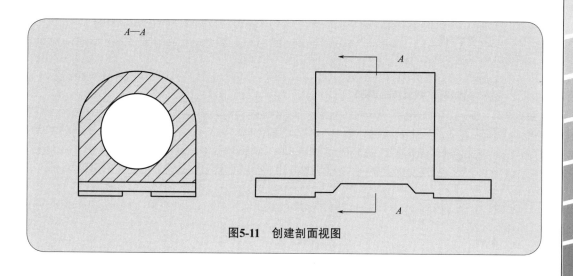

图5-11 创建剖面视图

5.7 断裂视图

对于一些较长的零件（如轴、杆、型材等），如果沿着长度方向的形状统一（或按一定规律）变化时，可以用折断显示的断裂视图来表达，这样就可以将零件以较大比例显示在较小的工程图纸上。断裂视图可以应用于多个视图，并可根据要求撤销断裂视图。

实例5.7

① 打开实例文件，如图5-12所示。

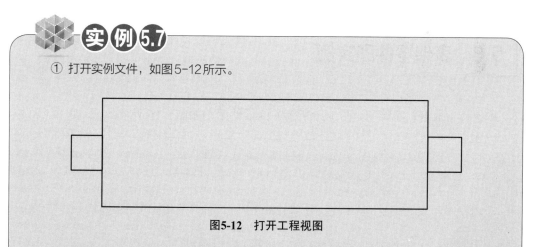

图5-12 打开工程视图

② 选择要断裂的视图，然后单击【工程图】工具栏中的🔩【断裂视图】按钮或执行【插入】—【工程视图】—🔩【断裂视图】命令，出现【断裂视图】属性管理器，在【断裂视图设置】选项组中，选择🔩【添加竖直折断线】选项，在【缝隙大小】数值框中输入10mm，【折断线样式】选择"锯齿线切断"，在图形区域中出现了折线，如图5-13所示。

③ 移动光标，选择两个位置放置折断线，单击鼠标左键放置折断线，得到断裂视图，如图5-14所示。

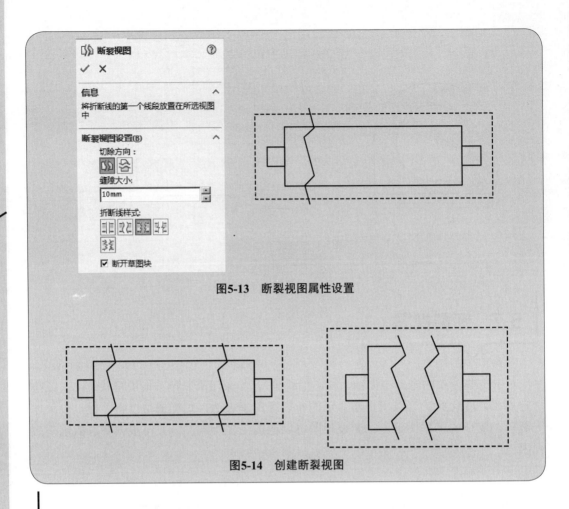

图5-13　断裂视图属性设置

图5-14　创建断裂视图

5.8　表架零件图实例

本例将生成1个表架（如图5-15所示）的零件图，如图5-16所示。

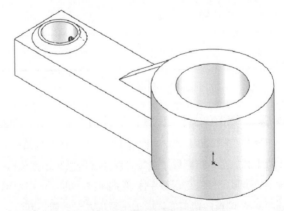

图5-15　表架零件模型

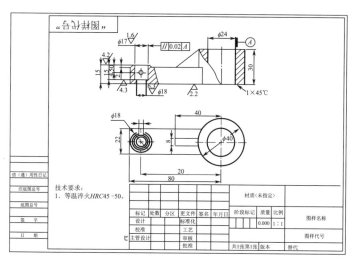

图5-16　表架零件图

─────── 【主要步骤】 ───────

① 建立视图。
② 标注尺寸。

─────── 【具体步骤】 ───────

5.8.1　建立视图

Step01　启动中文版SolidWorks，选择【文件】—【打开】菜单命令，在弹出的【打开】窗口中选择【表架.SLDPRT】。单击【文件】—【新建】菜单命令，弹出【新建SOLIDWORKS文件】对话框，单击【模板】按钮，可选SolidWorks自带的图纸模板，如图5-17所示，选取国标A3图纸格式。

5.8.1　视频精讲

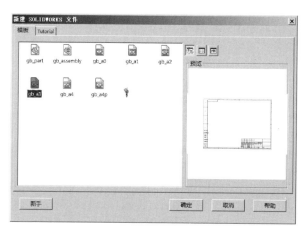

图5-17　【新建SOLIDWORKS文件】窗口

Step02 单击【工具】—【选项】菜单命令，弹出【文档属性】窗口，如图5-18所示，单击【文档属性】选项卡。

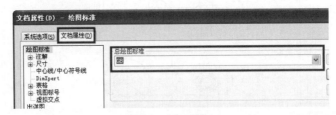

图5-18 文档属性

Step03 按照如图5-18所示将总绘图标准设置为GB（国标），单击【确定】按钮。单击【插入】—【工程图视图】—【模型】菜单命令，弹出【模型视图】属性管理器，如图5-19所示。

Step04 在打开文档一栏中选择表架，如果打开文档中没有表架，则需要单击【浏览】按钮，选择【表架】文件，如图5-20所示。

图5-19 【模型视图】属性管理器

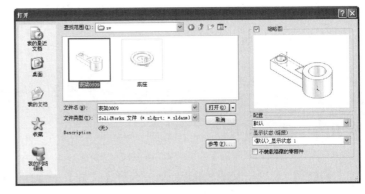

图5-20 【打开】窗口

Step05 单击✓【确定】按钮。弹出的【工程图视图1】属性管理器中，在【方向】选项组内单击▯【前视】按钮，如图5-21所示，在图纸上选择适当的位置单击，放置视图。

图5-21 确定视图方向

Step06 放置完前视图后，向下移动鼠标，将自动产生模型的俯视图，单击鼠标放置。插入完模型后，如图5-22所示。

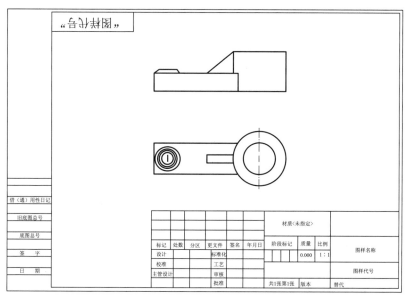

图5-22　模型视图

Step07 将实体视图改为工程视图，单击图中的主视图，将弹出【工程图视图1】属性管理器，如图5-23所示。

Step08 在【显示样式】选项组中单击 ⬚【隐藏线可见】按钮。单击 ✅【确定】按钮，隐藏线可见后的视图如图5-24所示。

图5-23　【工程图视图1】属性管理器

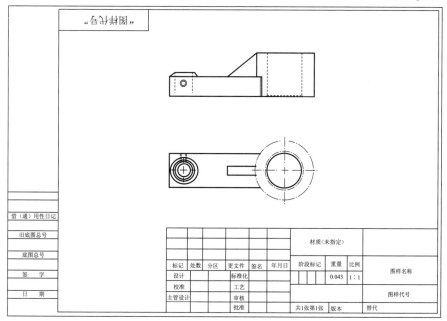

图5-24　模型视图工程图

Step09 单击命令管理器工具栏的【草图】选项卡，在 ∿【曲线】下拉菜单中选择【样条曲线】命令，然后绘制一条闭环曲线，如图5-25所示。

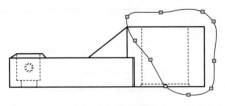

图5-25 样条曲线

Step10 选择刚刚绘制的闭环曲线，然后单击命令管理器工具栏的【视图布局】选项卡，单击🔲【断开的剖视图】按钮。此时会让用户输入剖切深度，弹出【断开的剖视图】属性管理器。从主视图中选择一条隐藏线，如图5-26所示。

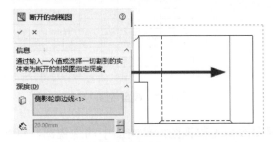

图5-26 确定剖面线深度

Step11 单击✅【确定】按钮，生成的剖切图如图5-27所示。

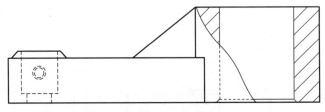

图5-27 剖切图

Step12 单击命令管理器工具栏的【草图】选项卡，在 ∿【曲线】下拉菜单中选择【样条曲线】命令，然后绘制一条闭环曲线，如图5-28所示。

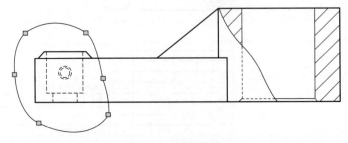

图5-28 样条曲线

Step13 选择闭环曲线，然后单击命令管理器工具栏的【视图布局】选项卡，单击 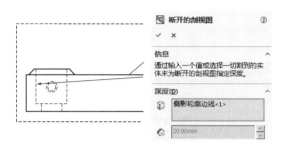【断开的剖视图】按钮。此时会让用户输入剖切深度，弹出【断开的剖视图】属性管理器。从主视图中选择一条隐藏线，如图5-29所示。

图5-29　设置剖切深度

Step14 单击 【确定】按钮，生成的剖切图如图5-30所示。

Step15 单击命令管理器工具栏的【草图】选项卡，在 ~【曲线】下拉菜单中选择【样条曲线】命令，然后绘制一条闭环曲线，如图5-31所示。

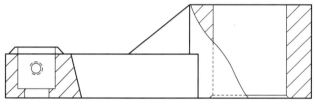

图5-30　剖切图

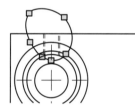

图5-31　绘制样条曲线

Step16 选择刚刚绘制的样条曲线，然后单击命令管理器工具栏的【视图布局】选项卡，单击 【断开的剖视图】按钮，弹出【断开的剖视图】属性管理器。从左视图中选择一条隐藏线，确定剖切深度如图5-32所示。

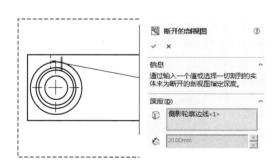

图5-32　设置剖切深度

Step17 单击 【确定】按钮，生成如图5-33所示的剖切图。

Step18 单击主视图，弹出【工程图视图1】属性管理器，如图5-34所示。

Step19 拖动滑块找到【显示样式】选项组，单击 【显出轮廓线】按钮，单击 【确定】按钮。最后的视图如图5-35所示。

工程图设计

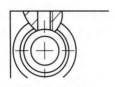

图5-33　剖切图

图5-34　【工程图视图】属性管理器

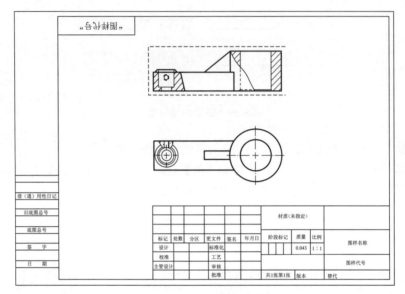

图5-35　消除隐藏线后的视图

5.8.2　标注尺寸

Step01 单击命令管理器工具栏的【注解】选项卡，单击 【模型项目】按钮，弹出【模型项目】属性管理器，如图5-36所示。

5.8.2　视频精讲

图5-36　【模型项目】属性管理器

Step02 在【来源/目标】选项组中选择【所选特征】,【尺寸】选项组中勾选 ⬚ 【为工程图标注】选项。单击 ✅【确定】按钮。标注后的工程图如图5-37所示。

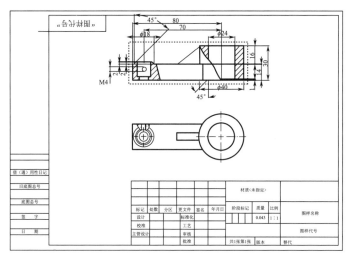

图5-37　标注完的工程图

Step03 单击命令管理器工具栏的 ⬚【中心线】按钮,弹出【中心线】属性管理器。单击竖直的两条轮廓线,如图5-38所示。标注后的中心线如图5-39所示。

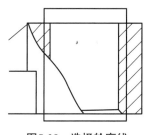

图5-38　选择轮廓线

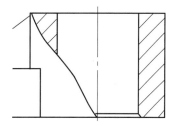

图5-39　标注后的中心线

Step04 单击命令管理器工具栏的 ⊕【中心符号线】按钮,弹出【中心符号线】属性管理器,单击【选项】选项组内 ⊞【单一中心线符号】按钮。单击圆的轮廓线,如图5-40所示。标注完如图5-41所示。

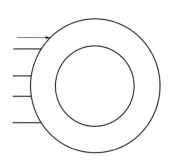

图5-40　圆的轮廓线

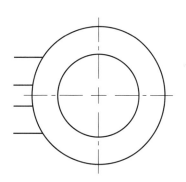

图5-41　标注后的中心线符号

Step05 单击命令管理器工具栏的【注解】选项卡，单击 ☜【智能尺寸】按钮。单击要标注图线，类似实体模型标注一样，手工为工程图标注，如图5-42所示。

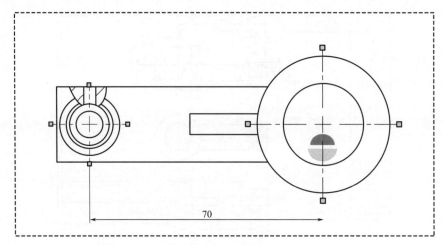

图5-42 手工标注

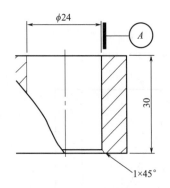

图5-43 放置基准特征标号

Step06 单击命令管理器工具栏的【注解】选项卡，单击 ▣【基准特征】按钮，弹出【基准特征】属性管理器。在属性管理器中设定标号，填写【A】，在图纸上找到放置基准的特征的面。单击放置，完成后如图5-43所示。

Step07 单击要标注形位公差的位置，单击命令管理器工具栏的 ▣【形位公差】按钮，弹出【形位公差】属性管理器。在符号下拉菜单下选择 //【平行度】，在公差1内输入0.02，勾选【公差2】，在主要中输入A，如图5-44所示。

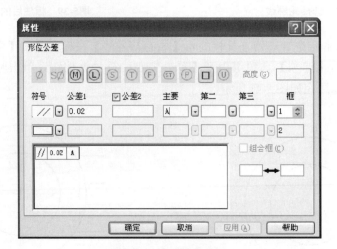

图5-44 【属性】窗口

Step08 在工程图纸上，单击要标注的位置，放置行位公差标注，如图5-45所示。

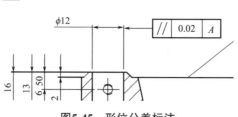

图5-45　形位公差标注

Step09　单击命令管理器工具栏的√【表面粗糙度符号】按钮，弹出【表面粗糙度】属性管理器，如图5-46所示。

图5-46　【表面粗糙度】属性管理器

Step10　在【符号】选项组内选择所需要的符号，并在【符号布局】内填写表面粗糙度，根据标注位置调整角度大小，在图纸上需要标注的位置单击放置粗糙度符号，单击✅【确定】按钮完成标注，如图5-47所示。

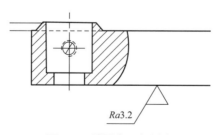

*Ra*3.2

图5-47　放置表面粗糙度

Step11　单击要标注形位公差的位置，单击命令管理器工具栏的▲【注释】按钮，弹出【注释】属性管理器，如图5-48所示。

Step12　在图纸上单击，输入技术要求，如图5-49所示。单击✅【确定】按钮。

图5-48　【注释】属性管理器

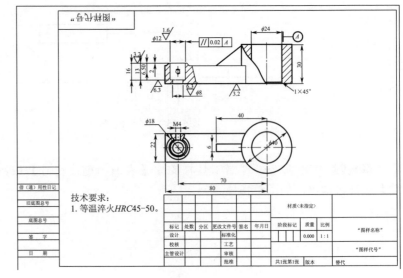

图5-49　添加注释

Step13 其他的尺寸标注以此类推，全部标完尺寸、中心线和中心线符号如图5-50所示。

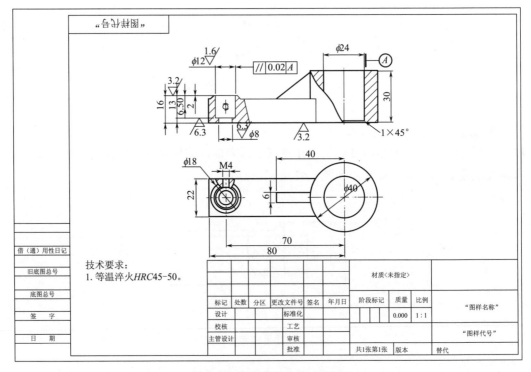

图5-50　标注完尺寸的工程图

Step14 单击【文件】—【另存为】菜单命令，弹出【另存为】窗口，如图5-51所示。

Step15 在保存类型中选择【分离的工程图（*.slddrw）】。

图5-51　【另存为】窗口

5.9　挡板零件图实例

图5-52　挡板零件模型

本例生成1个挡板模型（如图5-52所示）的零件图，如图5-53所示。

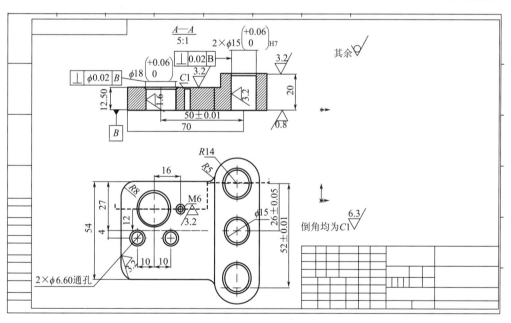

图5-53　挡板零件图

━━━━━【主要步骤】━━━━━

① 建立视图。

② 标注尺寸。

【具体步骤】

5.9.1　建立视图

5.9.1　视频精讲

Step01　在生成零件工程图之前，应首先生成挡板零件模型，具体建模过程不再赘述。启动中文版 SolidWorks，选择【文件】—【打开】命令，在弹出的【打开】对话框中选择要生成工程图的零件文件。选择【文件】—【新建】，弹出【新建SOLIDWORKS文件】对话框，选择"工程图"，创建一个新的A1（GB）工程图文件。单击【插入】—【工程图视图】—【模型】按钮，属性管理器位置会弹出【模型视图】属性管理器，如图5-54所示。

Step02　单击 ⊕【下一步】按钮，弹出新的【模型视图】属性管理器，通过此对话框可改变视图的【参考配置】、【方向】、【输入选项】、【显示状态】、【选项】、【显示样式】、【比例】、【装饰螺纹线显示】。移动鼠标到图纸中，可看到模型主视图的预览图，如图5-55所示。

图5-54　【模型视图】
属性管理器

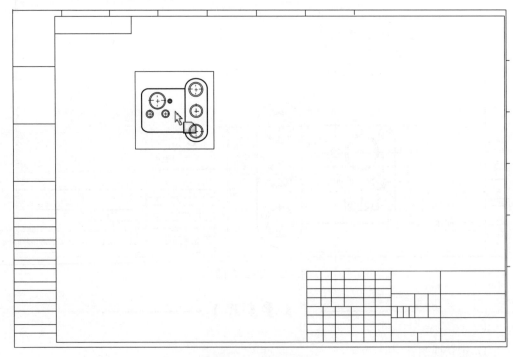

图5-55　主视图的预览

Step03 视图占图纸中的比例太小，不符合工程图的要求。在【模型视图】对话框中【比例】一栏中选择"使用自定义比例"，在下拉菜单中选择"用户定义"，修改图纸中的比例为5:1，如图5-56所示。

图5-56 修改视图比例

Step04 移动鼠标到图纸中，此时视图大小适中，比例符合工程图要求，如图5-57所示。

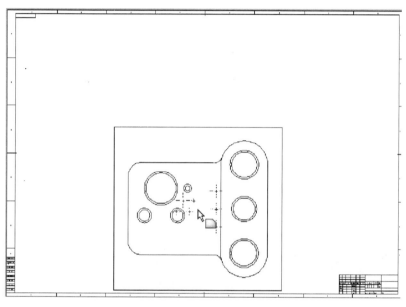

图5-57 修改比例后的预览视图

Step05 移动鼠标到合适的位置，单击鼠标左键，即可放置主视图，如图5-58所示。

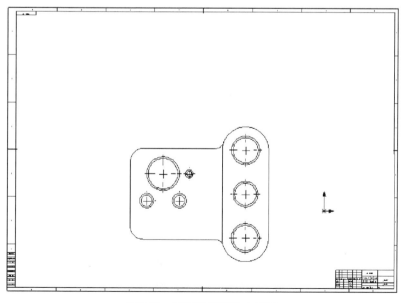

图5-58 初步放置好的主视图

Step06 单击【工程图】工具栏中的 ⇄【剖面视图】按钮（或者选择【插入】—【工程视图】—【剖面视图】菜单命令）。在【属性管理器】中弹出【剖面视图A-A】（根据生成的剖面视图字母顺序排序）属性管理器如图5-59所示。

Step07 移动鼠标，确定剖切线的位置，单击鼠标左键放置视图，如图5-60所示。

图5-59　剖面视图A—A

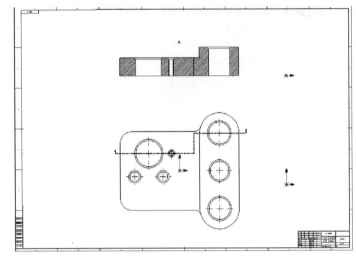

图5-60　放置视图

🖐 技术要点

可以工程图中双击剖切线，以反转剖面视图的方向。

5.9.2　标注尺寸

Step01 单击命令管理器工具栏的 【中心线】按钮，弹出【中心线】属性管理器。分别拾取全剖左视图A—A中圆孔左右边线来添加中心线，如图5-61所示。

5.9.2　视频精讲

Step02 选择【工具】—【标注尺寸】—【智能尺寸】，弹出【尺寸】属性管理器，如图5-62所示。

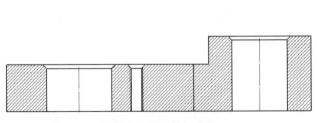

图5-61　添加中心线

图5-62　尺寸

Step03 移动鼠标，分别单击需要标注的边线，弹出尺寸标注，移动鼠标到合适的地方，单击鼠标，即可完成该尺寸的标注。对零件圆孔直径的标注，如图5-63所示。

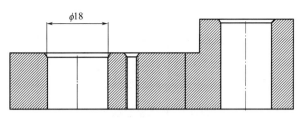

图5-63　圆孔直径标注

技术要点

若要将尺寸文字置于尺寸界线的中间，可以在该尺寸上单击右键，并且选择文字对中的命令。

Step04 删除标注尺寸前的直径符号。在尺寸对话框中的【标注尺寸文字】中输入H7，如图5-64所示。

Step05 此时绘图区的标注尺寸为：18H7，如图5-65所示。

图5-64　更改标注尺寸文字

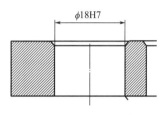

图5-65　更改后尺寸

Step06 选择【工具】—【标注尺寸】—【竖直尺寸】。分别选择ϕ18圆孔中心与ϕ6.6圆孔中心、底座上边线与下边线、两个ϕ15圆孔中心、底座上边线与底座水平中心线、ϕ18圆孔中心与底座水平中心线、ϕ6.6圆孔中心与底座水平中心线、ϕ15圆孔中心与ϕ13圆孔中心高度，如图5-66所示。

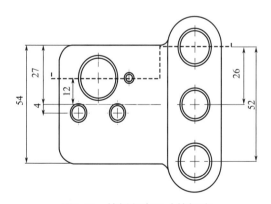

图5-66　挡板竖直尺寸的标注

Step07 选择挡板的上边线和下边线，标注挡板高度。选择挡板凸台上边线与凸台下边线，如图5-67所示。

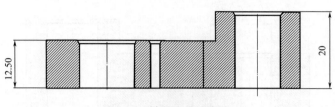

图5-67　轴承座底座高度

Step08　选择【工具】—【标注尺寸】—【水平尺寸】，标注挡板ϕ18孔的中心轴与ϕ15孔的中心轴的距离、ϕ18孔的宽度、ϕ15孔的宽度、ϕ15孔的中心轴到零件左边线的宽度、ϕ18孔与螺纹孔的距离、ϕ15孔与ϕ6.6孔间的距离，如图5-68所示。

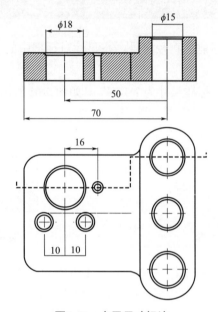

图5-68　水平尺寸标注

Step09　选择【工具】—【标注尺寸】—【智能尺寸】，选择模型中的圆边线，标注圆形尺寸，如图5-69所示。

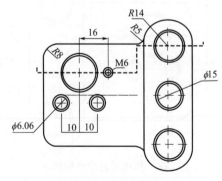

图5-69　圆形尺寸

Step10　分别对全剖左视图A—A进行尺寸标注，如图5-70所示。

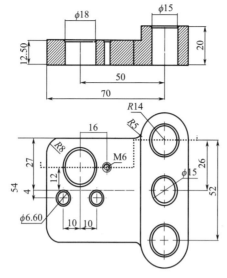

图5-70 所有视图的尺寸标注

Step11 单击【智能尺寸】—✔【倒角尺寸】按钮。选择生成倒角的两条边线，如图5-71所示。

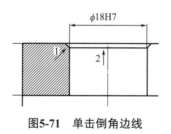

图5-71 单击倒角边线

Step12 生成倒角，如图5-72所示。

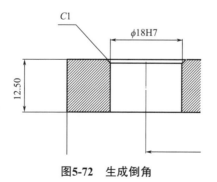

图5-72 生成倒角

Step13 挡板需要和零件进行配合，挡板的厚度也要有一定的精度要求。选择【注解】—【形位公差】按钮▣【形位公差】，弹出【属性】对话框。在【符号】下拉菜单中选择⊥【垂直】，【公差1】中输入φ0.02，勾选【公差2】并在【公差2】中输入B，如图5-73所示。

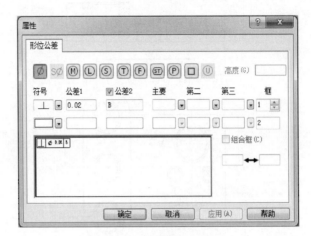

图5-73　设置垂直公差

Step14　单击【确定】按钮，并移动鼠标将公差放置在挡板ϕ15尺寸标注线上，如图5-74所示。

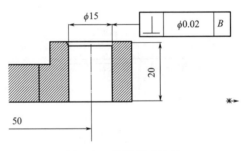

图5-74　放置尺寸公差

Step15　单击有公差精度要求的尺寸，在【公差/精度】一栏中选择双边，在下栏中改上下公差。在 + 后的空格里输入0.06mm，如图5-75所示。

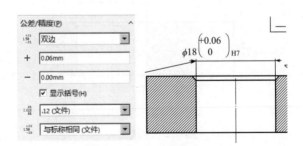

图5-75　添加双边公差

Step16　单击有公差精度要求的尺寸，在【公差/精度】一栏中选择对称，在下栏中改为对称公差。在 + 后的空格里输入0.01mm，如图5-76所示。

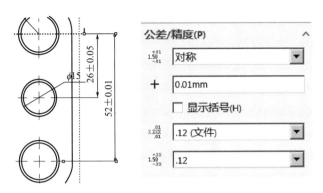

图5-76 添加对称公差

Step17 对挡板添加表面粗糙度。选择【注解】—✓【表面粗糙度符号】按钮，弹出【表面粗糙度】属性管理器，如图5-77所示。

图5-77 表面粗糙度

Step18 选择✓【要求切削加工符号】，在符号布局中的空格里输入Ra3.2 。对主视图中的零件端面添加粗糙度符号，如图5-78所示。

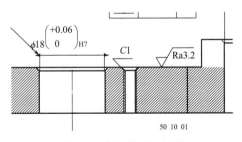

图5-78 添加粗糙度符号

Step19 对挡板添加尺寸基准。选择【注解】—⒜【基准特征】按钮，弹出【基准特征】属性管理器。在【标号设定】中输入B。鼠标在绘图区挡板主视图中拾取挡板凸台上端面φ15尺寸标注线，拖动鼠标到适当位置再次单击鼠标左键放置基准，如图5-79所示。

Step20 选择【文件】—【保存】菜单命令，选择保存位置以及输入文件名，完成工程图的创建。最终完成的工程图如图5-80所示。

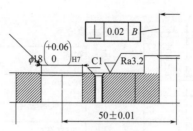

图5-79 添加尺寸基准

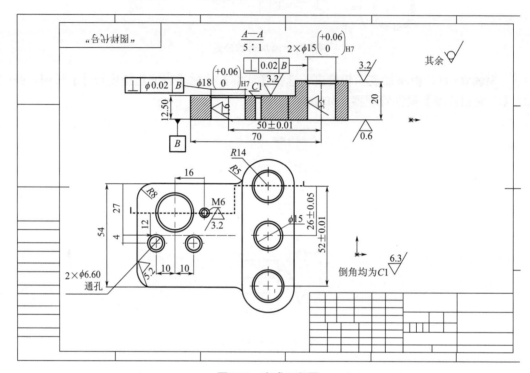

图5-80 完成工程图

5.10 气缸装配图实例

本实例将生成1个气缸装配体模型（如图5-81所示）的装配图，如图5-82所示。

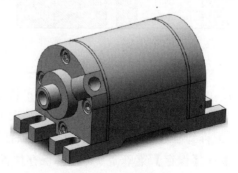

图5-81 气缸装配模型

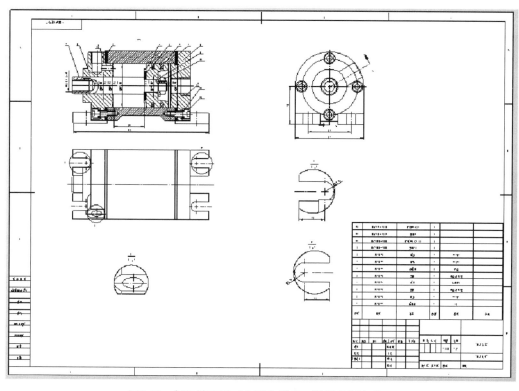

图5-82　气缸装配图（本图为示意，详见各源文件）

―――――― 【主要步骤】 ――――――

① 建立视图。
② 标注尺寸。

―――――― 【具体步骤】 ――――――

5.10.1　建立视图

Step01　启动中文版SolidWorks，选择【文件】—【打开】命令，在弹出的【打开】窗口中选择【装配体1-气缸.SLDASM】，单击【文件】—【新建】命令，弹出【新建SOLIDWORKS文件】窗口，单击【模板】按钮，可选SolidWorks自带的图纸模板，本例中选取国标A2图纸格式。

5.10.1　视频精讲

Step02　单击【工具】—【选项】命令，系统弹出【系统选项】窗口，单击【文档属性】选项卡。将总绘图标准设置为GB（国标），单击【确定】按钮弹出图纸，如图5-83所示。

Step03　单击【插入】—【工程图视图】—【模型】按钮，屏幕左侧弹出【模型视

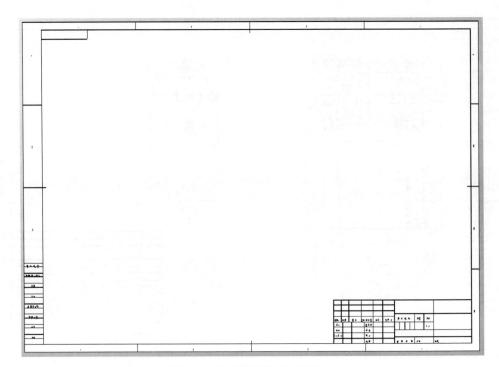

图5-83　生成图纸格式（示意）

图】属性管理器。在【模型视图】属性管理器的【要插入的零件/装配体】选项组显示已经打开的装配体，单击【信息】上方的  暂不显示【下一步】按钮进行直接添加，如图5-84所示。

图5-84　【模型视图】属性管理器　　　　　　　　图5-85　【方向】选项组

Step04 在【模型视图】属性管理器的【方向】选项组中，单击 ▣【左视】按钮添加左视图，如图5-85所示。

Step05 在【比例】选项组中，单击 ◉ 使用自定义比例(C) 按钮，在下拉菜单中选择比例【1:1】，如图5-86所示。

Step06 在图纸的合适位置单击鼠标左键添加左视图，添加完成后的左视图如图5-87所示。

图5-86 【比例】选项组

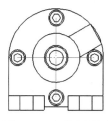

图5-87 生成左视图

Step07 在视图布局工具栏中，单击↕【剖面视图辅助】按钮，单击▦【旋转剖视图】按钮，如图5-88所示。

Step08 画出与中心线重合的两条直线，如图5-89所示。

图5-88 选择【旋转剖视图】命令

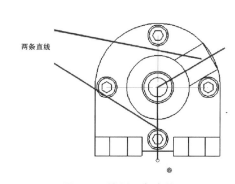

图5-89 绘制两条直线

Step09 绘制两条直线完成后，弹出【剖面视图】窗口，如图5-90所示。勾选【自动打剖面线】选项，并且根据视图中弹出的箭头方向决定是否选中【反转方向】按钮。单击 确定 按钮，在图纸中合适位置处单击添加左视图的旋转剖视图，结果如图5-91所示。

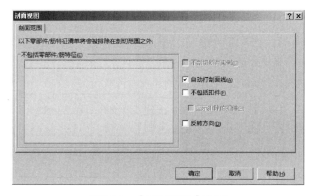

图5-90 【剖面视图】窗口

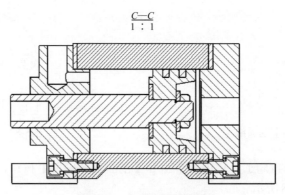

图5-91　生成旋转剖视图

Step10　选中左视图的旋转剖视图，弹出【剖面视图A—A】属性管理器。将【切除线】选项组下的注释文字改为A，在【剖面视图】选项组中勾选【自动加剖面线】选项，如图5-92所示。

Step11　在【显示样式】选项组中单击 🔲 【消除隐藏线】按钮，在【比例】选项组中选择【使用自定义比例（C）】选项，并且选取比例为1:1，如图5-93所示。

图5-92　【剖面视图】属性管理器

图5-93　设置比例

Step12　在旋转剖视图中，单击图中的垫片，如图5-94所示。

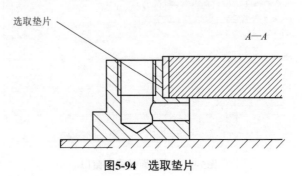

图5-94　选取垫片

Step13 弹出【区域剖面线/填充】属性管理器，取消【材质剖面线】选项，勾选【实线】选项，如图5-95所示，单击✔按钮。

Step14 垫片剖面线修改结果如图5-96所示。

图5-95　【区域剖面线/填充】属性管理器

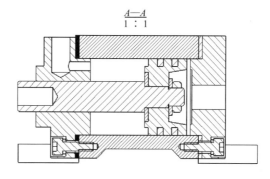

图5-96　修改后的旋转剖视图1

Step15 用同样的方法修改其他垫片的剖面线，如图5-97所示。

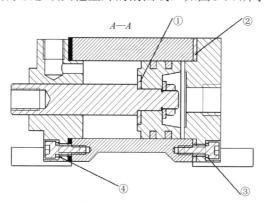

图5-97　选择垫片

Step16 修改之后的旋转剖视图如图5-98所示。

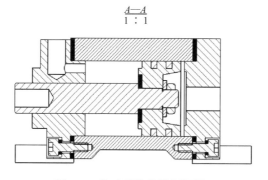

图5-98　修改后的旋转剖视图2

Step17　单击旋转剖视图中的密封圈，如图5-99所示。

Step18　弹出【区域剖面线/填充】属性管理器，在【属性】选项组中，取消【材质剖面线】选项，选取剖面线类型为ISO(Plastic)，并将比例设为1，如图5-100所示。

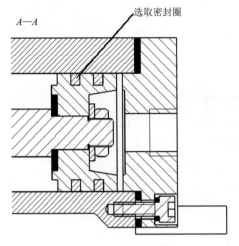

图5-99　选取密封圈　　　　　　　　　　图5-100　【区域剖面线/填充】属性管理器

Step19　用同样的方法修改另一个密封圈的剖面线，修改之后的旋转剖视图如图5-101所示。

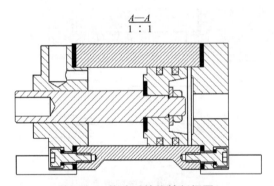

图5-101　修改后的旋转剖视图3

Step20　单击剖视图中的活塞杆，如图5-102所示。

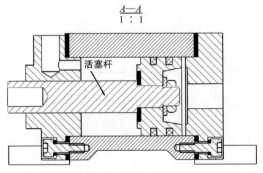

图5-102　选取活塞杆

Step21 弹出【区域剖面线/填充】属性管理器，在【属性】选项组中取消【材质剖面线】选项，选取【无】选项，如图5-103所示。

Step22 修改之后的旋转剖视图如图5-104所示。

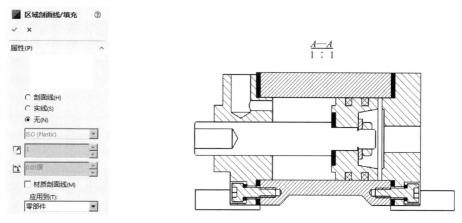

图5-103 【区域剖面线/填充】属性管理器   图5-104 修改后的旋转剖视图4

Step23 用同样的方法修改旋转剖视图中螺母以及两个螺钉的剖面线，如图5-105所示。

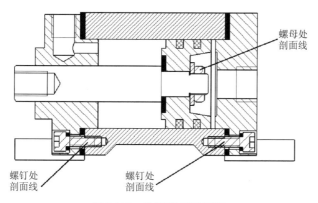

图5-105 选取螺母及螺钉

Step24 修改之后的旋转剖视图，最终结果如图5-106所示。

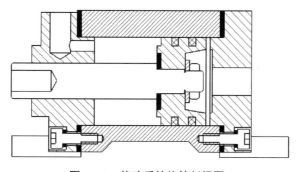

图5-106 修改后的旋转剖视图5

Step25 单击草图工具栏中的 ∿ 按钮，在如图5-107所示位置处绘制一条样条曲线。

Step26 单击注解工具栏中的 ▨【区域剖面线】按钮，在样条曲线内单击鼠标左键，弹出如图5-108所示的【区域剖面线/填充】属性管理器。在【属性】选项组中单击【剖面线(H)】，比例设置为1。

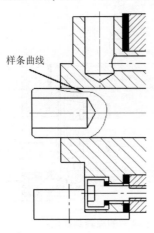

图5-107 绘制样条曲线

图5-108 【区域剖面线/填充】属性管理器

Step27 单击【确认】按钮后，结果如图5-109所示。

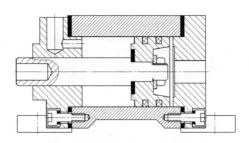

图5-109 修改后的旋转剖视图6

Step28 用同样的方法添加螺母处的剖面线，结果如图5-110所示。

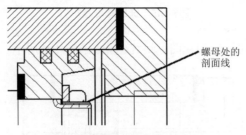

图5-110 修改后的旋转剖视图7

Step29 单击视图布局工具栏中的 🐘【投影视图】按钮，弹出【投影视图】属性管理器，根据提示选取旋转剖视图。在【显示样式】选项组中勾选【使用父关系样式】选项，并单击下面的 🗔【消除隐藏线】按钮，如图5-111所示。

图5-111 显示样式设置

Step30 在【比例】选项组中选取【使用自定义比例】选项，并设为【1:1】，如图5-112所示。

Step31 此时在图纸中移动鼠标便可看见旋转剖视图的投影视图，向下移动鼠标，在图纸合适位置处单击鼠标左键，完成投影视图的添加，如图5-113所示。

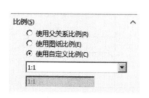

图5-112　比例、尺寸类型设置

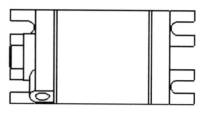

图5-113　生成俯视图

Step32 单击视图布局工具栏中的【局部视图】按钮，弹出【局部视图】属性管理器，根据【局部视图】属性管理器中的提示信息，在俯视图的合适位置处绘制一个圆，如图5-114所示。

Step33 在弹出的【局部视图1】属性管理器的【局部视图图标】选项组中，将【样式】设为【依照标准】，修改注释文字为B，如图5-115所示。

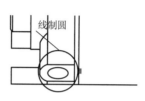

图5-114　绘制圆

Step34 在【比例】选项组中勾选【使用自定义比例(C)】选项，并设置为【2:1】，如图5-116所示。

图5-115　【局部视图】属性管理器

图5-116　比例、尺寸类型设置

Step35 此时在图纸中移动鼠标会弹出一个局部视图，在图纸的合适位置处，单击鼠标左键，完成局部视图的添加，结果如图5-117所示。

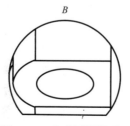

图5-117　生成局部视图B

Step36 用同样的方法在C、D处添加局部视图，如图5-118所示。

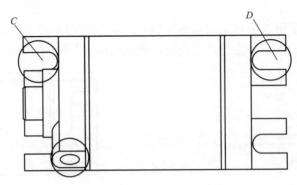

图5-118　C、D位置的选取

Step37 添加的局部视图C、D如图5-119所示。

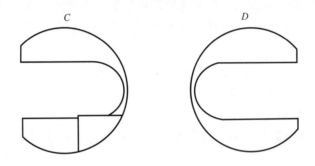

图5-119　局部视图C、D

5.10.2　标注尺寸

5.10.2　视频精讲

Step01 单击注解工具栏的 📐【中心线】按钮，弹出【中心线】属性管理器。单击所有轴类零件的母线轮廓，如图5-120所示。

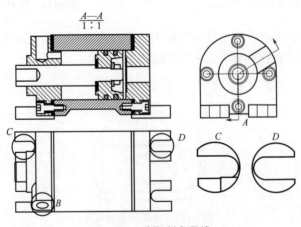

图5-120　选取所有母线

Step02 单击✅按钮完成，结果如图5-121所示。

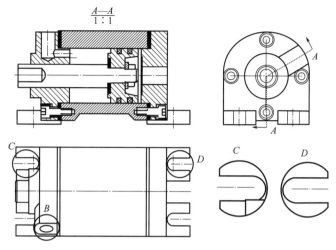

图5-121 添加中心线后的视图

Step03 单击注解工具栏的⊕【中心符号线】按钮，弹出【中心符号线】属性管理器，在【手工插入选项】选项组中单击▦【单一中心线符号】选项。单击所有圆形的轮廓线，如图5-122所示。

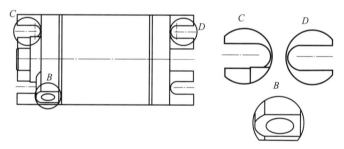

图5-122 选取圆形轮廓

Step04 标注完后结果如图5-123所示。

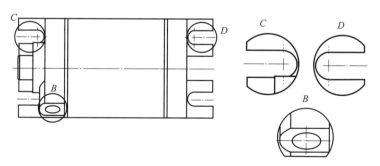

图5-123 添加中心符号线后的视图

Step05 单击注解工具栏中的✎【智能尺寸】按钮，选中旋转剖视图中的两条直线，如图5-124所示。在图纸中的合适位置处单击鼠标左键，完成第一个尺寸的添加。

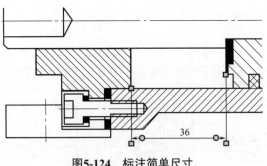

图5-124　标注简单尺寸

Step06 采用同样的方法完成其他简单尺寸的添加，如图5-125所示。

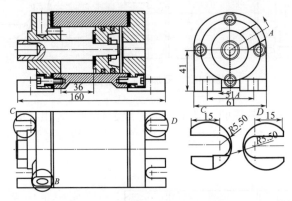

图5-125　标注简单尺寸后的视图

Step07 单击注解工具栏中的 ✎【智能尺寸】按钮，选中活塞杆的两条直线如图5-126所示，在图中合适位置处单击鼠标左键添加尺寸，并且弹出【尺寸】属性管理器。

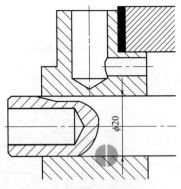

图5-126　选取两条直线

Step08 在【尺寸】属性管理器的【公差/精度】选项组中选择【与公差套合】和【用户定义】选项，并设置孔的公差代号为H8，轴的公差的代号为f8，并且设置公差放置方式为分数形式，如图5-127所示。

Step09 在【尺寸】属性管理器的【标注尺寸文字】中设置文字放置方式，单击▤按钮设置文字为居中。标注完成后的尺寸如图5-128所示。

图5-127　孔轴配合的公差设置

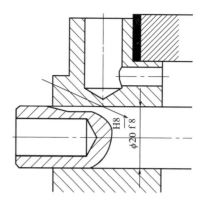

图5-128　标注完孔轴配合后的视图1

Step10 采用同样的方法，标注其他孔轴配合处的尺寸，标注结果如图5-129所示。

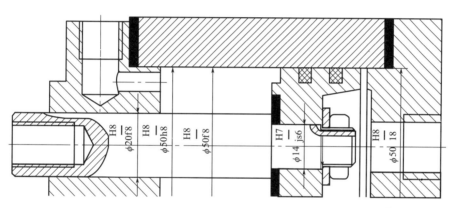

图5-129　标注孔轴配合后的视图2

Step11 单击注解工具栏中的 **A**【注释】按钮，弹出【注释】属性管理器。在【文字格式】设置中将文字放置角度设为【0.00度】。在【引线】设置中依次设置引线格式以及文字放置等，如图5-130所示。

Step12 单击视图中的管螺纹，如图5-131所示。

Step13 在视图的注释框中输入管螺纹的尺寸，弹出【格式化】对话框，设置文字为【汉仪长仿宋体】，字号为12，如图5-132所示。

Step14 在【格式化】对话框中单击 ※ 按钮，弹出【层叠注释】对话框。在外观设置中依次设置样式、对齐方式以及层叠大小；在层叠中分别输入数字1和4，如图5-133所示。然后单击 确定 按钮。

Step15 完成管螺纹的标注后，结果如图5-134所示。

Step16 采用上述方法，标注其他两处的螺纹，如图5-135所示。

图5-130　【注释】
属性管理器

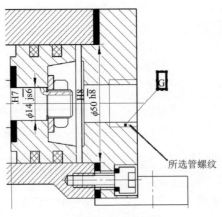

图5-131　选取管螺纹

图5-132　格式对话框

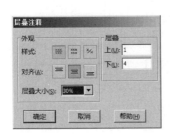

图5-133　【层叠注释】对话框

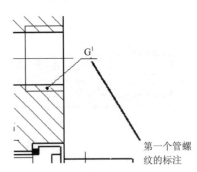

图5-134　管螺纹标注后的视图

Step17 螺纹标注完成后，结果如图5-136所示。

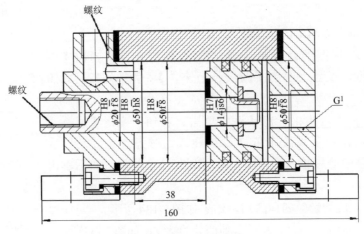

图5-135　选取另两处螺纹

Step18 单击【注解】工具栏中的 ⊘【零件序号】按钮，弹出【零件序号】属性管理器，单击旋转剖视图中的要标注的零件，弹出零件序号，放置在合适的位置，如图 5-137所示。

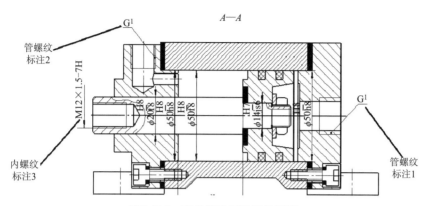

图5-136 完成螺纹标注后的视图

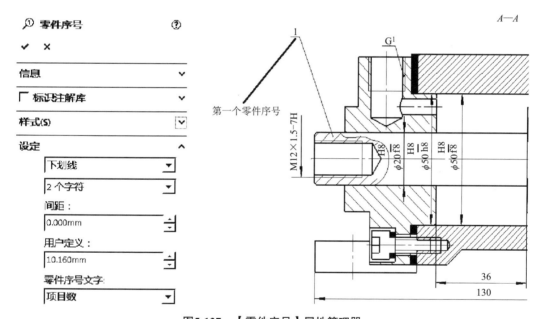

图5-137 【零件序号】属性管理器

Step19 标注其他零件序号的步骤跟上述步骤一样。由于有些零件自动生成的序号并不能依次排列，顺序较乱，可双击要改动的零件序号，再次弹出【零件序号】属性管理器，在【设定】选项组中的【零件序号文字】下拉菜单中选择【自定义属性】选项，如图5-138所示。

Step20 输入需要更改的数值，如图5-139所示，单击 ✅【确定】按钮，生成零件序号。

Step21 采用同样的方法依次生成其余零件序号，旋转剖视图零件序号生成后，结果如图5-140所示。

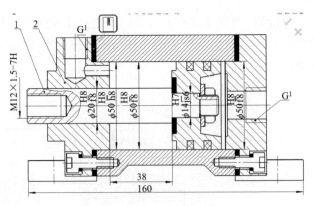

图5-138 设置零件序号文字　　　　　　　　图5-139 修改零件序号

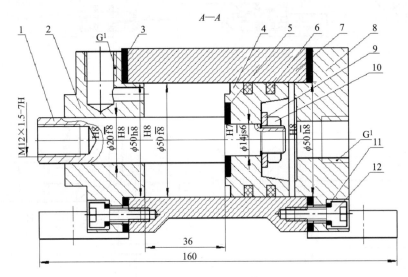

图5-140 生成零件序号后的视图

Step22 单击注解工具栏中的 ▦【表格】按钮弹出下拉菜单，选择【材料明细表】菜单命令。根据弹出的【材料明细表】属性管理器中的提示内容，单击图纸中的旋转剖视图，弹出【材料明细表】属性管理器。在【表格模板】选项组中，设置表格名称为【气缸材料明细表】；【在材料明细表类型】选项组中勾选【仅限零件】选项；在【零件配置分组】选项组中，勾选【显示为一个项目号】选项，并且选择【将同一零件的所有配置显示为一个项目】选项，如图5-141所示。

Ste23 在【项目号】选项组中，设【起始于】为1，【增量】为1，如图5-142所示。

Step24 单击 ✅ 按钮，生成的零件表如图5-143所示。

Step25 生成的表在图纸外，需要稍加改动，将鼠标移动到刚生成的表格，便可弹出如图5-144所示的边框。

图5-141 【材料明细表】属性管理器

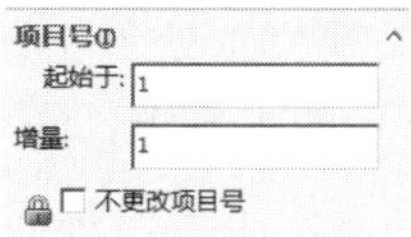

项目号(I)

起始于: 1

增量: 1

☐ 不更改项目号

图5-142　设置项目号

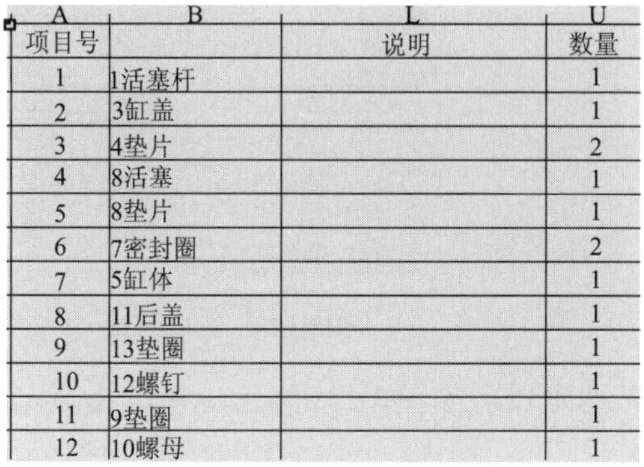

A	B	L	U
项目号		说明	数量
1	1活塞杆		1
2	3缸盖		1
3	4垫片		2
4	8活塞		1
5	8垫片		1
6	7密封圈		2
7	5缸体		1
8	11后盖		1
9	13垫圈		1
10	12螺钉		1
11	9垫圈		1
12	10螺母		1

图5-143　生成零件表

A	B
项目号	
1	1活塞杆
2	3缸盖
3	4垫片
4	8活塞
5	8垫片
6	7密封圈
7	5缸体
8	11后盖
9	13垫圈

图5-144　选择边框

Step26　单击图中的�图标，弹出【材料明细表】属性管理器，如图5-145所示。在【表格位置】选项组中设置【恒定边角】为圖【右下点】。

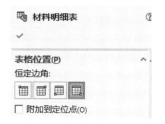

图5-145　【材料明细表】属性管理器

Step27　单击✔按钮，生成的表格即可和图纸外边框对齐，结果如图5-146所示。

项目号		说明	数量
1	1活塞杆		1
2	3缸盖		1
3	4垫片		2
4	8活塞		1
5	8垫片		1
6	7密封圈		2
7	5缸体		1
8	11后盖		1
9	13垫圈		1
10	12螺钉		1
11	9垫圈		1
12	10螺母		1

图5-146　生成的零件表

Step28 将鼠标移动到此表格任意位置处单击，弹出【表格工具】，单击⊞【表格标题在上】按钮，弹出如图5-147所示的零件表，符合国标的排序。

Step29 在表格的第一列任意位置处单击鼠标右键，选择【格式化】—【列宽】菜单命令，如图5-148所示。

12	10螺母		1
11	9垫圈		1
10	12螺钉		1
9	13垫圈		1
8	11后盖		1
7	5缸体		1
6	7密封圈		2
5	8垫片		1
4	8活塞		1
3	4垫片		2
2	3缸盖		1
1	1活塞杆		1
项目号		说明	数量

图5-147　排序后的零件表

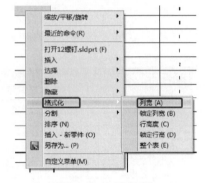

图5-148　选取列宽

Step30 弹出【列宽】对话框，修改列宽值为12，如图5-149所示，单击【确定】按钮。

Step31 修改之后的零件表如图5-150所示。

12	10螺母		1
11	9垫圈		1
10	12螺钉		1
9	13垫圈		1
8	11后盖		1
7	5缸体		1
6	7密封圈		2
5	8垫片		1
4	8活塞		1
3	4垫片		2
2	3缸盖		1
1	1活塞杆		1
项目号		说明	数量

列宽

列宽(C)　 □

确定　 取消

图5-149　修改列宽值

图5-150　修改后的零件表

Step32 采用类似的方法修改表格的格式，修改后的表格如图5-151所示。

12	G8/T70-1905	螺钉M8×20	1		
11	G8/T93-1937	垫圈8	1		
10	G8/T312-1933	螺母12×1.25	8		
9	G8/T858-1933	垫圈12	8		
8	QG05.08	后盖	1	HT150	
7	QG05.07	缸体	1	HT200	
6	QG05.06	密封圈	2	橡胶	
5	QG05.05	垫片	1	橡胶石棉板	
4	QG05.04	活塞	1	ZAISi12	
3	QG05.03	垫片	2	橡胶石棉板	
2	QG05.02	缸盖	1	HT150	
1	QG05.01	活塞杆	1	45	
序号	代号	名称	数量	材料	备注

图5-151　完善后的零件表

Step33 单击【文件】—【另存为】命令，弹出【另存为】窗口。在保存类型中选择【Dwg（*.dwg）】，如图5-152所示。

图5-152 【另存为】窗口

Step34 单击对话框左下角的 选项... 按钮，弹出【输出选项】窗口。在此选项卡中可以选择输出AUTOCAD的文件版本，【线条样式】建议选择【AUTOCAD标准样式】，如图5-153所示。单击【确定】按钮后，单击【保存】按钮，即可存为.dwg格式。

图5-153 输出选项窗体

5.11 管钳

本例生成1个管钳模型（如图5-154所示）的装配图，如图5-155所示。

图5-154 管钳装配模型

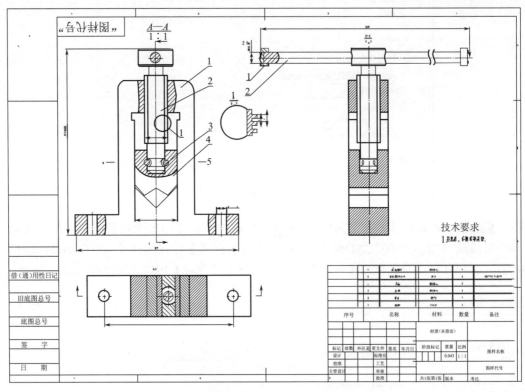

图5-155 管钳装配图（本图为示意，详见源文件）

──────── 【具体步骤】 ────────

5.11.1 插入视图

（1）插入模型

Step01 启动中文版SolidWorks，选择【文件】—【打开】命令，在弹出的【打开】对话框中选择要生成工程图的零件文件。选择【文件】—【新建】，弹出【新建SOLIDWORKS文件】对话框，选择"工程图"，创建一个新的A1（GB）工程图文件。单击【插入】—【工程图视图】—【模型】按钮，弹出【模型视图】属性管理器。

5.11.1 视频精讲

Step02 在【模型视图】属性管理器的【要插入的零件/装配体】选项组中显示已经打开的装配体，单击【信息】上方的 ⊕【下一步】按钮，如图5-156所示。

Step03 在【模型视图】属性管理器的【方向】选项组中单击 □【上视】按钮添加上视图，如图5-157所示。

图5-156 【模型视图】属性管理器

图5-157 设置【方向】选项

Step04 在【比例】选项组中，如图5-158所示，单击 ◉ 使用自定义比例(C) 按钮，在下拉菜单中选择比例1:1。

Step05 在图纸的合适位置添加上视图，添加完成后的上视图如图5-159所示。

（2）生成主视图

Step01 单击视图布局工具栏中的 ↕【剖面视图】按钮，弹出【剖面视图】属性管理器。根据提示内容，在上视图的水平对称线处放置直线，如图5-160所示。

图5-158 设置【比例】选项

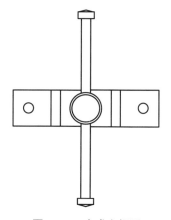

图5-159 生成上视图

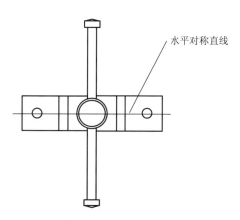

水平对称直线

图5-160 绘制水平对称直线

Step02 单击确定剖切线位置，单击 ✓【确定】按钮，弹出【剖面视图】窗口。勾选【自动打剖面线】和【反转方向】选项，如图5-161所示。

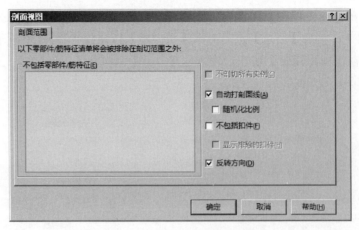

图5-161 【剖面视图】窗口

Step03 单击【剖面视图】窗口中的【确定】按钮。在【剖面视图A—A】属性管理器中，将剖切线的显示文字设为A，并勾选【自动加剖面线】选项，如图5-162所示。

Step04 在【比例】选项组中，勾选【使用父关系比例】选项，即将主视图的比例设为1:1。在尺寸类型设置中勾选【投影】选项，如图5-163所示。

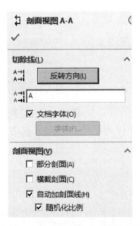

图5-162 【剖面视图】属性管理器

图5-163 比例/尺寸类型设置

Step05 在图纸合适位置处单击鼠标左键，然后单击【剖面视图】属性管理器中的✔按钮完成主视图的添加，结果如图5-164所示。

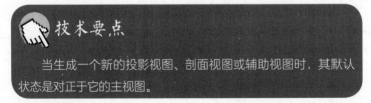
技术要点

当生成一个新的投影视图、剖面视图或辅助视图时，其默认状态是对正于它的主视图。

（3）生成左视图

Step01 采用同样的方法，生成左视图。单击视图布

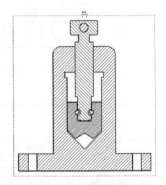

图5-164 生成主视图

局工具栏中的 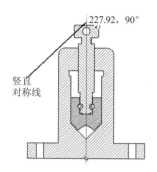 【剖面视图】按钮，根据提示在主视图的竖直对称线上确定剖切位置，如图5-165所示。

Step02 在图纸合适位置处，添加左视图，结果如图5-166所示。

图5-165　绘制竖直对称线

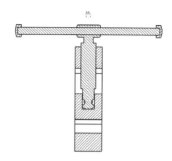

图5-166　生成左视图

（4）修改上视图

Step01 单击选中上视图，剖面左侧弹出【工程视图】属性管理器。单击【更多属性】按钮，弹出【工程视图属性】窗口。在【工程视图属性】窗口中选择【隐藏/显示零部件】选项，依次选中俯视图中的两个挡圈和手柄，如图5-167所示。

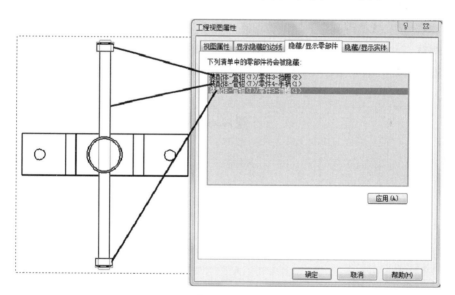

图5-167　【工程视图属性】窗口

Step02 单击【工程视图属性】窗口中的【确定】按钮，此时俯视图如图5-168所示。

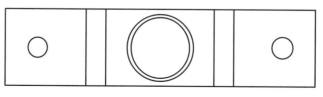

图5-168　修改后的俯视图

（5）修改主视图

Step01　单击选中主视图，弹出【剖面视图】属性管理器。单击【更多属性】按钮，弹出【工程视图属性】窗口。在【工程视图属性】窗口中选择【剖面范围】标签，并在手柄内部单击鼠标左键，如图5-169所示，单击【确定】按钮。

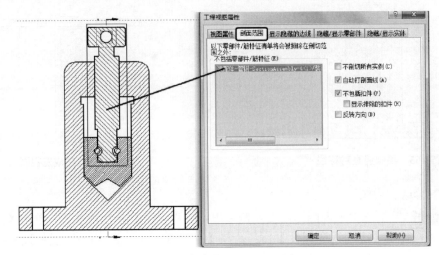

图5-169　【工程视图属性】窗口

Step02　单击【工程视图】属性管理器中的【确定】按钮后，主视图如图5-170所示。

Step03　在主视图中单击钳座的剖面线，如图5-171所示，弹出【区域剖面线/填充】属性管理器。在属性管理器中将【材质剖面线】设置为非选中状态，并将剖面线改为无。

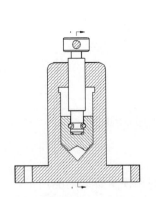

图5-170　修改后的主视图1

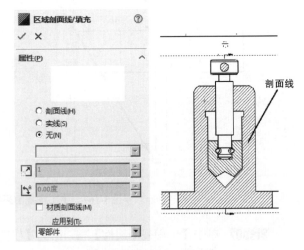

图5-171　设置区域剖面线

Step04　修改之后的主视图如图5-172所示。

Step05　用同样的方法去掉活动钳口内部的剖面线，结果如图5-173所示。

Step06　单击草图工具栏中的∿按钮，在主视图的合适位置处画两条样条曲线，如图5-174所示。

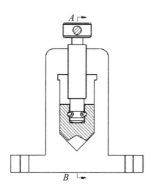

图5-172　修改后的主视图2

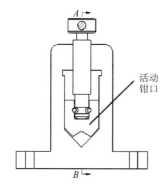

图5-173　修改后的主视图3

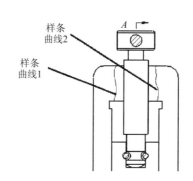

图5-174　绘制样条曲线

Step07 单击注解工具栏中的 ▨ 【区域剖面线/填充】按钮，弹出【区域剖面线/填充】属性管理器。在两条曲线与螺杆所围的内部分别单击鼠标左键，单击【区域剖面线/填充】属性管理器中的 ✅ 按钮，结果如图5-175所示。

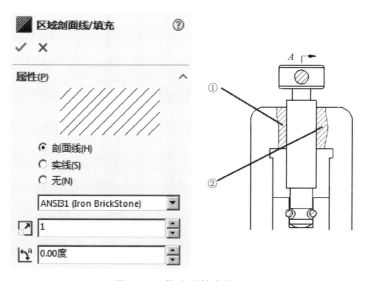

图5-175　修改后的主视图4

Step08 采用同样的方法，在主视图中添加其他三处的剖面线，结果如图5-176所示。

（6）修改左视图

Step01 单击选中左视图，弹出【剖面视图】属性管理器，单击最下方的【更多属性】按钮，弹出【工程视图属性】窗口。在【工程视图属性】窗口中选择【剖面范围】选项，选中左视图中的螺杆和一个挡圈，如图5-177所示，勾选【自动打剖面线】选项。单击【工程视图属性】窗口中的【确定】按钮。

Step02 单击【工程视图】属性管理器中的【确定】按钮后，左视图如图5-178所示。

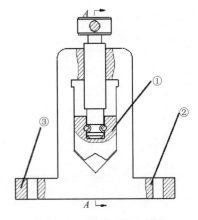

图5-176　修改后的主视图

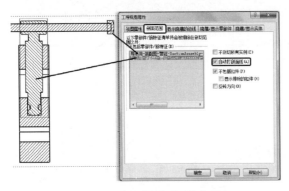

图5-177　【工程视图属性】窗口

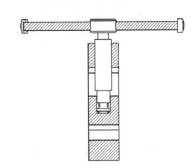

图5-178　修改后的左视图1

Step03 单击左视图中手柄内部的剖面线，弹出【区域剖面线/填充】属性管理器，如图5-179所示。在【区域剖面线/填充】属性管理器中将【材质剖面线】设置为非选中状态，并将手柄的剖面线改为无。

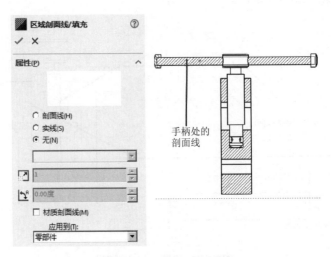

图5-179　设置区域剖面线

Step04 单击【区域剖面线/填充】属性管理器中的 ✓ 按钮后，左视图如图5-180所示。

Step05 单击草图工具栏中的 ∿ 按钮，在左视图的合适位置处画一条样条曲线，如图5-181所示。

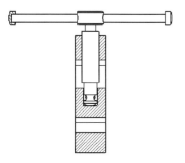

图5-180 修改后的左视图2

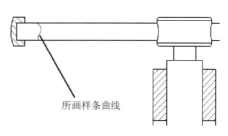

所画样条曲线

图5-181 绘制样条曲线

Step06 单击注解工具栏中的 ▨【区域剖面线/填充】按钮，弹出【区域剖面线/填充】属性管理器。在对话框中勾选【剖面线】选项，并在样条曲线左侧单击鼠标左键，此时便在其内部添加了剖面线，如图5-182所示。

Step07 此时，修改之后左视图整体效果如图5-183所示。

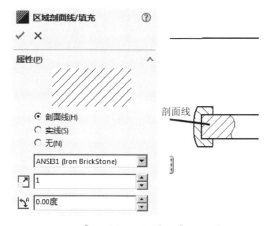

剖面线

图5-182 【区域剖面线/填充】属性管理器

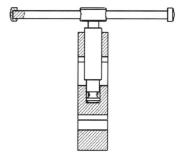

图5-183 修改后的左视图3

（7）添加上视图的剖面视图

Step01 单击视图布局工具栏中的 ▨【断开的剖视图】按钮，根据提示在上视图的合适位置处画一条样条曲线，如图5-184所示。

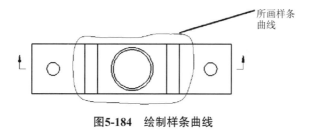

所画样条曲线

图5-184 绘制样条曲线

Step02 画好样条曲线后弹出【剖面视图】窗口，勾选窗口中的【自动打剖面线】选项，如图5-185所示。

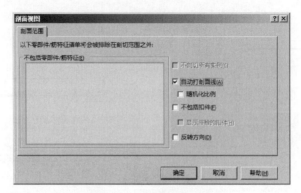

图5-185 【剖面视图】窗口

Step03 单击【剖面视图】窗口中的【确定】按钮，弹出【断开的剖视图】属性管理器。在属性管理器的【深度】选项设置中，选择主视图中圆柱销的外圆轮廓，如图5-186所示。

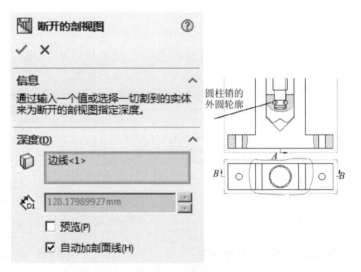

图5-186 【断开的剖视图】属性管理器

Step04 单击【断开的剖视图】属性管理器中的 ✔ 按钮后，上视图如图5-187所示。

图5-187 断开的剖视图

Step05 为了表达清楚，在上视图和主视图中添加一注释，结果如图5-188所示。

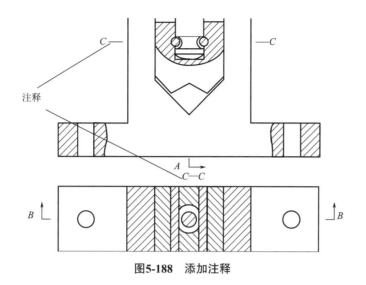

图5-188　添加注释

（8）添加主视图的局部视图

Step01 单击视图布局工具栏中的 ⒶA【局部视图】按钮，弹出【局部视图I】属性管理器。根据提示在主视图的合适位置处画一个圆，如图5-189所示。在【局部视图I】属性管理器的【局部视图图标】选项组中，将图标设为带引线，显示文字为I。

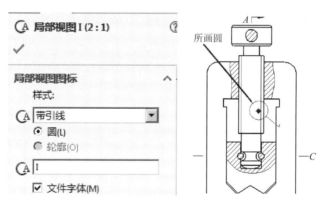

图5-189　【局部视图】属性管理器

Step02 在【局部视图】属性管理器的【比例】选项组中选择【使用自定义比例】选项，并将比例设为2:1。在视图合适位置处单击鼠标左键便可添加一局部视图。由于生成的局部视图还不完善，需要手工添加螺杆的齿形，利用草图工具栏中的直线命令进一步完善此局部视图，结果如图5-190所示。

Step03 单击注解工具栏中的 ▓【区域剖面线/填充】按钮，弹出【区域剖面线/填充】属性管理器。勾选【剖面

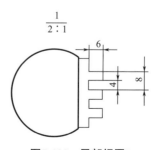

图5-190　局部视图I

线】选项，并将比例设置为1，如图5-191所示。然后在局部视图的合适位置处单击鼠标左键，添加局部视图的剖面线。

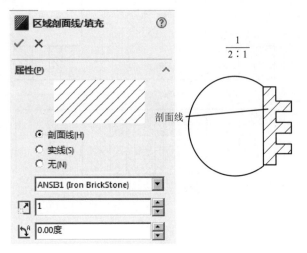

图5-191　添加剖面线

（9）添加左视图的断裂视图

Step01　单击选中左视图，然后单击视图布局工具栏中的 【断裂视图】按钮，弹出【断裂视图】属性管理器。在【断裂视图】属性管理器中将缝隙大小设置为5.00mm，折断线样式为 【曲线折断】，如图5-192所示。

Step02　在左视图的合适位置处单击鼠标左键两次，然后单击【断裂试图】属性管理器中的 按钮，完成断裂视图的添加，结果如图5-193所示。

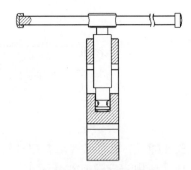

图5-192　【断裂视图】属性管理器　　　　图5-193　生成断裂视图

技术要点

可以在工程图中拖动折断线，以改变断裂视图的断裂长度。

5.11.2 标注尺寸

（1）添加中心线

Step01 单击注解工具栏中的 [中心线] 按钮，弹出【中心线】属性管理器，根据提示依次选中圆柱母线，如图5-194所示。

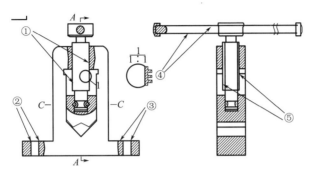

图5-194　选取母线

Step02 单击【中心线】属性管理器中的 ✓ 按钮，即可添加中心线。选中中心线后在其断点处移动鼠标可以调整中心线的长度，结果如图5-195所示。

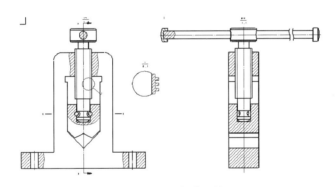

图5-195　添加中心线

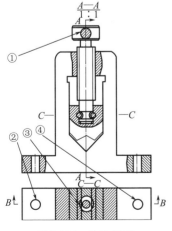

图5-196　选取圆弧

（2）添加中心符号线

Step01 单击注解工具栏中的 [中心符号线] 按钮，弹出【中心符号线】属性管理器。根据提示，依次选中主视图和俯视图中四处的圆弧，如图5-196所示。

Step02 单击【中心符号线】属性管理器中的 ✓ 按钮，即可添加中心符号线，结果如图5-197所示。

（3）手工标注简单尺寸

Step01 单击注解工具栏中的 ✏ 【智能尺寸】按钮，弹出【尺寸】属性管理器，根据提示选中主视图中的两条边线，如图5-198所示。

第 05 章　工程图设计

5.11.2　视频精讲

415

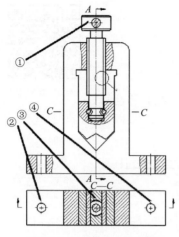

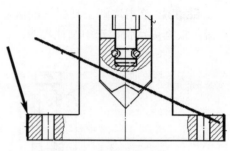

图5-197　添加中心符号线　　　　图5-198　选取两条边线

Step02 在主视图的合适位置处单击鼠标左键，然后单击【尺寸】属性管理器中的 ✅ 按钮，完成第一个尺寸的添加，结果如图5-199所示。

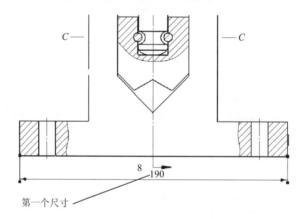

第一个尺寸

图5-199　添加尺寸

Step03 采用同样的方法在视图中添加其他简单尺寸，结果如图5-200所示。

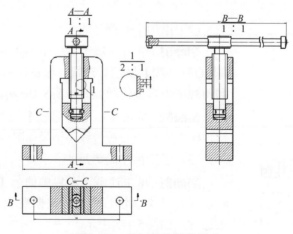

图5-200　添加其他简单尺寸

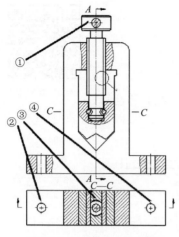

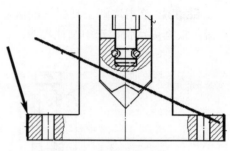

图5-197　添加中心符号线　　　图5-198　选取两条边线

Step02 在主视图的合适位置处单击鼠标左键，然后单击【尺寸】属性管理器中的 ✅ 按钮，完成第一个尺寸的添加，结果如图5-199所示。

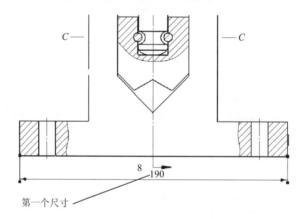

第一个尺寸

图5-199　添加尺寸

Step03 采用同样的方法在视图中添加其他简单尺寸，结果如图5-200所示。

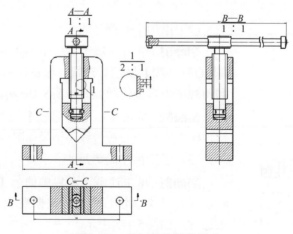

图5-200　添加其他简单尺寸

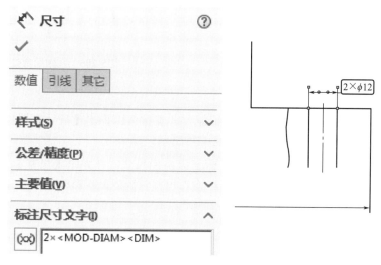

图5-201　选取两条边线

（4）标注孔尺寸

Step01　单击注解工具栏中的 ✎【智能尺寸】按钮，选中主视图中孔的两条边线，如图5-201所示。

Step02　在视图合适位置处单击鼠标左键，弹出【尺寸】属性管理器。在【标注尺寸文字】选项组中输入2×<MOD-DIAM><DIM>，如图5-202所示，单击【尺寸】属性管理器中的 ✅ 按钮完成孔尺寸的添加。

（5）标注孔轴配合处的尺寸

Step01　单击注解工具栏中的 ✎【智能尺寸】按钮，弹出【尺寸】属性管理器，根据提示选取左视图中的两条边线，如图5-203所示。

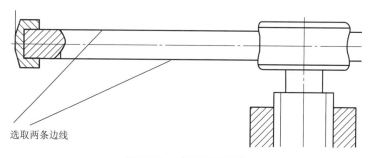

图5-202　孔尺寸的添加

图5-203　选取两条边线

Step02　在视图合适位置处单击鼠标左键添加尺寸，并弹出【尺寸】属性管理器。

在属性管理器的【公差/精度】选项组中，公差类型选择【与公差套合】选项，分类选择【用户定义】选项，并将孔的公差带代号设为H7，轴的公差带代号设为js6，然后单击  【以直线显示层叠】按钮，如图5-204所示。

Step03 单击【尺寸】属性管理器中的 ✅ 按钮后，在视图中便添加了一个孔轴配合的尺寸，如图5-205所示。

图5-204 【尺寸】属性管理器

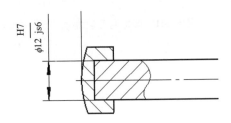

图5-205 孔轴配合处的尺寸

（6）标注螺杆的移动范围

Step01 单击注解工具栏中的 ✍ 【智能尺寸】按钮，弹出【尺寸】属性管理器，根据提示选取主视图中的两条边线，如图5-206所示。

Step02 在视图合适位置处单击鼠标左键添加尺寸，并弹出【尺寸】属性管理器。在属性管理器的【标注尺寸文字】选项中输入尺寸范围为210-258，如图5-207所示。

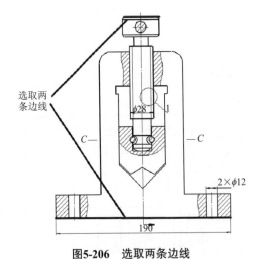

图5-206 选取两条边线

图5-207 【尺寸】属性管理器

Step03 单击【尺寸】属性管理器中的 ✅ 按钮，完成尺寸的添加，结果如图5-208所示。

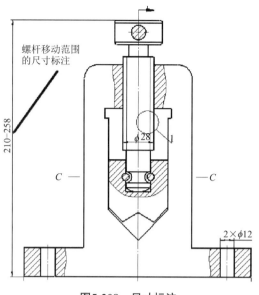

螺杆移动范围
的尺寸标注

210~258

C —

— C

$\phi 28$

1

$2 \times \phi 12$

图5-208　尺寸标注

5.11.3　生成零件序号和零件表

（1）生成零件序号

Step01　单击注解工具栏中的 按钮，弹出【零件序号】属性管理器，在【设定】选项组中将【零件序号文字】选项设为项目数，如图5-209所示。

5.11.3　视频精讲

Step02　根据【零件序号】属性管理器中的提示单击主视图中需要标注的零件，出现零件序号，单击鼠标左键放置在合适的位置，如图5-210所示。

图5-209　【零件序号】属性管理器

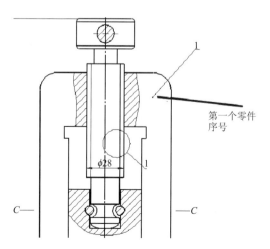

图5-210　零件序号的添加

第05章
工程图设计

419

Step03 采用同样的方法在视图中添加其他零件序号，结果如图5-211所示。

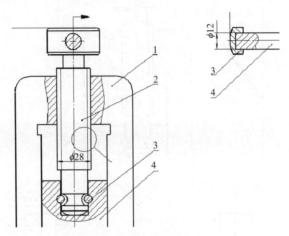

图5-211 零件序号的标注

图5-212 【材料明细表】属性
管理器

（2）添加零件表

Step01 单击注解工具栏中的 ⊞【表格】按钮，在下拉菜单中单击【材料明细表】菜单命令，弹出【材料明细表】属性管理器。根据提示在视图中单击选择主视图，在【材料明细表类型】选项组中，勾选【仅限零件】选项，在【零件配置分组】选项组中勾选【显示为一个项目号】选项，如图5-212所示。

Step02 单击【材料明细表】属性管理器中的 ✔ 按钮，此时在图纸中移动鼠标便可预览一个材料明细表，在合适位置处单击鼠标左键完成材料明细表的添加，如图5-213所示。

项目号	零件号	说明	数量
1	零件1-钳座		1
2	零件2-螺杆		1
3	零件3-挡圈		2
4	零件4-手柄		1
5	零件5-圆柱销		2
6	零件6-活动钳口		1

图5-213 生成材料明细表

Step03 生成的表在图纸外，需要稍加改动。将鼠标移动到刚生成的表格，便可出现如图5-214所示的边框。

Step04 单击图5-214中的 ⊞ 图标，弹出【材料明细表】属性管理器，如图5-215所示。在此对话框的【表格位置】中设置【恒定边角】为 ▦【右下点】。

A	B
项目号	零件号
1	零件1-钳座
2	零件2-螺杆
3	零件3-挡圈
4	零件4-手柄
5	零件5-圆柱销
6	零件6-活动钳口

图5-214　显示边框

图5-215　【材料明细表】属性管理器

Step05 单击属性管理器中的 ✅ 按钮，生成的表格即可和图纸外边框对齐，结果如图5-216所示。

A	B	C	D
项目号	零件号	说明	数量
1	零件1-钳座		1
2	零件2-螺杆		1
3	零件3-档圈		2
4	零件4-手柄		1
5	零件5-圆柱销		2
6	零件6-活动钳口		1

图5-216　生成的零件表

Step06 将鼠标移动到此表格任意位置单击，弹出表格工具栏，单击 ▦【表格标题在下】按钮，便可出现如图5-217所示的零件表，符合国标的排序。

6	零件6-活动钳口		1
5	零件5-圆柱销		2
4	零件4-手柄		1
3	零件3-挡圈		2
2	零件2-螺杆		1
1	零件1-钳座		1
项目号	零件号	说明	数量

图5-217　排序后的零件表

Step07 生成的零件表的格式需要做一些改动。在表格的第一列任意位置处单击鼠标右键，选择【格式化】—【列宽】菜单命令，如图5-218所示。

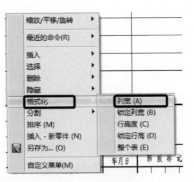

图5-218　选取列宽

Step08 弹出【列宽】窗口，修改列宽值为21mm，如图5-219所示。单击 确定 按钮。

图5-219　修改列宽值

Step09 修改之后的零件表如图5-220所示。

6	零件6-活动钳口		1
5	零件5-圆柱销		2
4	零件4-手柄		1
3	零件3-挡圈		2
2	零件2-螺杆		1
1	零件1-钳座		1
项目号	零件号	说明	数量

图5-220　修改后的零件表

Step10 采用类似的方法修改表格的格式，修改后的表格如图5-221所示。

6	活动钳口	Q235-A	1	
5	圆柱销B6×40	Q45	2	
4	手柄	Q235-A	1	
3	档圈	Q235-A	3	
2	螺杆	Q275	1	
1	钳座	HT250	1	
序号	名称	材料	数量	备注

图5-221　完善后的零件表

Step11 单击注解工具栏中的 **A**【注释】按钮，在左侧弹出【注释】属性管理器。在属性管理器的【文字格式】选项组中，将【使用文档字体】选项设置为非选中状态，单击【字体】按钮弹出【选择字体】窗口，将文字高度设为5.0mm，如图5-222所示。

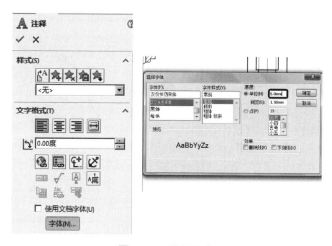

图5-222 设置文字

Step12 在【注释】属性管理器的【引线】选项组中单击  【无引线】按钮，如图5-223所示。

图5-223 引线设置

技术要求
1.安装后，手柄转动灵活。

Q235–A	1	
Q45	2	GB/TH9.1–2000

图5-224 输入技术要求

Step13 在图纸合适位置处单击鼠标左键，输入技术要求。单击【注释】属性管理器中的 ✔ 按钮，结果如图5-224所示。

5.12 手柄

本例生成1个手柄模型（如图5-225所示）的装配图，如图5-226所示。

图5-225 手柄模型

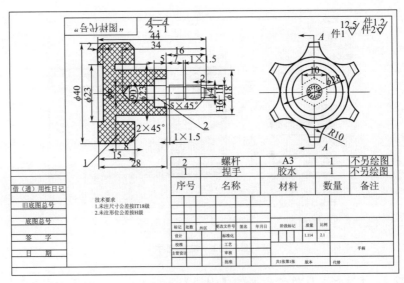

图5-226 手柄装配图

2	螺杆	A3	1	不另绘图
1	捏手	胶水	1	不另绘图
序号	名称	材料	数量	备注

———— 【具体步骤】 ————

5.12.1 插入视图

（1）插入主视图

Step01 启动中文版SolidWorks，选择【文件】—【打开】命令，在弹出的【打开】对话框中选择要生成工程图的零件文件。选择【文件】—【新建】，弹出【新建Solidworks文件】对话框，选择"工程图"，创建一个新的A1（GB）工程图文件。单击【插入】—【工程图视图】—【模型】按钮，属性管理器位置会弹出【模型视图】属性管理器。

Step02 在【模型视图】属性管理器的【要插入的零件/装配体】选项组中显示已经打开的装配体，单击【信息】上方的 ⊕【下一步】按钮进行直接添加，如图5-227所示。

Step03 在【模型视图】属性管理器的【方向】选项组中，如图5-228所示，单击 □【后视】按钮添加后视图。

5.12.1 视频精讲

图5-227 【模型视图】属性管理器

图5-228 设置【方向】选项

Step04 在【模型视图】属性管理器的【选项（N）】选项中，勾选击☑自动开始投影视图(A) 选项，在【显示样式】选项组中，单击☑【隐藏线可见】按钮，在【比例】选项组中，勾选 ◉ 使用自定义比例(C) 选项，在下拉菜单中选择比例2:1，如图5-229所示。

Step05 在图纸的合适位置添加后视图，添加完成后的后视图如图5-230所示。

图5-229　设置【比例】选项

（2）插入剖视图

Step01 单击视图布局工具栏中的 ⇄【剖面视图】按钮，弹出【剖面视图】窗口。根据提示内容，在后视图的竖直对称线处画一条直线，如图5-231所示。

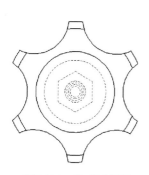

图5-230　生成后视图

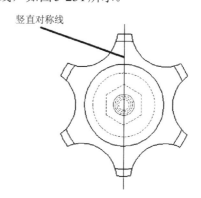

竖直对称线

图5-231　绘制竖直对称直线

Step02 竖直对称线画好后，弹出【剖面视图】窗口。勾选【自动打剖面线】选项，如图5-232所示。

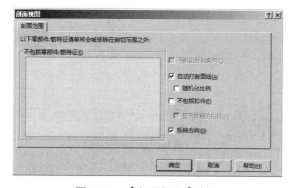

图5-232　【剖面视图】窗口

Step03 单击【剖面视图】窗口中的【确定】按钮，此时在图纸中移动鼠标便可在图纸中预览剖面视图。在左侧【剖面视图A—A】属性管理器中，将【切除线】的显示文字设为A，并勾选【自动加剖面线】选项，如图5-233所示。

Step04 在【显示样式】选项组中，单击☑【消除隐藏线】按钮，如图5-234所示。

Step05 在【比例】选项组中，勾选【使用父关系比例】选项，在尺寸类型设置中勾选【预测】选项，如图5-235所示。

图5-233　【剖面视图】属性管理器

图5-234　设置显示样式

Step06 在图纸合适位置处单击鼠标左键，然后单击【剖面视图】管理器中的 ✅ 按钮完成剖视图的添加，结果如图5-236所示。

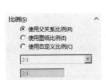

图5-235　设置比例/尺寸类型

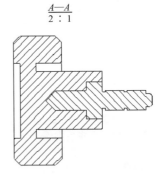

图5-236　生成剖视图

Step07 单击选中剖视图，弹出【剖面视图】属性管理器。单击【更多属性】按钮，弹出【工程视图属性】窗口。在【工程视图属性】窗口中选择【剖面范围】选项卡，选中剖视图中的螺杆，如图5-237所示。

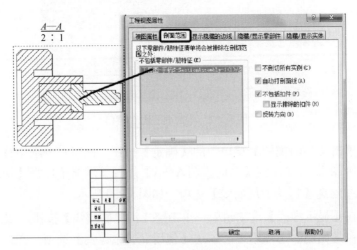

图5-237　【工程视图属性】窗口

Step08 单击【工程视图属性】窗口中的【确定】按钮，此时剖视图如图5-238所示。

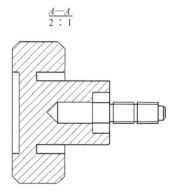

图5-238　修改后的剖视图1

Step09 在剖视图中单击剖面线，弹出【区域剖面线/填充】属性管理器，如图5-239所示。在属性管理器的【属性】选项组中单击【剖面线】按钮，将剖面线图样设为ISO(Plastic)。

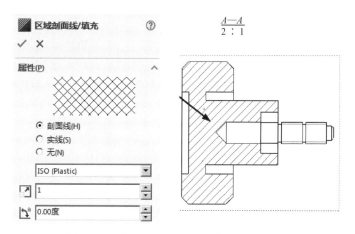

图5-239　【区域剖面线/填充】属性管理器

Step10 单击【区域剖面线/填充】属性管理器中的✅按钮，完成区域剖面线的修改，结果如图5-240所示。

5.12.2　标注尺寸

（1）添加中心线

Step01 单击注解工具栏中的［Ⅱ中心线］按钮，弹出【中心线】属性管理器，根据提示依次选中圆柱母线，如图5-241所示。

5.12.2　视频精讲

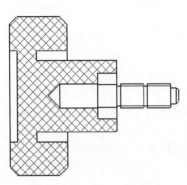

图5-240　修改后的剖视图2

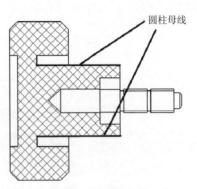

图5-241　选取母线

Step02 单击【中心线】属性管理器中的 ✅ 按钮，在视图中将添加中心线。选中中心线后，在其端点处移动鼠标可以调整中心线的长度，结果如图5-242所示。

（2）添加中心符号线

Step01 单击注解工具栏中的 ⊕ 中心符号线 按钮，弹出【中心符号线】属性管理器，根据提示，单击选中后视图中的外圆轮廓，如图5-243所示。

Step02 单击【中心符号线】属性管理器中的 ✅ 按钮，在视图中将添加中心符号线，选中中心符号线后在其端点处移动鼠标可以调整中心符号线的长度，结果如图5-244所示。

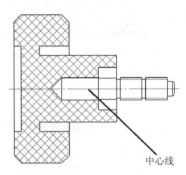

图5-242　中心线的添加

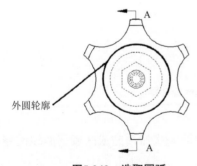

图5-243　选取圆弧

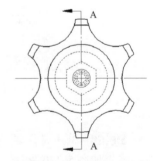

图5-244　中心符号线的添加

（3）手工标注简单尺寸

Step01 单击注解工具栏中的 ✎ 【智能尺寸】按钮，弹出【尺寸】属性管理器，根据提示选中剖视图中的两条边线，如图5-245所示。

Step02 在剖视图的合适位置处单击鼠标左键，然后单击【尺寸】属性管理器中的 ✅ 按钮，完成第一个尺寸的添加，结果如图5-246所示。

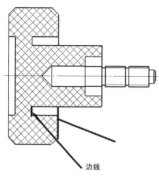

图5-245　选取两条边线

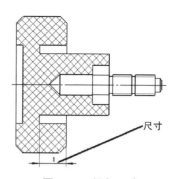

图5-246　添加尺寸

Step03 采用同样的方法在视图中添加其他简单尺寸，结果如图5-247所示。

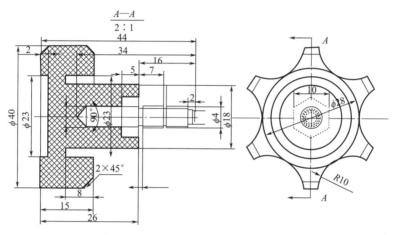

图5-247　添加其他简单尺寸

（4）标注外螺纹尺寸

Step01 单击注解工具栏中的 ✎【智能尺寸】按钮，选中剖视图中螺杆的两条外螺纹边线，如图5-248所示。

Step02 在视图合适位置处单击鼠标左键，弹出【尺寸】属性管理器，在属性管理器的【标注尺寸文字】中输入M6-8h，如图5-249所示。

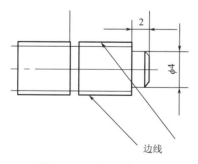

图5-248　选取两条边线

图5-249　【尺寸】属性管理器

Step03 单击【尺寸】属性管理器中的✔按钮完成外螺纹的尺寸添加，结果如图5-250所示。

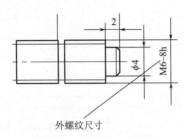

图5-250　标注外螺纹尺寸

（5）标注倒角处的尺寸

Step01 单击注解工具栏中的🅰【注释】按钮，弹出【注释】属性管理器，在属性管理器的引线设置中单击🖊【引线】和🖊【下划线引线】按钮，并将引线的箭头样式设置为无箭头，如图5-251所示。

Step02 在视图合适位置处单击鼠标左键，在文字输入框中输入0.5×45°，单击【注释】属性管理器中的✔按钮完成倒角处尺寸的添加，结果如图5-252所示。

图5-251　【注释】属性
管理器

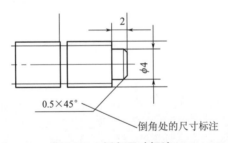

图5-252　倒角尺寸标注1

🖐技术要点

当添加尺寸时，右键单击可锁定尺寸的方向(角度向内/向外或水平/垂直/平行)，然后可拖动数字将文字放置在您需要的地方而不改变方向。

Step03 采用同样的方法标注另一处的倒角，结果如图5-253所示。

（6）标注螺纹退刀槽处的尺寸

Step01 单击注解工具栏中的✎【智能尺寸】按钮，选中剖视图中螺杆的两条边线，如图5-254所示。

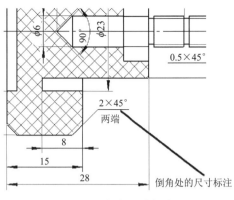

图5-253 倒角尺寸标注2

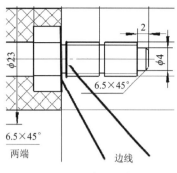

图5-254 选取边线

Step02 在剖视图合适位置处单击鼠标左键，添加一个简单尺寸，并弹出【尺寸】属性管理器。在属性管理器的【标注尺寸文字】中重新输入尺寸值为<DIM>×0.5，如图5-255所示。

Step03 单击【尺寸】属性管理器中的 ✓ 按钮后，在视图中便添加了一个螺纹退刀槽处的尺寸，结果如图5-256所示。

图5-255 【尺寸】属性管理器

图5-256 螺纹退刀槽处的尺寸

5.12.3 生成零件序号和零件表

（1）生成零件序号

Step01 单击注解工具栏中的 ⊘ 零件序号 按钮，选中剖视图中的要标注的零件，弹出【零件序号】属性管理器，如图5-257所示。在【设定】选项组中将【零件序号文字】设为项目数。

Step02 根据【零件序号】属性管理器中的提示单击主视图中需要标注的零件，出现零件序号，放置在合适的位置，如图5-258所示。

5.12.3 视频精讲

图5-257 【零件序号】属性管理器

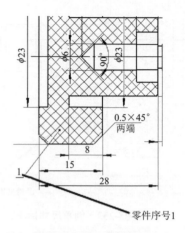

图5-258 添加零件序号

Step03 采用同样的方法在视图中添加其他零件序号，结果如图5-259所示。

（2）添加零件表

Step01 单击注解工具栏中的 🏭【表格】按钮，在下拉菜单中单击【材料明细表】菜单命令，弹出【材料明细表】属性管理器，如图5-260所示。在【材料明细表类型】选项组中，勾选【仅限零件】选项。在零件配置分组中勾选【显示为一个项目号】选项。

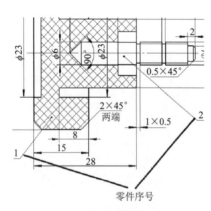

图5-259 标注其他零件序号

图5-260 【材料明细表】属性管理器

Step02 单击【材料明细表】属性管理器中的 ✅ 按钮，此时在图纸中移动鼠标便可预览一个材料明细表，在合适位置处单击鼠标左键完成材料明细表的添加，如图5-261所示。

Step03 生成的表在图纸外，需要稍加改动，将鼠标移动到刚生成的表格，便可出现如图5-262所示的边框。

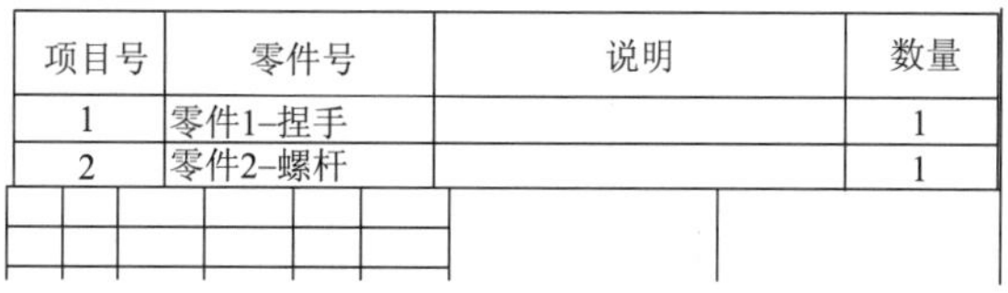

项目号
零件号
说明
数量
1
零件1–捏手
1
2
零件2–螺杆
1

图5-261　生成材料明细表

A
B
C
D
项目号
零件号
说明
数量
1
零件1–捏手
1
2
零件2–螺杆
1

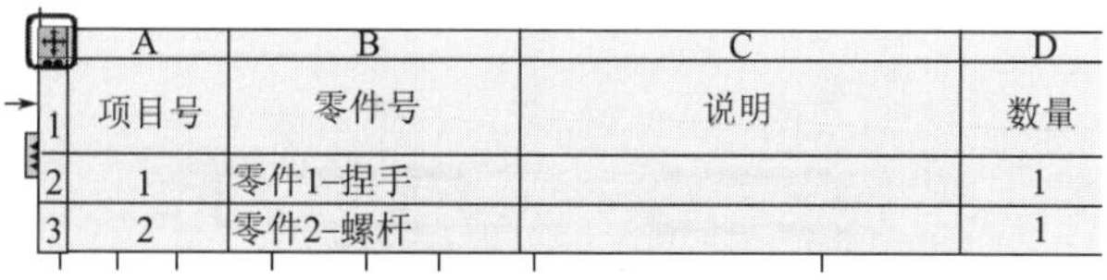

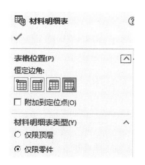

图5-262　显示边框

Step04 单击图5-262中的图标，弹出【材料明细表】属性管理器，如图5-263所示。在【表格位置】选项组中设置恒定边角为【右下点】。

材料明细表
表格位置(P)
恒定边角:
附加到定位点(O)
材料明细表类型(Y)
仅限顶层
仅限零件

图5-263　【材料明细表】属性管理器

Step05 单击按钮继续，生成的表格即可和图纸外边框对齐，结果如图5-264所示。

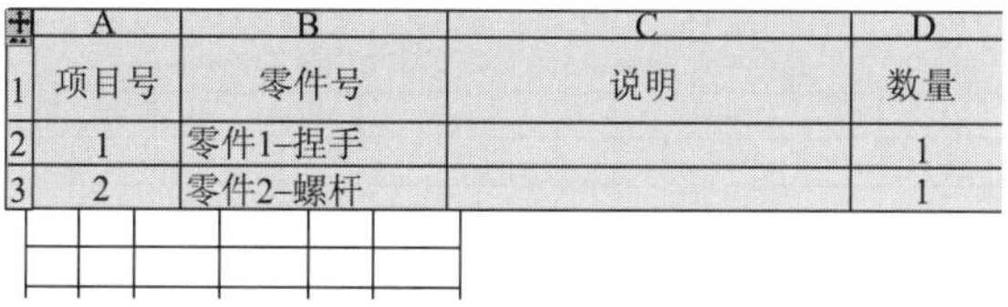

A
B
C
D
项目号
零件号
说明
数量
1
零件1–捏手
1
2
零件2–螺杆
1

图5-264　生成的零件表

Step06 将鼠标移动到此表格任意位置单击，弹出【表格工具】，单击【表格标题在下】按钮，便可出现如图5-265所示的零件表，符合国标的排序。

1×0.5
A
B
C
D
2
零件2–螺杆
1
1
零件1–捏手
1
项目号
零件号
说明
数量

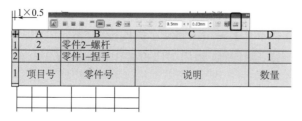

图5-265　排序后的零件表

Step07 在表格的第一列任意位置处单击鼠标右键，选择【格式化】—【列宽】菜单命令，如图5-266所示。

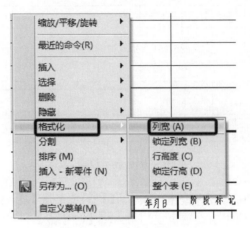

图5-266　选取【列宽】菜单命令

Step08 弹出【列宽】对话框，修改列宽值为24，如图5-267所示。然后单击 确定 按钮即可。

Step09 修改之后的零件表如图5-268所示。

图5-267　修改列宽值

2	零件2-螺杆		1
1	零件1-捏手		1
项目号	零件号	说明	数量

图5-268　修改之后的零件表

Step10 采用类似的方法修改表格的格式和内容，修改后的表格如图5-269所示。

2	螺杆	A3	1	不另绘图
1	捏手	胶水	1	不另绘图
序号	名称	材料	数量	备注

图5-269　完善后的零件表

（3）添加技术要求

Step01 单击注解工具栏中的 **A**【注释】按钮，在左侧弹出【注释】属性管理器。在属性管理器的【文字格式】设置中，将【使用文档字体】设置为非选中状态，单击【字体】按钮弹出【选择字体】窗口，将文字高度设为5mm，如图5-270所示。

Step02 在【引线】属性管理器的引线设置中单击 【无引线】按钮，如图5-271所示。

Step03 在图纸合适位置处单击鼠标左键，输入技术要求。然后，单击【注释】属性管理器中的 ✓，结果如图5-272所示。

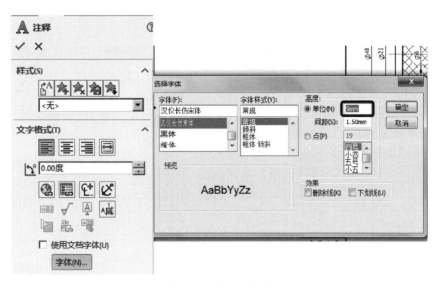

图5-270　设置文字

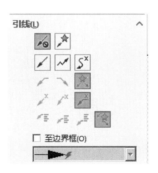

图5-271　引线设置

技术要求
1.未注尺寸公差按IT16级。
2.未注形位公差按H级。

1			捏手	
序号			名称	
标记	处数	分区	更改文件号	签名
设计			标准化	
校核			工艺	
主管设计			审核	
			批准	

图5-272　输入技术要求

（4）添加表面粗糙度

Step01 使用注释功能在图纸合适位置处添加文字性说明，结果如图5-273所示。

Step02 单击注解工具栏中的 √表面粗糙度符号 按钮，弹出【表面粗糙度】属性管理器。在属性管理器的【符号】设置中单击 √【要求切削加工】按钮，在【符号布局】设置中输入最大粗糙度值为12.5，如图5-274所示。

Step03 在图纸合适位置处单击鼠标左键，然后单击【表面粗糙度】属性管理器中的 √ 按钮，添加第一个表面粗糙度的说明，结果如图5-275所示。

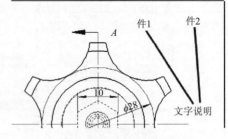

图5-273 添加文字说明

图5-274 【表面粗糙度】属性管理器

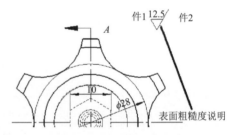

图5-275 添加表面粗糙度

Step04 采用同样的方法添加另一个表面粗糙度，在【表面粗糙度】属性管理器的符号设置中单击 √【禁止切削加工】按钮，在【符号布局】设置中输入最大粗糙度值为3.2，如图5-276所示。

Step05 在图纸合适位置处单击鼠标左键，然后单击【表面粗糙度】属性管理器中的 √ 按钮，添加第二个表面粗糙度，结果如图5-277所示。

图5-276 【表面粗糙度】属性管理器

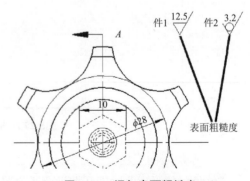

图5-277 添加表面粗糙度

06

第6章

其他功能实例

SolidWorks软件还具有一些其他的辅助功能，包括：钣金建模、焊件建模、图片渲染和有限元分析等。下面就分别列举各辅助功能的设计实例，以期读者能通过这些实例的学习，对各功能的建模设计过程有整体的了解。

6.1 钣金建模范例

本实例通过钣金建模的方法来完成机壳模型的建立，模型如图6-1所示。

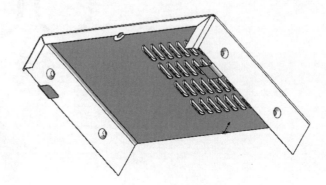

图6-1 钣金模型

——【主要步骤】——

① 建立主体部分。
② 建立辅助部分。

——【具体步骤】——

6.1.1 建立主体部分

Step01 单击【特征管理器设计树】中的【前视基准面】图标，使其成为草图绘制平面。单击【标准视图】工具栏中的 ⬇ 【正视于】按钮，并单击【草图】工具栏中的 ⬤ 【草图绘制】按钮，进入草图绘制状态。使用【草图】工具栏中的 ✏ 【直线】、◈ 【智能尺寸】工具，绘制如图6-2所示的草图。单击 ⬤ 【退出草图】按钮，退出草图绘制状态。

6.1.1 视频精讲

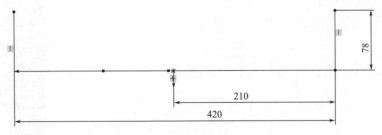

图6-2 绘制草图并标注尺寸

Step02 选择绘制好的草图，单击【钣金】工具栏中的 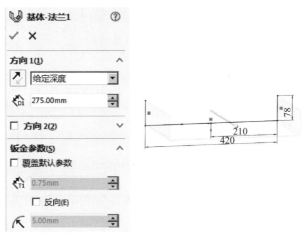【基体法兰/薄片】按钮，【属性管理器】中弹出【基体法兰】属性管理器。在【钣金参数】选项组中，设置 ⬡ 【厚度】为0.75mm，在【方向1】选项组中，设置【终止条件】为【给定深度】，设置数值为275.00mm。单击 ✓【确定】按钮，生成钣金的基体法兰特征，如图6-3所示。

图6-3　生成基体法兰特征

Step03 单击【钣金】工具栏中的 ✎【边线法兰】按钮，【属性管理器】中弹出【边线法兰】属性管理器。在【法兰参数】选项组中，选择如图6-4所示的边线。勾选

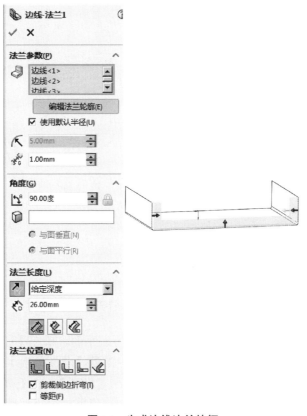

图6-4　生成边线法兰特征

【使用默认半径】选项，设置 ⬛【法兰角度】为90度；在【法兰长度】选项组中，设置终止条件为【给定深度】，设置 ⬚【距离】为26.00mm。在【法兰位置】选项组中，设置法兰位置为 ▥【材料在内】。单击 ✓【确定】按钮，生成钣金边线法兰特征。

Step04 单击零件的前端面，使其成为草图绘制平面。单击【标准视图】工具栏中的 ⬛【正视于】按钮，并单击【草图】工具栏中的 ⬛【草图绘制】按钮，进入草图绘制状态。使用【草图】工具栏中 ⊙【圆】、 ⬚【智能尺寸】工具，绘制如图6-5所示的草图。单击 ⬛【退出草图】按钮，退出草图绘制状态。

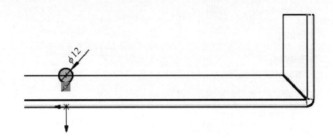

图6-5 绘制草图并标注尺寸

Step05 单击【特征】工具栏中的 ⬛【切除-拉伸】按钮，弹出【切除-拉伸】属性管理器。在【方向1】选项组中，设置【终止条件】为【给定深度】，⬚【深度】为10mm，单击 ✓【确定】按钮，生成拉伸切除特征，如图6-6所示。

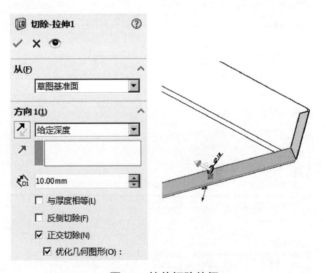

图6-6 拉伸切除特征

Step06 单击模型的前端面，使其成为草图绘制平面。单击【标准视图】工具栏中的 ⬛【正视于】按钮，并单击【草图】工具栏中的 ⬛【草图绘制】按钮，进入草图绘制状态。使用【草图】工具栏中的 ⬚【直线】、 ⬚【圆弧】、 ⬚【智能尺寸】工具，绘制如图6-7所示的草图。单击 ⬛【退出草图】按钮，退出草图绘制状态。

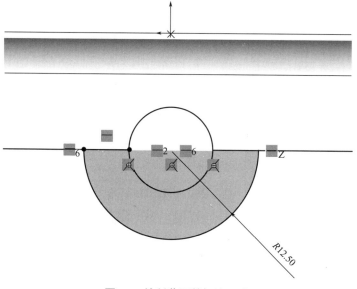

图6-7 绘制草图并标注尺寸

Step07 单击【特征】工具栏中的 【拉伸凸台/基体】按钮，弹出【凸台-拉伸】属性管理器。在【方向1】选项组中，设置 【终止条件】为【给定深度】， 【深度】为0.75mm，单击 【确定】按钮，生成拉伸特征，如图6-8所示。

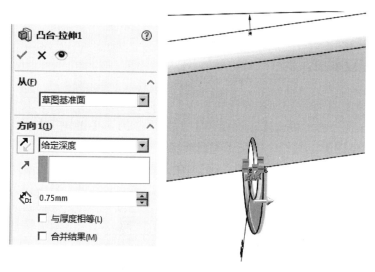

图6-8 拉伸特征

Step08 单击【钣金】工具栏中的 【边线法兰】按钮，【属性管理器】中弹出【边线法兰】属性管理器。在【法兰参数】选项组中，选择如图6-9所示的边线。勾选【使用默认半径】选项，设置 【法兰角度】为90度；在【法兰长度】选项组中，设置终止条件为【给定深度】，设置 【距离】为30.00mm。在【法兰位置】选项组中，设置法兰位置为 【材料在内】。单击 【确定】按钮，生成钣金边线法兰特征。

图6-9　生成钣金边线法兰特征

6.1.2　建立辅助部分

Step01　单击【特征管理器设计树】中的【前视基准面】图标，使其成为草图绘制平面。单击【标准视图】工具栏中的 ⏚【正视于】按钮，并单击【草图】工具栏中的 ⌷【草图绘制】按钮，进入草图绘制状态。使用【草图】工具栏中的 ／【直线】、 ◇【智能尺寸】工具，绘制如图6-10所示的草图。单击 ⌷【退出草图】按钮，退出草图绘制状态。

6.1.2　视频精讲

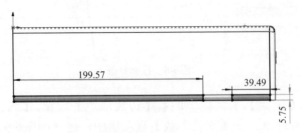

图6-10　绘制草图并标注尺寸

Step02　单击【特征】工具栏中的 ▣【切除-拉伸】按钮，弹出【切除-拉伸】属性管理器。在【方向1】选项组中，设置【终止条件】为【完全贯穿】，单击 ✅【确定】按钮，生成拉伸切除特征，如图6-11所示。

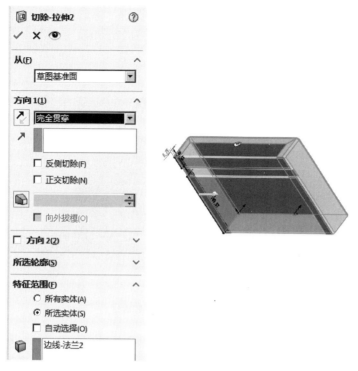

图6-11　拉伸切除特征

Step03　单击【特征】工具栏中的 ⊚【圆角】按钮，弹出【圆角】属性管理器。在【圆角项目】选项组中，单击 ⊚【边线、面、特征和环】选择框，在图形区域中选择模型的4条边线，设置 ⫫【半径】为7.00mm，单击 ✅【确定】按钮，生成圆角特征，如图6-12所示。

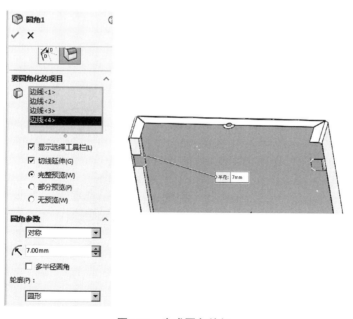

图6-12　生成圆角特征

Step04 单击【插入】|【钣金】|【成形工具】按钮，弹出【成形工具】属性管理器。在【方位面】中选择【面<1>】，设置【角度】为270.00度，如图6-13所示，单击【确定】按钮，生成成形工具特征。

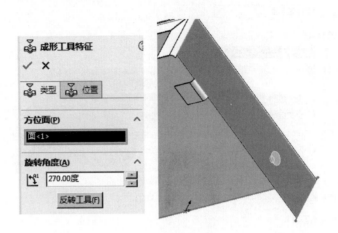

图6-13　生成成形工具特征

Step05 单击【特征】工具栏中的【线性阵列】按钮，【属性管理器】中弹出【线性阵列】属性管理器。在【方向1】选项组中，【阵列方向】选择【边线1】作为阵列方向，设置【间距】为150.00mm，设置【实例数】为2。在【要阵列的特征】选项组中，选择上一步骤生成的成形特征作为要阵列的特征。选择单击【确定】按钮，生成线性阵列特征。如图6-14所示。

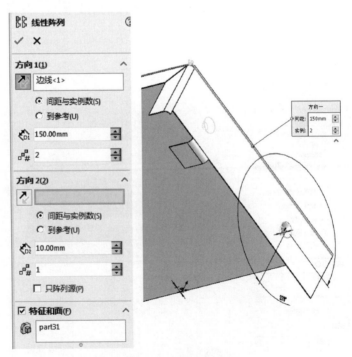

图6-14　线性阵列特征

Step06 单击【特征】工具栏中的 🔟【镜向】按钮，弹出【镜向】属性管理器。在【镜向面/基准面】选项组中，单击 🔲【镜向面/基准面】选择框，在绘图区中选择右视基准面特征；在【要镜向的特征】选项组中，单击 🔯【要镜向的特征】选择框，在绘图区中选择【part31】和【阵列（线性）3】特征，单击 ✅【确定】按钮，生成镜向特征，如图6-15所示。

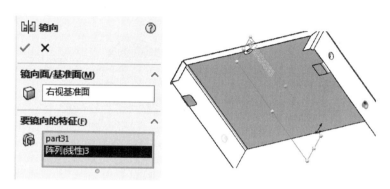

图6-15　生成镜向特征

Step07 单击【插入】|【钣金】|【成形工具】按钮，弹出【成形工具】属性管理器。在【方位面】中选择面<1>，设置 🔼【角度】为270.00度，如图6-16所示，单击 ✅【确定】按钮，生成成形工具特征。

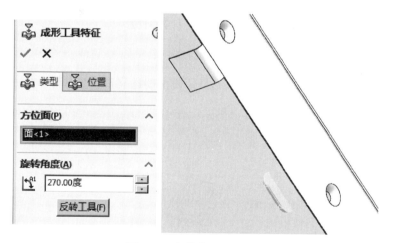

图6-16　生成成形工具特征

Step08 单击【特征】工具栏中的 🔠【线性阵列】按钮，【属性管理器】中弹出【线性阵列】属性管理器。在【方向1】选项组中，【阵列方向】选择【边线<1>】作为阵列方向，设置 🔩【间距】为45.00mm，设置 🔣【实例数】为4，利用 ↗【反向】按钮调整线性阵列方向。在【方向2】选项组中，【阵列方向】选择【边线<2>】作为阵列方向，设置 🔩【间距】为20.00mm，设置 🔣【实例数】为8。在 🔯【要阵列的特征】选项组中，选择上一步骤生成的【part42】特征作为要阵列的特征。选择单击 ✅【确定】按钮，生成线性阵列特征。如图6-17所示。

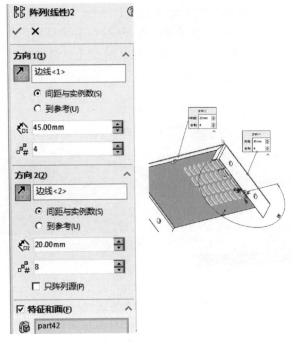

图6-17　线性阵列特征

6.2　健身架建模（焊件建模）范例

本实例通过焊件建模的方法来完成健身架模型的建立，模型如图6-18所示。

图6-18　健身架模型

① 建立主体部分。
② 建立辅助部分。

6.2.1 建立主体部分

Step01 单击【草图】工具栏中的 [3D]【3D草图绘制】按钮，进入草图绘制状态。使用【草图】工具栏中的 /【直线】、 /【中心线】、 ★【智能尺寸】工具，绘制如图6-19所示的草图。单击 [【退出草图】按钮，退出草图绘制状态。

6.2.1　视频精讲

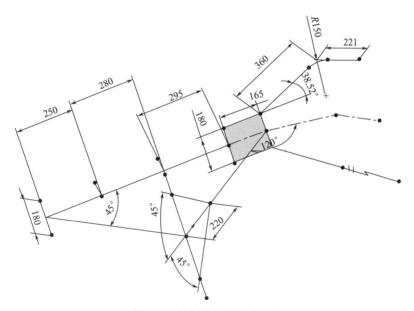

图6-19　绘制草图并标注尺寸

Step02 单击【焊件】工具栏中的 ◉【结构构件】按钮，弹出【结构构件】属性管理器。在【标准】中选择iso，在【Type】中选择方形管，在【大小】中选择30×30×2.6；在【路径线段】中选择8条直线，单击 ✅【确定】按钮，生成独立实体的结构构件，如图6-20所示。

Step03 单击【焊件】工具栏中的 ◉【结构构件】按钮，弹出【结构构件】属性管理器。在【标准】中选择iso，在【Type】中选择方形管，在【大小】中选择30×30×2.6；在【路径线段】中选择3条直线，单击 ✅【确定】按钮，生成独立实体的结构构件，如图6-21所示。

Step04 单击【焊件】工具栏中的 ⊙【结构构件】按钮，弹出【结构构件】属性管理器。在【标准】中选择iso，在【Type】中选择管道，在【大小】中选择21.3×2.3；在【路径线段】中选择8条直线，单击 ✓【确定】按钮，生成独立实体的结构构件，如图6-22所示。

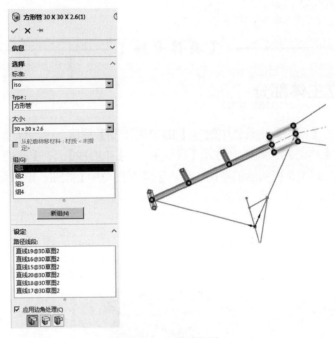

图6-20 生成结构件

图6-21 生成结构件

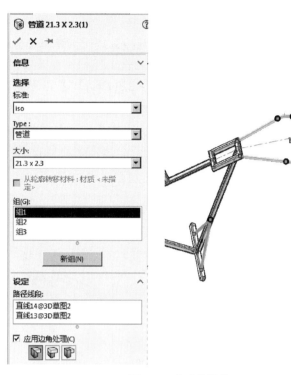

图6-22　生成结构件

Step05　单击【焊件】工具栏中的 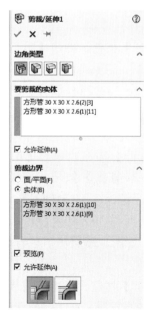【剪裁/延伸】按钮，弹出【剪裁/延伸】属性管理器。在【边角处理】选项组中单击 【终端剪裁】按钮；在【要剪裁的实体】选项组中选择【方形管30×30×2.6(2)[3]】和【方形管30×30×2.6(1)[11]】；在【剪裁边界】选项组中选择【方形管30×30×2.6(1)[10]】和【方形管30×30×2.6(1)[9]】，如图6-23

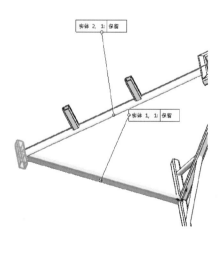

图6-23　【剪裁/延伸】特征

所示，单击 ✅【确定】按钮，生成剪裁/延伸特征。

Step06　单击【焊件】工具栏中的 🔩【剪裁/延伸】按钮，弹出【剪裁/延伸】属性管理器。在【边角类型】选项组中单击 🔲【终端剪裁】按钮；在【要剪裁的实体】选项组中选择【管道21.3×2.3(1)[2]】、【管道21.3×2.3(1)[1]】、【方形管30×30×2.6(2)[4]】和【剪裁/延伸1[1]】；在【剪裁边界】选项组中选择【方形管30×30×2.6(2)[1]】和【方形管30×30×2.6(2)[2]】，如图6-24所示，单击 ✅【确定】按钮，生成剪裁/延伸特征。

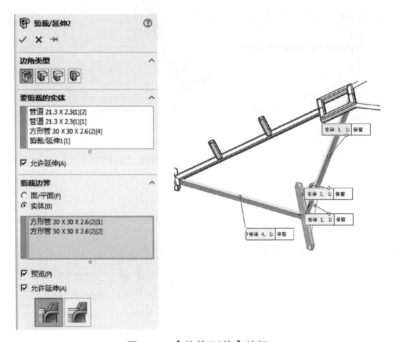

图6-24　【剪裁/延伸】特征

Step07　单击【焊件】工具栏中的 🔩【剪裁/延伸】按钮，弹出【剪裁/延伸】属性管理器。在【边角类型】选项组中单击 🔲【终端剪裁】按钮；在【要剪裁的实体】选项组中选择【方形管30×30×2.6(1)[7]】和【方形管30×30×2.6(1)[8]】；在【剪裁边界】选项组中选择【剪裁/延伸1[2]】，如图6-25所示，单击 ✅【确定】按钮，生成剪裁/延伸特征。

Step08　单击【焊件】工具栏中的 🔩【剪裁/延伸】按钮，弹出【剪裁/延伸】属性管理器。在【边角类型】选项组中单击 🔲【终端剪裁】按钮；在【要剪裁的实体】选项组中选择【管道21.3×2.3(1)[6]】和【管道21.3×2.3(1)[3]】；在【剪裁边界】选项组中选择【方形管30×30×2.6(1)[1]】、【方形管30×30×2.6(1)[2]】、【方形管30×30×2.6(1)[3]】和【方形管30×30×2.6(1)[4]】，如图6-26所示，单击 ✅【确定】按钮，生成剪裁/延伸特征。

Step09　单击【焊件】工具栏中的 🔩【剪裁/延伸】按钮，弹出【剪裁/延伸】属性管理器。在【边角类型】选项组中单击 🔲【终端剪裁】按钮；在【要剪裁的实体】选项

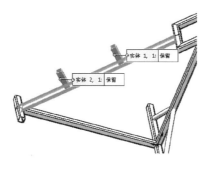

图6-25 【剪裁/延伸】特征

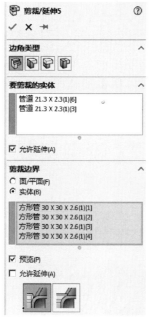
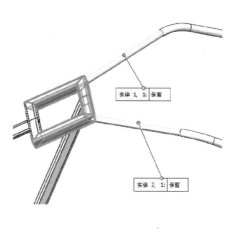

图6-26 【剪裁/延伸】特征

组中选择【剪裁/延伸1[2]】；在【剪裁边界】选项组中选择【方形管30×30×2.6(1)[5]】和【方形管30×30×2.6(1)[6]】，如图6-27所示，单击 【确定】按钮，生成剪裁/延伸特征。

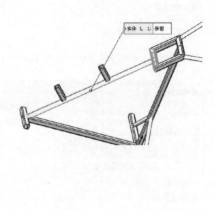

图6-27　【剪裁/延伸】特征

6.2.2　建立辅助部分

Step01　单击模型的下表面，使其成为草图绘制平面。单击【标准视图】工具栏中的 ↓【正视于】按钮，并单击【草图】工具栏中的 🖉【草图绘制】按钮，进入草图绘制状态。使用【草图】工具栏中的 ✏【直线】、 ✏【中心线】、 ✨【智能尺寸】工具，绘制如图6-28所示的草图。单击 🖉【退出草图】按钮，退出草图绘制状态。

6.2.2　视频精讲

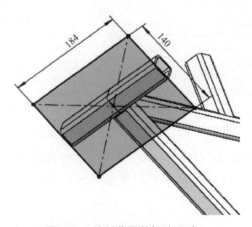

图6-28　绘制草图并标注尺寸

Step02 单击【特征】工具栏中的 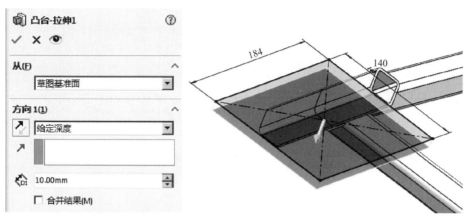【拉伸凸台/基体】按钮，弹出【凸台-拉伸】属性管理器。在【方向1】选项组中，设置 ↗【终止条件】为【给定深度】， ⬡【深度】为10.00mm，单击 ✓【确定】按钮，生成拉伸特征，如图6-29所示。

图6-29　拉伸特征

Step03 单击【特征】工具栏中的 ⬡【圆角】按钮，弹出【圆角】属性管理器。在【圆角项目】选项组中，单击 ⬡【边线、面、特征和环】选择框，在图形区域中选择模型的4条边线，设置 ⬠【半径】为10.00mm，单击 ✓【确定】按钮，生成圆角特征，如图6-30所示。

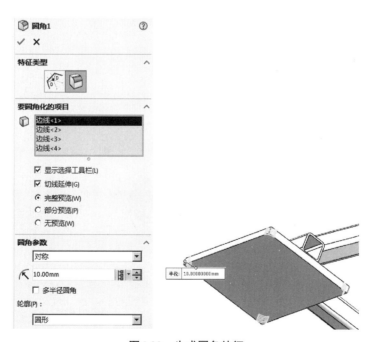

图6-30　生成圆角特征

Step04 单击【焊件】工具栏中的 ⬡【顶端盖】按钮，弹出【顶端盖】属性管理器。在【参数】选项组中单击 ⬡【面】选择框，在图形区域中选择结构件的端面，设

置 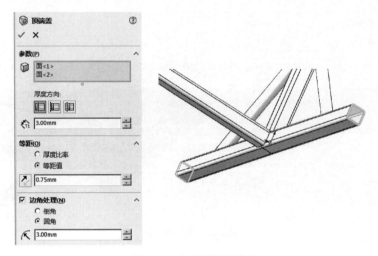【厚度】为3.00mm；在【等距】选项组中，选择【等距值】选项，设置距离为0.75mm；选择【圆角】选项，设置【圆角半径】为3.00mm，如图6-31所示，单击【确定】按钮，生成顶端盖特征。

图6-31　生成顶端盖特征

Step05　单击模型的端面，使其成为草图绘制平面。单击【标准视图】工具栏中的【正视于】按钮，并单击【草图】工具栏中的【草图绘制】按钮，进入草图绘制状态。使用【草图】工具栏中的【圆】、【智能尺寸】工具，绘制如图6-32所示的草图。单击【退出草图】按钮，退出草图绘制状态。

图6-32　绘制草图并标注尺寸

Step06　单击【特征】工具栏中的【拉伸凸台/基体】按钮，弹出【凸台-拉伸】属性管理器。在【方向1】选项组中，设置【终止条件】为【给定深度】，【深度】为80.00mm，单击【确定】按钮，生成拉伸特征，如图6-33所示。

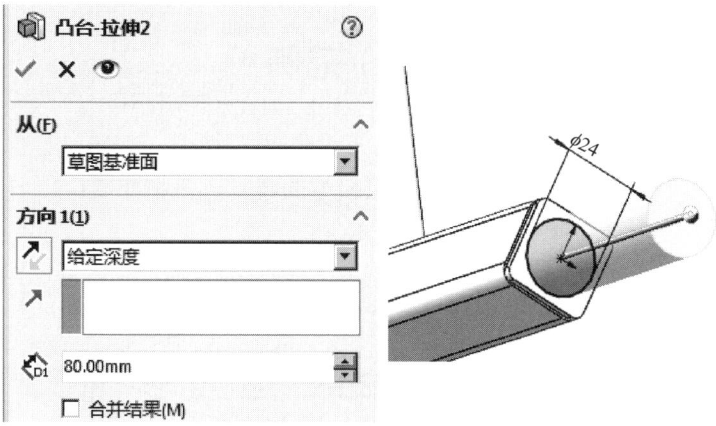

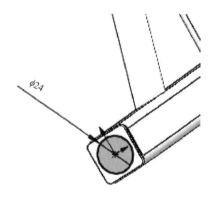

图6-33 生成拉伸特征

Step07 单击模型的端面,使其成为草图绘制平面。单击【标准视图】工具栏中的 ⬩【正视于】按钮,并单击【草图】工具栏中的 ▉【草图绘制】按钮,进入草图绘制状态。使用【草图】工具栏中的 ⊙【圆】、❮【智能尺寸】工具,绘制如图6-34所示的草图。单击 ▉【退出草图】按钮,退出草图绘制状态。

Step08 单击【特征】工具栏中的 ▣【拉伸凸台/基体】按钮,弹出【凸台-拉伸】属性管理器。在【方向1】选项组中,设置 ↗【终止条件】为【给定深度】,⌖【深度】为80.00mm,单击 ✅【确定】按钮,生成拉伸特征,如图6-35所示。

图6-34 绘制草图并标注尺寸

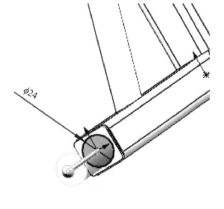

图6-35 生成拉伸特征

6.3　机架建模（焊件建模）范例

本实例通过焊件建模的方法来完成机架模型的建立，模型如图6-36所示。

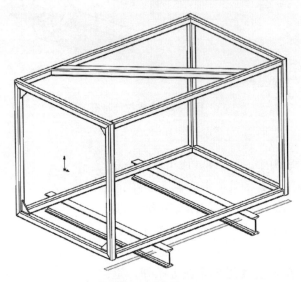

图6-36　机架模型

──── 【主要步骤】 ────

① 建立主体部分。
② 建立辅助部分。

──── 【具体步骤】 ────

6.3.1　建立主体部分

Step01 单击【草图】工具栏中的 🔳 【3D草图绘制】按钮，进入草图绘制状态。使用【草图】工具栏中的 ╱【直线】、╱【中心线】、◥【智能尺寸】工具，绘制如图6-37所示的草图。单击 🔳 【退出草图】按钮，退出草图绘制状态。

6.3.1　视频精讲

Step02 单击【焊件】工具栏中的 🔗 【结构构件】按钮，弹出【结构构件】属性管理器。在【标准】中选择iso，在【Type】中选择方形管，在【大小】中选择30×30×2.6；在【路径线段】中选择12条直线，单击 ✅ 【确定】按钮，生成独立实体的结构构件，如图6-38所示。

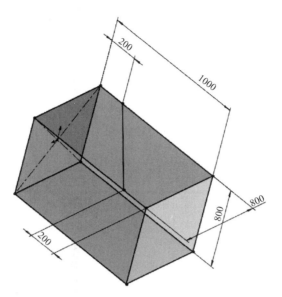

图6-37 绘制草图并标注尺寸

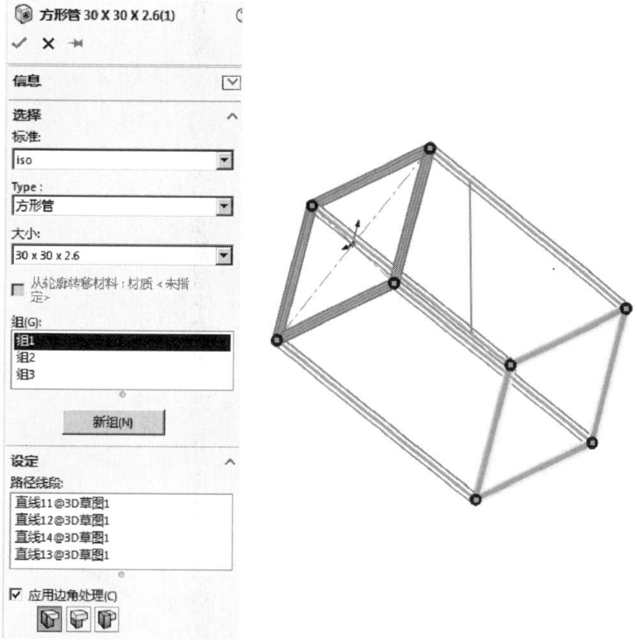

图6-38 生成结构件

Step03 单击【焊件】工具栏中的 🖉【剪裁/延伸】按钮，弹出【剪裁/延伸】属性管理器。在【边角类型】选项组中单击🗔【终端剪裁】按钮；在【要剪裁的实体】选项组中选择【方形管30×30×2.6(1)[9]】；在【剪裁边界】选项组中选择【方形管30×30×2.6(1)[6]】和【方形管30×30×2.6(1)[5]】，如图6-39所示，单击 ✅【确定】按钮，生成剪裁特征。

Step04 单击【焊件】工具栏中的 🖉【剪裁/延伸】按钮，弹出【剪裁/延伸】属性

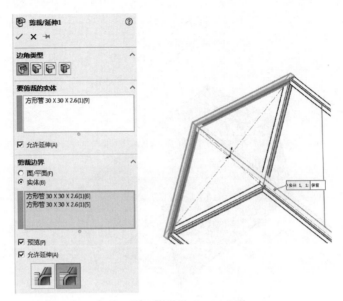

图6-39　生成【剪裁/延伸】特征

管理器。在【边角类型】选项组中单击【终端剪裁】按钮；在【要剪裁的实体】选项组中选择【方形管30×30×2.6(1)[10]】；在【剪裁边界】选项组中选择【方形管30×30×2.6(1)[5]】、【方形管30×30×2.6(1)[8]】、【方形管30×30×2.6(1)[1]】和【方形管30×30×2.6(1)[2]】，如图6-40所示，单击✅【确定】按钮，生成剪裁/延伸特征。

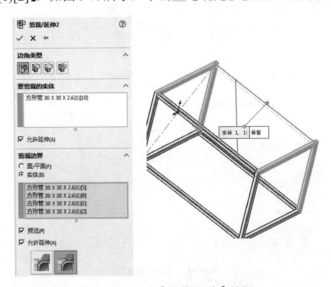

图6-40　生成【剪裁/延伸】特征

Step05 单击【焊件】工具栏中的【剪裁/延伸】按钮，弹出【剪裁/延伸】属性管理器。在【边角类型】选项组中单击【终端剪裁】按钮；在【要剪裁的实体】选项组中选择【方形管30×30×2.6(1)[11]】；在【剪裁边界】选项组中选择【方形管30×30×2.6(1)[7]】、【方形管30×30×2.6(1)[8]】、【方形管30×30×2.6(1)[3]】和【方形管30×30×2.6(1)[2]】，如图6-41所示，单击✅【确定】按钮，生成剪裁/延伸特征。

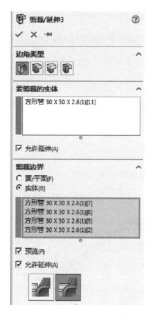
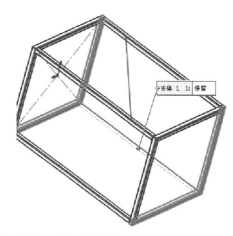

图6-41　生成【剪裁/延伸】特征

Step06　单击【焊件】工具栏中的 ⚙ 【剪裁/延伸】按钮，弹出【剪裁/延伸】属性管理器。在【边角类型】选项组中单击 📦 【终端剪裁】按钮；在【要剪裁的实体】选项组中选择【矩形管30×30×2.6(1)[12]】；在【剪裁边界】选项组中选择【方形管30×30×2.6(1)[6]】、【方形管30×30×2.6(1)[7]】、【方形管30×30×2.6(1)[4]】和【方形管30×30×2.6(1)[3]】，如图6-42所示，单击 ✅ 【确定】按钮，生成剪裁/延伸特征。

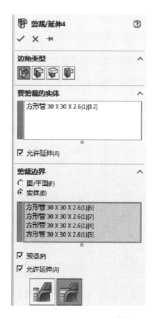
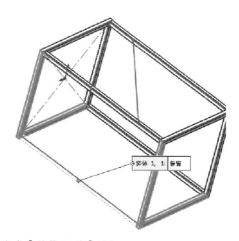

图6-42　生成【剪裁/延伸】特征

Step07　单击【焊件】工具栏中的 ⚙ 【结构构件】按钮，弹出【结构构件】属性管理器。在【标准】中选择iso，在【Type】中选择矩形管，在【大小】中选择50×30×2.6；在【路径线段】中选择1条直线，单击 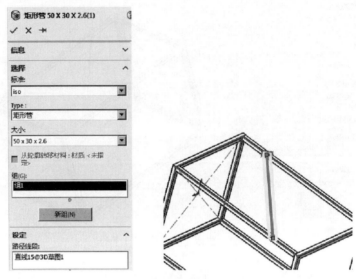【确定】按钮，生成独立实体的结构构件，如图6-43所示。

图6-43　生成结构件

Step08　单击【焊件】工具栏中的 【剪裁/延伸】按钮，弹出【剪裁/延伸】属性管理器。在【边角类型】选项组中单击 【终端剪裁】按钮；在【要剪裁的实体】选项组中选择【矩形管50×30×2.6(1)】；在【剪裁边界】选项组中选择【面<1>】，如图6-44所示，单击 【确定】按钮，生成剪裁/延伸特征。

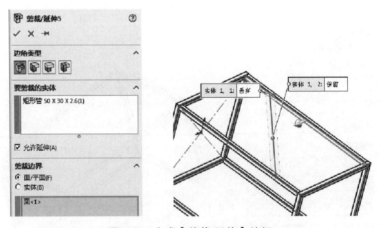

图6-44　生成【剪裁/延伸】特征

Step09　单击【焊件】工具栏中的 【剪裁/延伸】按钮，弹出【剪裁/延伸】属性管理器。在【边角类型】选项组中单击 【终端剪裁】按钮；在【要剪裁的实体】选项组中选择【剪裁/延伸5】；在【剪裁边界】选项组中选择【面<1>】，如图6-45所示，单击 【确定】按钮，生成剪裁/延伸特征。

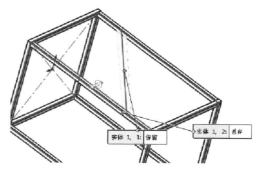

图6-45　生成【剪裁/延伸】特征

6.3.2　建立辅助部分

6.3.2　视频精讲

Step01　单击【焊件】工具栏中的 ◢【角撑板】按钮，弹出【角撑板】属性设置框。在【支撑面】选项组中单击 ◀【选择面】选择框，选择相应的面；在【轮廓】选项组中单击 ▣【三角形轮廓】按钮，设置其参数；在【位置】中单击 ◙【轮廓定位于中点】按钮，如图6-46所示，单击 ✔【确定】按钮，生成角撑板。

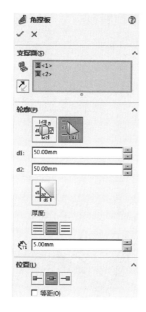
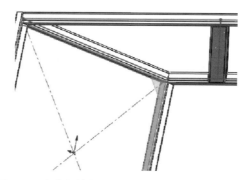

图6-46　生成角撑板

Step02　单击【焊件】工具栏中的 ◢【角撑板】按钮，弹出【角撑板】属性设置框。在【支撑面】选项组中单击 ◀【选择面】选择框，选择相应的面；在【轮廓】选项组中单击 ▣【三角形轮廓】按钮，设置其参数；在【位置】中单击 ◙【轮廓定位于中点】按钮，如图6-47所示，单击 ✔【确定】按钮，生成角撑板。

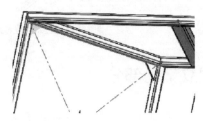

图6-47　生成角撑板

Step03　单击【焊件】工具栏中的 【角撑板】按钮，弹出【角撑板】属性设置框。在【支撑面】选项组中单击 【选择面】选择框，选择相应的面；在【轮廓】选项组中单击 【三角形轮廓】按钮，设置其参数；在【位置】中单击 【轮廓定位于中点】按钮，如图6-48所示，单击 【确定】按钮，生成角撑板。

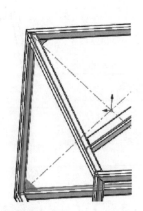

图6-48　生成角撑板

Step04　单击【焊件】工具栏中的 【角撑板】按钮，弹出【角撑板】属性设置框。在【支撑面】选项组中单击 【选择面】选择框，选择相应的面；在【轮廓】选

项组中单击 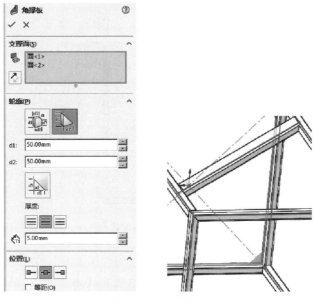【三角形轮廓】按钮，设置其参数；在【位置】中单击 【轮廓定位于中点】按钮，如图6-49所示，单击 ✅【确定】按钮，生成角撑板。

图6-49　生成角撑板

Step05　单击【参考几何体】工具栏中的 【基准面】按钮，弹出【基准面】属性管理器。在【第一参考】中，在图形区域中选择【面<1>】，单击 【距离】按钮，在文本栏中输入40.00mm，如图6-50所示，在图形区域中显示出新建基准面的预览，单击 ✅【确定】按钮，生成基准面。

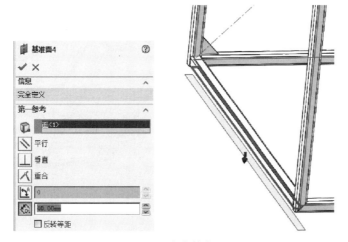

图6-50　生成基准面

Step06　单击新建的基准面图标，使其成为草图绘制平面。单击【标准视图】工具栏中的 【正视于】按钮，并单击【草图】工具栏中的 【草图绘制】按钮，进入草图绘制状态。使用【草图】工具栏中的 【直线】、 【中心线】、 【智能尺寸】工具，绘制如图6-51所示的草图。单击 📖【退出草图】按钮，退出草图绘制状态。

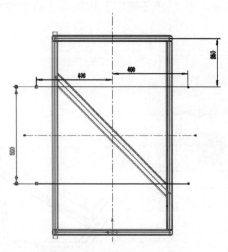

图6-51 绘制草图并标注尺寸

Step07 单击【焊件】工具栏中的 🗔【结构构件】按钮，弹出【结构构件】属性管理器。在【标准】中选择iso，在【Type】中选择【sb横梁】，在【大小】中选择80×6；在【路径线段】中选择2条直线，单击 ✅【确定】按钮，生成独立实体的结构构件，如图6-52所示。

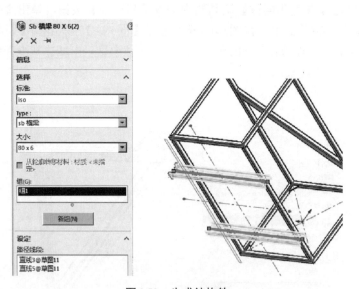

图6-52 生成结构件

6.4 管筒设计范例

本范例介绍电力导管线路设计过程，模型如图6-53所示。

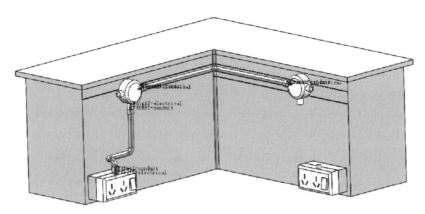

图6-53 电力导管线路

【主要步骤】

① 创建第一条电力导管线路。
② 创建第二条电力导管线路。
③ 保存装配体及线路装配体。

【具体步骤】

6.4.1 创建第一条电力导管线路

Step01 启动中文版SolidWorks，单击快速访问工具栏中的 ➋· 【打开】按钮，在弹出的【打开】窗口中选择【柜子装配体】，单击【打开】按钮，如图6-54所示。【柜子装配体】模型如图6-55所示。

6.4.1 视频精讲

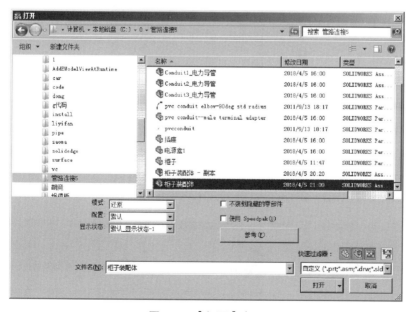

图6-54 【打开】窗口

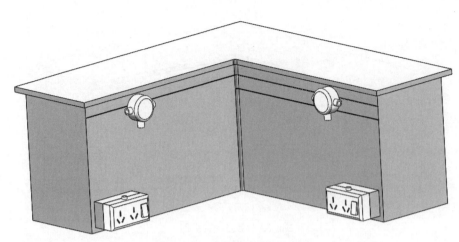

图6-55　【柜子装配体】文件

Step02　选择线路零部件。单击主界面右侧任务窗格的第二个标签，依次打开
【设计库】标签中的"Design Library/routing/conduit"文件夹。在设计库的下方显示
【conduit】文件夹中各种管道标准零部件，选择"pvc conduit-male terminal adapter"接
头为拖放对象，如图6-56所示。

Step03　左键拖放"pvc conduit-male terminal adapter"接头到装配体中左侧电源
盒下端接头处不放，由于设计库中标准件自带有配合参考，电力导管接头会自动捕
捉配合，然后松开左键，如图6-57所示。在弹出的【选择配置】窗口中，选择配置
"0.75inAdapter"，然后单击【确定】按钮，如图6-58所示。

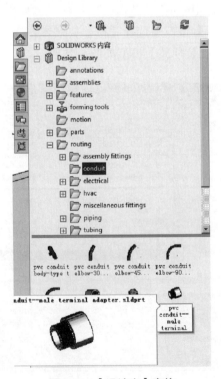

图6-56　【设计库】窗格

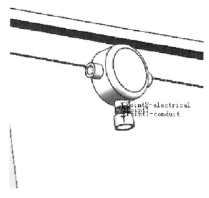

图6-57 添加第一个电力接头图

图6-58 【选择配置】窗口

Step04 弹出【线路属性】属性管理器，单击 ✖【取消】按钮，关闭该属性管理器，如图6-59所示。

Step05 单击选择上述相同的零部件"pvc conduit-male terminal adapter"接头，左键按住拖放到装配体中左侧插座的接头处，自动捕捉到配合后松开鼠标，如图6-60所示。在弹出的【选择配置】窗口中，选择配置"0.75inAdapter"，然后单击【确定】按钮。弹出【线路属性】属性管理器，单击 ✖【取消】按钮，关闭该属性管理器。

图6-59 关闭【线路属性】属性管理器

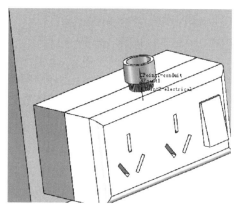

图6-60 添加第二个电力接头

Step06 选择【视图】|【步路点】菜单命令，显示装配体中刚刚插入的两个电力接头上所有的连接点，如图6-61所示。

Step07 在装配图中左侧电源盒下端的"conduit-maleterminaladapter"接头上右键单击连接点"Cpoint1-conduit"，从快捷菜单中选择【开始步路】命令，如图6-62所示。

Step08 弹出【线路属性】属性管理器，在【文件名称】选项卡下命名线路子装配体；在【折弯-弯管】选项组下选择【始终形成折弯】选项，【折弯半径】文本框中输入半径值【20】，同时勾选【中心线】选项，其余选项使用默认设置，单击 ✔【确定】按钮，完成线路属性设置，如图6-63所示。

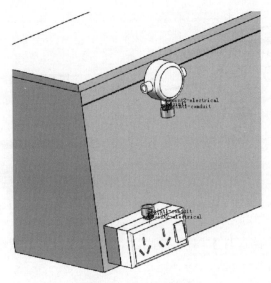

图6-61　显示的步路点

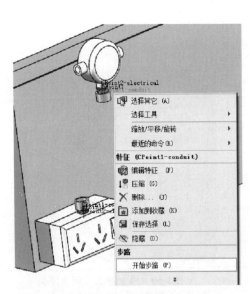

图6-62　选择【开始步路】命令

图6-63　【线路属性】属性管理器

Step09【线路属性】设置完成后，弹出【SolidWorks】提示，单击【确定】按钮。此时，从连接点延伸出一小段端头，可以拖动端头端点伸长或缩短端头长度，如图6-64所示。弹出【自动步路】属性管理器，单击✖【取消】按钮，关闭该属性管理器，如图6-65所示。

Step10　右键单击装配图中左侧插座上端接头的连接点"Cpoint1-conduit"，从快捷菜单里选择【添加到线路】命令，如图6-66所示。此时，从连接点延伸出一小段端头，拖动端头的端点就可以改变端头的长度，如图6-67所示。

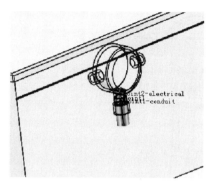

图6-64　开始步路

图6-65　关闭【自动步路】属性管理器

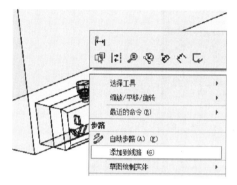

图6-66　选择【添加到线路】命令

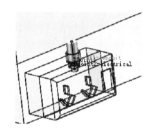

图6-67　添加连接点到线路

Step11 选中上面生成的两个端头的端点，如图6-68所示，单击右键弹出快捷菜单，选择【自动步路】命令，如图6-69所示。

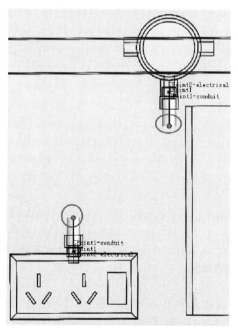

图6-68　选择步路端点

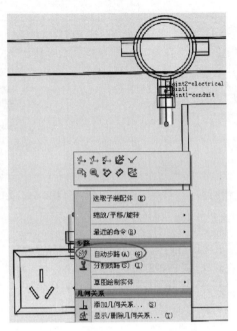

图6-69 选择【自动步路】命令

Step12 弹出【自动步路】属性管理器，在【步路模式】选项卡下选择【自动步路】，在【自动步路】选项卡下勾选上【正交线路】选项，单击【交替路径】上下箭头切换选择不同线路路径，【折弯半径】文本框输入【20.00mm】，如图6-70所示。连接好的线路如图6-71所示。

图6-70 【自动步路】属性管理器

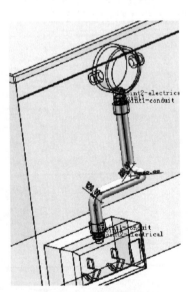

图6-71 连接好的线路

Step13 单击【自动步路】属性管理器中的 ✔【确定】按钮，然后单击主界面右上角的 ❧【退出路径草图】按钮和 ❧【退出线路子装配体环境】按钮，第一条电力导管线路生成，如图6-72所示。

6.4.2 创建第二条电力导管线路

6.4.2 视频精讲

Step01 选择线路零部件。单击主界面右侧任务窗格的第二个标签，依次打开【设计库】标签中的"Design Library/routing/conduit"文件夹。在设计库的下方显示【conduit】文件夹中各种管道标准零部件，选择"pvc conduit-male terminal adapter"接头为拖放对象，如图6-73所示。左键拖放"pvc conduit-male terminal adapter"接头到装配体中左侧电源盒右端接头处不放，由于设计库中标准件自带有配合参考，电力导管接头会自动捕捉配合，然后松开左键，如图6-74所示。

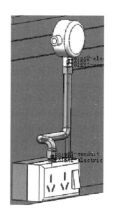

图6-72 生成第一条电力导管线路

图6-73 选择接头

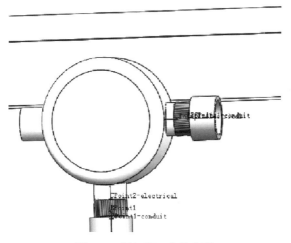

图6-74 添加第一个接头图

Step02 在弹出的【选择配置】窗口中，选择配置"0.75inAdapter"，然后单击【确定】按钮，如图6-75所示。弹出【线路属性】属性管理器，单击 ✖【取消】按钮，关闭该属性管理器，如图6-76所示。

图6-75 选择配置

图6-76 取消【属性设置】

Step03 单击选择和上述相同的零部件"pvc conduit-male terminal adapter"接头，左键按住拖放到装配体中右侧电源盒左端接头处不放，自动捕捉到配合后松开鼠标，如图6-77所示。在弹出的【选择配置】窗口中，选择配置"0.75inAdapter"，然后单击【确定】按钮。弹出【线路属性】属性管理器，单击 ✖ 【取消】按钮，关闭该属性管理器。

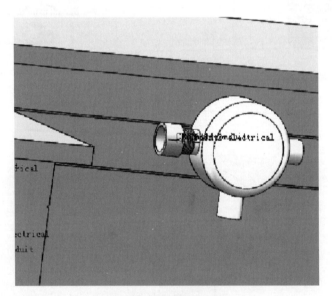

图6-77 添加第二个接头

Step04 在装配体中左侧电源盒的右端"conduit-maleterminaladapter"接头上右键单击连接点"Cpoint1-conduit"，从快捷菜单中选择【开始步路】命令，如图6-78所示。

Step05 弹出【线路属性】属性管理器，在【文件名称】选项卡下命名步路子装配体；在【折弯-弯管】选项组下选择【始终形成折弯】选项，【折弯半径】文本框中输入半径值【20mm】，同时勾选【中心线】选项，其余选项使用默认设置，单击【确定】

按钮完成线路属性设置，如图6-79所示。

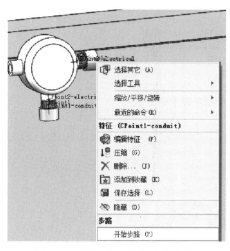

图6-78　选择【开始步路】命令

图6-79　【线路属性】属性管理器

Step06 【线路属性】设置完成后，弹出【SolidWorks】提示，单击【确定】。此时，从连接点延伸出一小段端头，可以拖动端头端点伸长或缩短端头长度，如图6-80所示。弹出【自动步路】属性管理器，单击 ✖【取消】按钮，关闭该属性管理器，如图6-81所示。

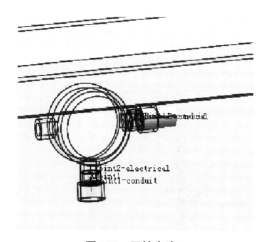

图6-80　开始步路

图6-81　关闭【自动步路】属性管理器

Step07 右键单击装配体中右侧电源盒左端接头的连接点"Cpoint1-conduit"，从快捷菜单里选择【添加到线路】命令，如图6-82所示。此时，从连接点延伸出一小段端头，拖动端头的端点就可以改变端头的长度，如图6-83所示。

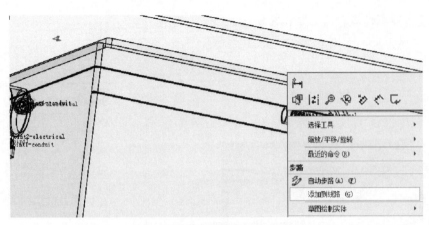

图6-82　选择【添加到线路】命令

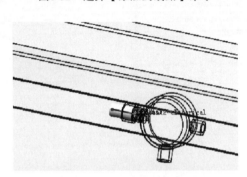

图6-83　添加连接点到线路

Step08 选中上面生成的两个端头的端点，如图6-84所示，单击右键弹出快捷菜单，选择【自动步路】命令，如图6-85所示。

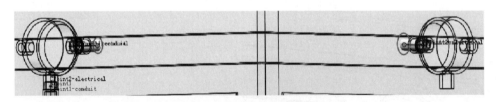

图6-84　选择步路端点

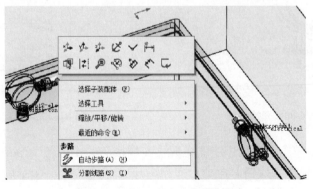

图6-85　选择【自动步路】命令

Step09 弹出【自动步路】属性管理器，在【步路模式】选项卡下选择【自动步路】，在【自动步路】选项卡下勾选上【正交线路】选项，【折弯半径】文本框输入【20mm】，如图6-86所示。连接好的线路如图6-87所示。

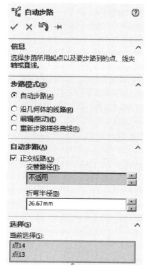

图6-86 【自动步路】属性管理器

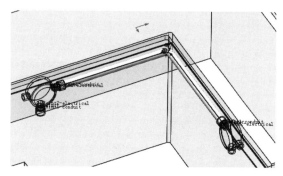

图6-87 连接好的线路

Step10 单击【自动步路】属性管理器中的 ✓【确定】按钮，然后单击主界面右上角的 🔧【退出路径草图】按钮和 🔧【退出线路子装配体环境】按钮，第二条电力导管线路生成，如图6-88所示。

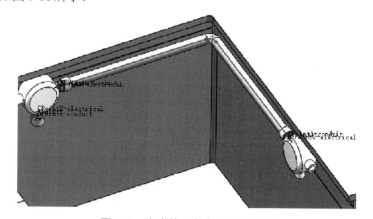

图6-88 生成第二条电力导管线路

6.4.3 保存装配体及线路装配体

选择【文件】|【打包】菜单命令，弹出【打包】窗口，在所有相关的零件、子装配体和装配体文件前面的方框中打勾，选择【保存到文件】选项，将以上文件保存到一个指定文件夹中，单击【保存】按钮，如图6-89所示。

6.4.3 视频精讲

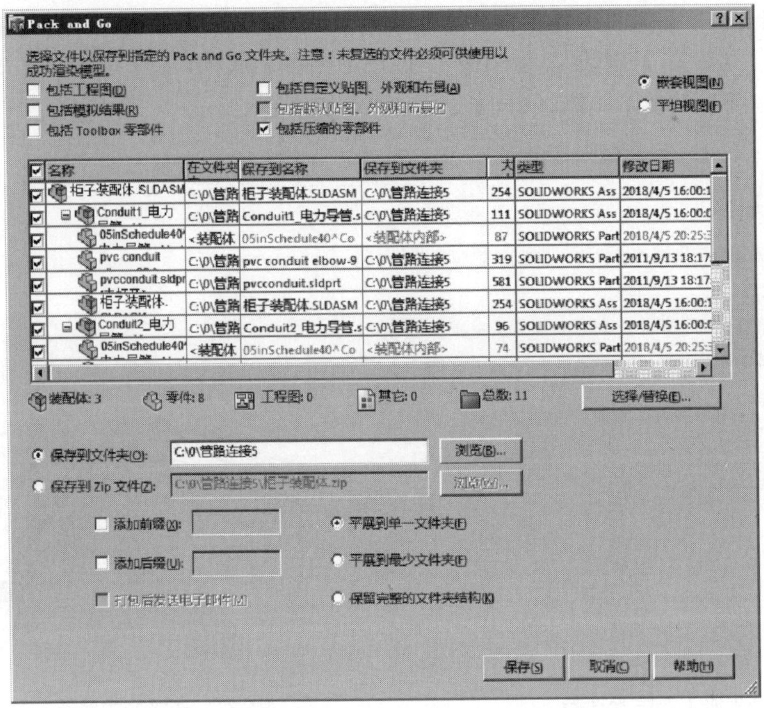

图6-89 【打包】保存

6.5 图片渲染范例

　　本范例对一个绞肉机模型进行图片渲染，生成比较逼真的图片。主要介绍了设置模型外观、贴图、外部环境和输出图像的具体内容，详细介绍参数变化对模型外观和贴图的影响，模型如图6-90所示。

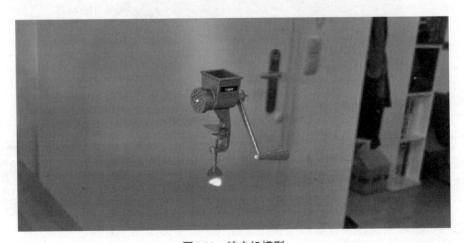

图6-90 绞肉机模型

━━━━━ 【主要步骤】 ━━━━━

① 启动文件。
② 设置模型外观。
③ 设置模型贴图。
④ 设置外部环境。
⑤ 输出图像。

━━━━━ 【具体步骤】 ━━━━━

6.5.1 启动文件

Step01 启动SolidWorks，单击 （打开）按钮，弹出【打开SolidWorks文件】对话框，在文件夹中选择模型【绞肉机】，单击【打开】按钮，如图6-91所示。

6.5.1 视频精讲

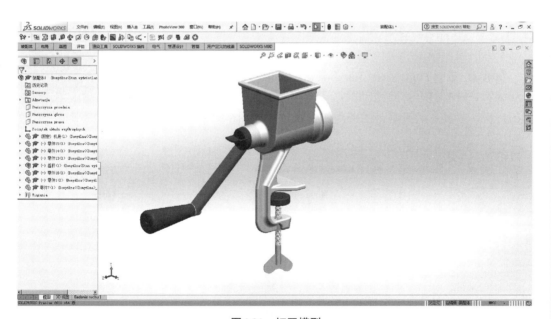

图6-91 打开模型

Step02 在SolidWorks中，PhotoView 360是一个插件，因此在模型打开时需插入PhotoView360才能进行渲染。选择【工具】|【插件】菜单命令，单击【PhotoView 360】前、后的单选按钮，使之处于选择状态，如图6-92所示，启动PhotoView360插件。

第 06 章 其他功能实例

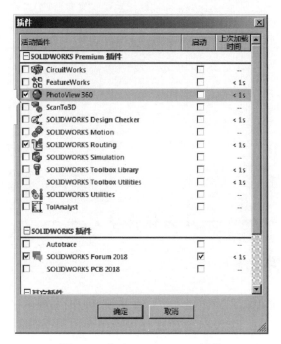

图6-92 启动PhotoView360插件

6.5.2 设置模型外观

Step01 选择 PhotoView 360 工具栏中【编辑外观】菜单命令，弹出
外观编辑栏及材料库，在【外观、布景和贴图】项目栏中列举了各种类
型的材料，以及它们所附带的外观属性特性，如图 6-93 所示。

6.5.2 视频精讲

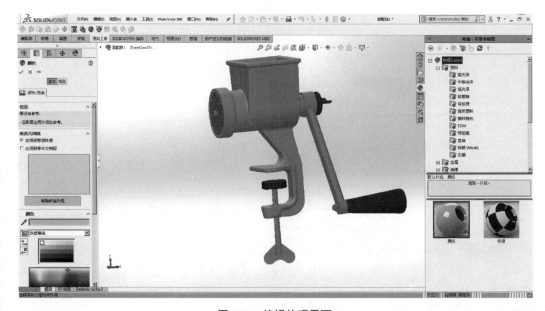

图6-93 编辑外观界面

Step02 在【外观、布景和贴图】项目栏中，选取【金属】|【钢】|【涂刷钢】，在【透明玻璃】|【基本】选项 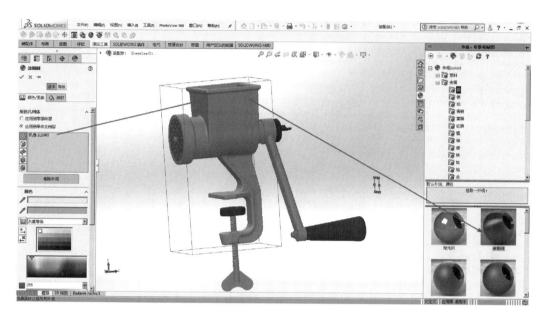【颜色/图像】栏中所选几何体选择【机身.sldprt】，如图6-94所示，单击 ✔【确定】按钮，完成对外观的设置。

图6-94　单击机身

Step03 在【外观、布景和贴图】项目栏中，选取【金属】|【铬】|【涂铬】，在 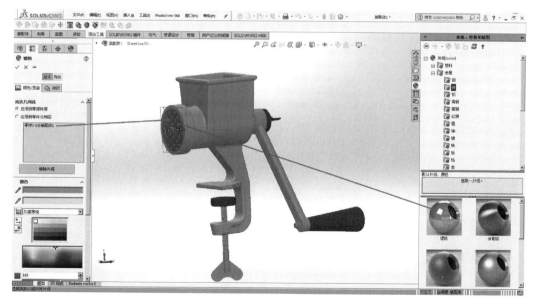【颜色/图像】栏中所选几何体选择【零件7-1@装配体1】，如图6-95所示，单击 ✔【确定】按钮，完成对外观的设置。

图6-95　单击绞肉机

Step04　在【外观、布景和贴图】项目栏中，选取【金属】|【铝】|【抛光铝】，在 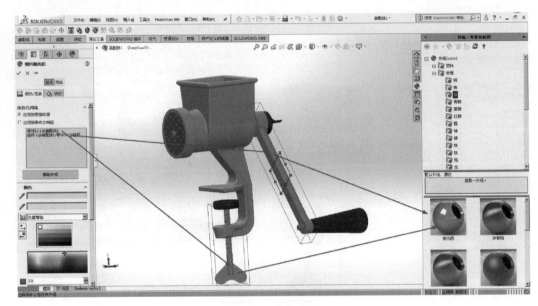【颜色/图像】栏中所选几何体选择【零件13-1@装配体1】和【摇杆-1@装配体1/零件2-1@摇杆】，如图6-96所示，单击 【确定】按钮，完成对外观的设置。

图6-96　渲染效果

Step05　在【外观、布景和贴图】项目栏中，选取【金属】|【塑料】|【高光泽】，在 【颜色/图像】栏中所选几何体选择【零件14-1@装配体1】、【零件1-2@装配体1】和【摇杆-1@装配体1/零件3-1@摇杆】，如图6-97所示，单击 【确定】按钮，完成对外观的设置。

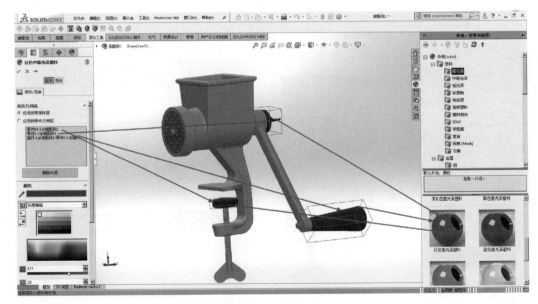

图6-97　单击机身

6.5.3　设置模型贴图

6.5.3　视频精讲

Step01　选择PhotoView 360工具栏中的 🗄【编辑贴图】菜单命令，在【外观、布景和贴图】项目栏中提供一些预置的贴图。在【贴图】项目栏中选择【Logos】，在【贴图】项下的 ◇【映射】栏中【映射】选取【投影】，【水平位置】为【12.57275549】，【竖直位置】为【67.80475223】，在【大小/方向】中设置【宽度】为【54.13335898】，【高度】为【13.53333975】，单击模型的侧面，单击 ✔【确定】按钮完成贴图设置，如图6-98所示。

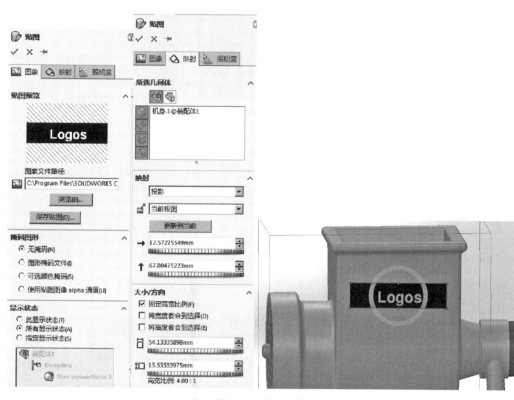

图6-98　贴图预览

Step02　在视图窗口中单击鼠标右键，弹出功能选项，选取 🔄 旋转视图 (E)【旋转视图】按钮，将模型旋转至另一面，选取 🔍 放大或缩小 (C)【放大或缩小】按钮，放大图形；单击 ✛ 平移 (F)【平移】按钮，将模型位置调整到恰当位置，如图6-99所示。

6.5.4　设置外部环境

应用环境会更改模型后面的布景，环境可影响到光源和阴影的外观。在PhotoView 360工具栏中选择 ☠ 编辑布景(S)...【编辑布景】菜单命令，弹出布景编辑栏及布景材料库。在【外观、布景和贴图】项目栏中，选

6.5.4　视频精讲

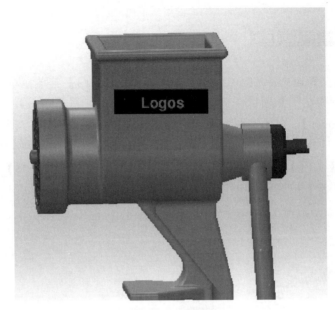

图6-99　旋转模型

择【布景】|【演示布景】|【厨房背景】作为环境选项，双击鼠标或者利用鼠标拖动，将其放置到视图中，单击 ✔【确定】按钮完成布景设置。效果如图6-100所示。

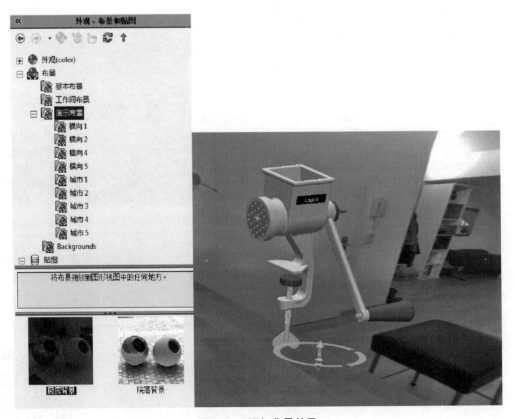

图6-100　添加背景效果

6.5.5 输出图像

6.5.5 视频精讲

Step01 在PhotoView 360工具栏中单击【选项】按钮，弹出设定对话框，在输出图像选项中，设定【宽度】为【1600】，【高度】为【759】，【图像格式】下拉菜单中选择【JPEG】，单击 ✅【确定】按钮完成设置，如图6-101所示。

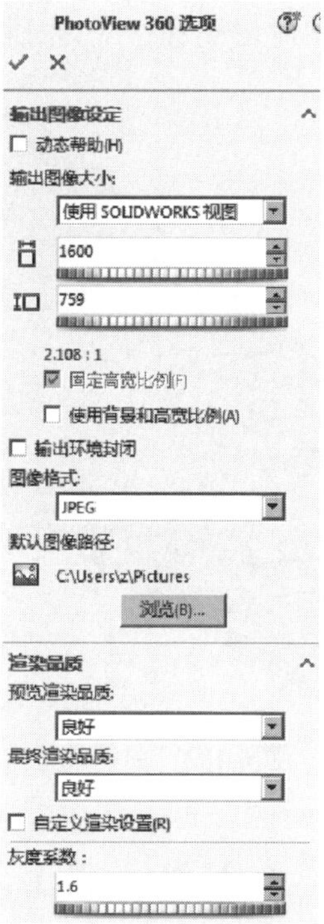

PhotoView 360 选项

✓ ×

输出图像设定

☐ 动态帮助(H)

输出图像大小:

使用 SOLIDWORKS 视图

1600

759

2.108 : 1

☑ 固定高宽比例(F)

☐ 使用背景和高亮比例(A)

☐ 输出环境封闭

图像格式:

JPEG

默认图像路径:

C:\Users\z\Pictures

浏览(B)...

渲染品质

预览渲染品质:

良好

最终渲染品质:

良好

☐ 自定义渲染设置(R)

灰度系数:

1.6

图6-101 输出设置

Step02 在PhotoView 360工具栏中单击 🔘 最终渲染(F)【最终渲染】菜单命令，在完成所有设置后对图像进行预览，得到最终效果，如图6-102所示。

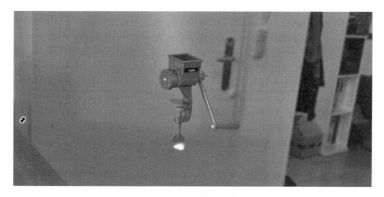

图6-102 最终渲染

Step03 在【最终渲染】窗口中选择【保存图像】菜单命令，在对话框中设置文件名为"绞肉机渲染图"，选择保存类型为【JPEG】，其他的设置保持默认值不变，单击【保存】按钮，则渲染效果将保存成图像文件。

6.6 有限元分析范例

本实例通过有限元分析的方法对曲柄进行应力分析，模型如图6-103所示。

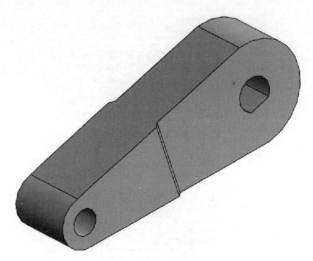

图6-103 曲柄模型

【主要步骤】

① 设置单位。
② 应用约束。
③ 应用载荷。
④ 定义材质。
⑤ 运行分析。
⑥ 观察结果。

【具体步骤】

6.6.1 设置单位

Step01 启动中文版SolidWorks，单击【标准】工具栏中的 【打开】按钮，弹出【打开】属性管理器，在配套光盘中选择【第6章/范

6.6.1 视频精讲

例文件/6.6/6.6.SLDPRT】，单击【打开】按钮，在图形区域中显示出模型，如图6-104所示。

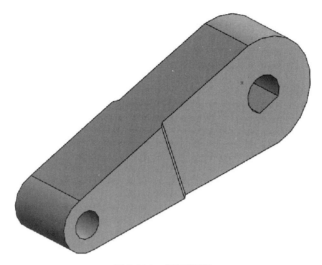

图6-104　打开模型

Step02 选择【工具】|【SimulationXpress】菜单命令，弹出【SimulationXpress】属性管理器，如图6-105所示。

图6-105　【SimulationXpress】属性管理器

Step03 在【欢迎】属性管理器中，单击【选项】按钮，弹出【SimulationXpress选项】设置界面，设置【单位系统】为【公制】，并指定文件保存的【结果位置】，如图6-106所示，最后单击【确定】按钮。

图6-106　设置单位系统

6.6.2 视频精讲

6.6.2 应用约束

Step01 选择【夹具】选项卡，出现应用约束界面，如图6-107所示。

图6-107 选择【约束】选项卡

Step02 单击【添加夹具】按钮，出现定义约束组的界面，在图形区域中单击模型的1个侧面，则约束固定符号显示在该面上，如图6-108所示。

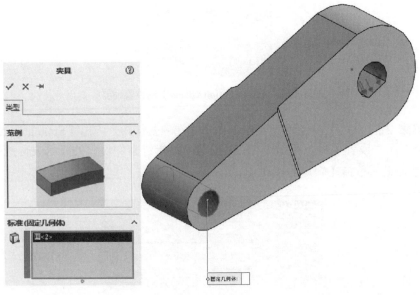

图6-108 固定约束

Step03 单击 ✔【确定】按钮，可以通过【添加夹具】按钮定义多个约束条件，如图6-109所示。单击【下一步】按钮，进入下一步骤。

图6-109　定义约束组

6.6.3　视频精讲

6.6.3　应用载荷

Step01 选择【载荷】选项卡，出现应用载荷界面，如图6-110所示。

图6-110　选择【载荷】选项卡

Step02 单击【添加压力】按钮，弹出【压力】属性设置框。

Step03 在图形区域中单击模型的圆柱面，如图6-111所示，单选【选定的方向】，并选择模型的上表面，输入压力数值为【10000】，单击 ✔ 【确定】按钮，完成载荷的设置，最后单击【下一步】按钮。

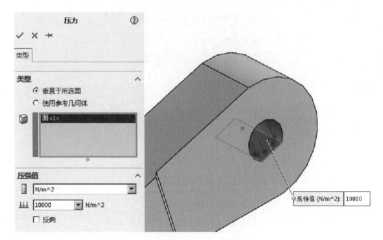

图6-111　支撑面

6.6.4　定义材质

在【材料】属性管理器中，可以选择SolidWorks预置的材质。这里选择【合金钢】选项，单击【应用】按钮，合金钢材质被应用到模型上，如图6-112所示，单击【关闭】按钮，完成材质的设定，如图6-113所示，最后单击【下一步】按钮。

6.6.4　视频精讲

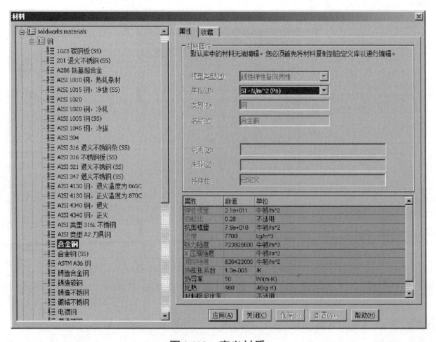

图6-112　定义材质

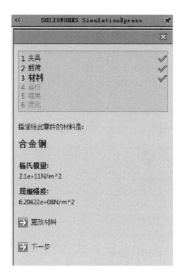

图6-113　定义材质完成

6.6.5　运行分析

6.6.5　视频精讲

选择【运行】选项卡，再单击【运行模拟】按钮，如图6-114所示，屏幕上显示出运行状态以及分析信息，如图6-115所示。

图6-114　【分析】选项卡

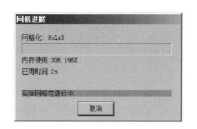

图6-115　运行状态

6.6.6　观察结果

6.6.6　视频精讲

Step01 运行分析完成，变形的动画将自动显示出来，如图6-116所示，单击【停止动画】按钮。

Step02 在【结果】选项卡中，单击【是，继续】单选按钮，进入下一个页面，单击【显示von Mises应力】单选按钮，绘图区中将显示模型的应力结果，如图6-117所示。

Step03 单击【显示位移】单选按钮，绘图区中将显示模型的位移结果，如图6-118所示。

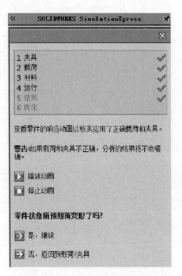

图6-116 【结果】选项卡

图6-117 应力结果

图6-118 位移结果

Step04 单击【在以下显示安全系数（FOS）的位置】单选按钮，并在选择框中输入1，绘图区中将显示模型在安全系数是1时的危险区域，如图6-119所示。

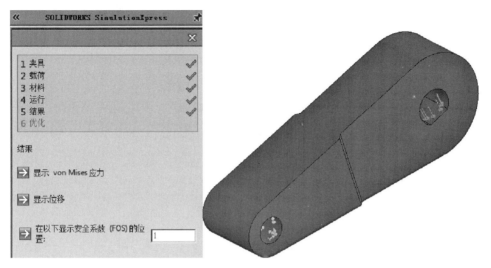

图6-119 显示危险区域

Step05 在【结果】选项卡中，单击【生成报表】单选按钮，如图6-120所示，分析报告将自动生成。

Step06 关闭报表文件，进入下一个页面，在【您想优化您的模型吗？】提问下，选择【否】，如图6-121所示。

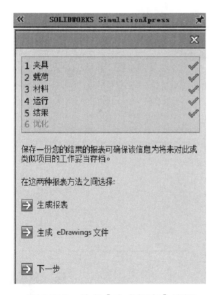

图6-120 单击【生成报表】按钮

图6-121 优化询问界面

Step07 完成应力分析，如图6-122所示。

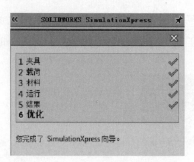

图6-122 应力分析完成界面

6.7 成本计算范例

本例将生成一个钣金零件的成本计算,钣金模型如图6-123所示。

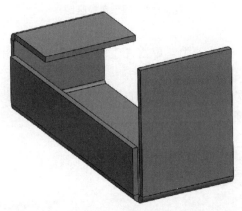

图6-123 钣金零件

────────【主要步骤】────────

① 设置成本计算选项。
② 生成报告。

────────【具体步骤】────────

6.7.1 设置成本计算选项

Step01 单击【工具】中的【solidworks应用程序】,选择【Costing】
菜单命令,如图6-124所示。

6.7.1 视频精讲

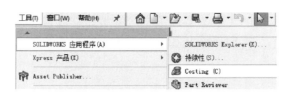

图6-124 钣金成本计算

Step02 在界面的右端弹出成本计算任务窗格，在任务窗格的【材料】选项中，【类】选择"钛合金"，【名称】选择"商用纯等级2纹理"，材料成本为"99.21USD/千克"，此时【估计的零件单位成本】发生了变化，如图6-125所示。

Step03 在任务窗格的【坯件大小】选项中，选择【边界框】，在【等距】选项中设为"5mm"，此时【估计的零件单位成本】发生了变化，如图6-126所示，勾选【预览配料】，可查看到毛坯的形状，如图6-127所示。

图6-125 设置材料

图6-126 设置坯件大小

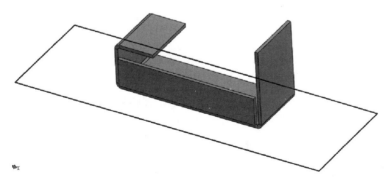

图6-127 毛坯

Step04 在任务窗格的【数量】选项中,将零件总数量和批量大小都修改为100,【厂价】选项保持不变,在【标注/折扣】选项中,选择"占总成本的%",将百分比设为5%,如图6-128所示。

Step05 设定完成以后单击图形区域空白处,任务窗格消失,此时界面左端的costing manager 如图6-129所示。

图6-128 设置数量和厂价以及涨价幅度　　　　　图6-129 costing manager

Step06 右键单击【设置】文件夹中的"折弯设置",选择【编辑成本覆盖】,如图6-130所示。

Step07 将折弯设置的成本修改为"0.30USD",该设置操作将变成斜体,并且成本后方带有*标志,如图6-131所示。

图6-130 应用成本代替　　　　　　　　　图6-131 折弯设置的代替成本

Step08 打开【折弯】文件夹中的【草图折弯】,右键单击,选择【应用成本覆盖】,如图6-132所示。

Step09 将草图折弯的成本修改为"2.00USD",该设置操作将变成斜体,并且成本后方带有*标志,如图6-133所示。

Step10 打开【未指定成本】文件夹中的【切割路径1】,右键单击,选择【冲孔】,如图6-134所示。

Step11 将切割路径1修改为【冲孔】,该设置操作将转到【设置】文件夹中,如图6-135所示。

Step12 单击 📇【生成自定义操作】,弹出【自定义操作】对话框,设置和选择如图6-136所示。

图6-132　修改成本

图6-133　草图折弯的代替成本

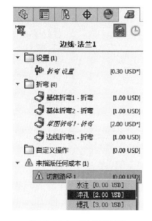

图6-134　选择冲孔

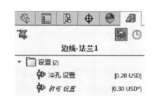

图6-135　切割路径1

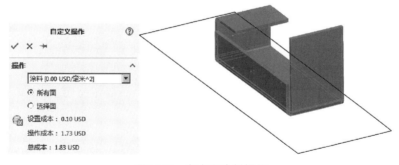

图6-136　自定义涂料操作

Step13 单击 【生成自定义操作】，弹出【自定义操作】对话框，设置和选择如图6-137所示。

Step14 此时在自定义操作中生成了自定义的操作，如图6-138所示。

6.7.2　生成报告

Step01 设置完成以后，单击主菜单栏中【另存为】按钮，如图6-139所示。

Step02 弹出【另存为】对话框，选择合适的路径，单击【保存】

6.7.2　视频精讲

按钮，如图6-140所示。

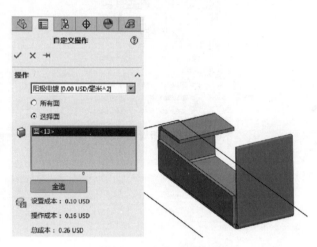

图6-137 自定义阳极电镀

图6-138 自定义操作

图6-139 另存为

图6-140 另存为

Step03 保存完成后，单击【工具】中的【solidworks 应用程序】，选择【Costing】菜单命令，再次弹出【成本计算】对话框，单击【生成报表】按钮，如图6-141 所示。

Step04 生成的报表会自动保存到与零件相同的目录下。

图6-141 单击生成报表按钮